Aufgabensammlung Technische Mechanik 2

Christian Mittelstedt

Aufgabensammlung Technische Mechanik 2

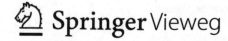 Springer Vieweg

Christian Mittelstedt
Fachbereich Maschinenbau
Technical University of Darmstadt
Darmstadt, Deutschland

ISBN 978-3-662-67967-8   ISBN 978-3-662-67968-5 (eBook)
https://doi.org/10.1007/978-3-662-67968-5

Die Deutsche Nationalbibliothek verzeichnet diese Publikation in der Deutschen Nationalbibliografie; detaillierte bibliografische Daten sind im Internet über https://portal.dnb.de abrufbar.

Planung\Lektorat: Michael Kottusch

Springer Vieweg ist ein Imprint der eingetragenen Gesellschaft Springer-Verlag GmbH, DE und ist ein Teil von Springer Nature.
Die Anschrift der Gesellschaft ist: Heidelberger Platz 3, 14197 Berlin, Germany

Das Papier dieses Produkts ist recyclebar.

Vorwort

Diese Aufgabensammlung ist aus meinen Vorbereitungen zur Lehrveranstaltung „Technische Mechanik 2" entstanden, die ich für Studierende des Maschinenbaus im zweiten Semester, aber auch für Studierende anderer Fachrichtungen an der Technischen Universität Darmstadt halte. Die Gliederung entspricht dem Aufbau meines Buchs „Technische Mechanik 2 – Elastostatik", das 2023 im Springer-Verlag erschienen ist.

Das erfolgreiche Erlernen und Verstehen der technischen Mechanik geschieht durch das Rechnen entsprechender Aufgaben. Dafür ist die vorliegende Aufgabensammlung da, und dabei wünsche ich Ihnen viel Freude und Erfolg. Feedback jeder Art ist selbstverständlich willkommen!

Darmstadt, im Frühjahr 2023   Christian Mittelstedt

Inhaltsverzeichnis

Lineare Elastizitätstheorie, Ebener Spannungszustand

1

Aufgabe 1.1

Man überprüfe, ob die folgenden Spannungszustände möglich sind (a, b, c, d, e, f seien beliebige Konstanten). Es wirken keine Volumenkräfte.

$$\underline{\underline{\sigma}}_1 = \begin{bmatrix} \sigma_{xx} & \tau_{xy} \\ \tau_{xy} & \sigma_{yy} \end{bmatrix} = \begin{bmatrix} ax + by & ex - ay \\ ex - ay & cx + d \end{bmatrix},$$

$$\underline{\underline{\sigma}}_2 = \begin{bmatrix} \sigma_{xx} & \tau_{xy} \\ \tau_{xy} & \sigma_{yy} \end{bmatrix} = \begin{bmatrix} -\frac{3}{2}x^2y^2 & xy^3 \\ xy^3 & -\frac{1}{4}y^4 \end{bmatrix},$$

$$\underline{\underline{\sigma}}_3 = \begin{bmatrix} \sigma_{xx} & \tau_{xy} & \tau_{xz} \\ \tau_{xy} & \sigma_{yy} & \tau_{yz} \\ \tau_{xz} & \tau_{yz} & \sigma_{zz} \end{bmatrix} = \begin{bmatrix} ayz & dz^2 & ey^2 \\ dz^2 & bxz & fx^2 \\ ey^2 & fx^2 & cxy \end{bmatrix}.$$

Man ziehe zur Überprüfung die Gleichgewichtsbedingungen heran.

Lösung

Der Spannungstensor $\underline{\underline{\sigma}}_1$ beschreibt einen ebenen Spannungszustand. Hierfür lauten die Gleichgewichtsbedingungen:

$$\frac{\partial \sigma_{xx}}{\partial x} + \frac{\partial \tau_{xy}}{\partial y} = 0,$$

$$\frac{\partial \tau_{xy}}{\partial x} + \frac{\partial \sigma_{yy}}{\partial y} = 0.$$

© Der/die Autor(en), exklusiv lizenziert an Springer-Verlag GmbH, DE,
ein Teil von Springer Nature 2023
C. Mittelstedt, *Aufgabensammlung Technische Mechanik 2*,
https://doi.org/10.1007/978-3-662-67968-5_1

Einsetzen der Spannungskomponenten aus $\underline{\underline{\sigma}}_1$ ergibt mit

$$\frac{\partial \sigma_{xx}}{\partial x} = a,$$

$$\frac{\partial \tau_{xy}}{\partial y} = -a,$$

$$\frac{\partial \tau_{xy}}{\partial x} = e,$$

$$\frac{\partial \sigma_{yy}}{\partial y} = 0,$$

dass dieser Spannungszustand nur für den Spezialfall $e = 0$ möglich ist.

Die Spannungskomponenten aus $\underline{\underline{\sigma}}_2$ erfüllen die Gleichgewichtsbedingungen identisch, wie sich mit

$$\frac{\partial \sigma_{xx}}{\partial x} = -3xy^2,$$

$$\frac{\partial \tau_{xy}}{\partial y} = 3xy^2,$$

$$\frac{\partial \tau_{xy}}{\partial x} = y^3,$$

$$\frac{\partial \sigma_{yy}}{\partial y} = -y^3$$

zeigt. Dieser Spannungszustand ist somit möglich.

Bezüglich des Spannungstensors $\underline{\underline{\sigma}}_3$ sind die dreidimensionalen Gleichgewichtsbedingungen zu überprüfen:

$$\frac{\partial \sigma_{xx}}{\partial x} + \frac{\partial \tau_{xy}}{\partial y} + \frac{\partial \tau_{xz}}{\partial z} = 0,$$

$$\frac{\partial \tau_{xy}}{\partial x} + \frac{\partial \sigma_{yy}}{\partial y} + \frac{\partial \tau_{yz}}{\partial z} = 0,$$

$$\frac{\partial \tau_{xz}}{\partial x} + \frac{\partial \tau_{yz}}{\partial y} + \frac{\partial \sigma_{zz}}{\partial z} = 0.$$

Sämtliche hier auftretenden partiellen Ableitungen sind identisch Null, so dass die Gleichgewichtsbedingungen identisch erfüllt sind. Der durch $\underline{\underline{\sigma}}_3$ beschriebene Spannungszustand ist somit möglich.

Aufgabe 1.2

Gegeben sei das folgende Verschiebungsfeld:

$$u = cx^2,$$

$$v = 2cyz,$$

$$w = c\left(z^2 - xy\right).$$

Hierin ist c eine Konstante. Man ermittle den zugehörigen Verzerrungszustand.

Lösung

Die Verzerrungskomponenten ergeben sich aus den kinematischen Gleichungen im dreidimensionalen Fall als:

$$\underline{\underline{\varepsilon_{xx}}} = \frac{\partial u}{\partial x} = \underline{\underline{2cx}},$$

$$\underline{\underline{\varepsilon_{yy}}} = \frac{\partial v}{\partial y} = \underline{\underline{2cz}},$$

$$\underline{\underline{\varepsilon_{zz}}} = \frac{\partial w}{\partial z} = \underline{\underline{2cz}},$$

$$\underline{\underline{\gamma_{xy}}} = \frac{\partial u}{\partial y} + \frac{\partial v}{\partial x} = \underline{\underline{0}},$$

$$\underline{\underline{\gamma_{xz}}} = \frac{\partial u}{\partial z} + \frac{\partial w}{\partial x} = \underline{\underline{-cy}},$$

$$\underline{\underline{\gamma_{yz}}} = \frac{\partial v}{\partial z} + \frac{\partial w}{\partial y} = \underline{\underline{c(2y - x)}}. \tag{1.1}$$

Aufgabe 1.3

Gegeben ist der folgende Spannungstensor:

$$\underline{\underline{\sigma}}_3 = \begin{bmatrix} \sigma_{xx} & \tau_{xy} & \tau_{xz} \\ \tau_{xy} & \sigma_{yy} & \tau_{yz} \\ \tau_{xz} & \tau_{yz} & \sigma_{zz} \end{bmatrix} = \begin{bmatrix} 1 & 0 & 4\sqrt{2} \\ 0 & 1 & 4 \\ 4\sqrt{2} & 4 & 3 \end{bmatrix},$$

in der Einheit $\left[\frac{F}{a^2}\right]$. Man skizziere den Spannungszustand an einem dreidimensionalen infinitesimalen Würfel und ermittle die zugehörigen Verzerrungen.

Abb. 1.1 Gegebener
Spannungszustand

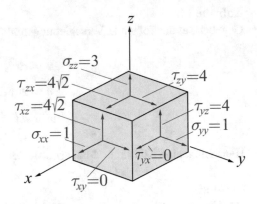

Lösung

Der gegebene Spannungszustand ist in Abb. 1.1 skizziert. Die zugehörigen Verzerrungen lauten:

$$\underline{\underline{\varepsilon_{xx}}} = \frac{1}{E}\left[\sigma_{xx} - \nu\left(\sigma_{yy} + \sigma_{zz}\right)\right] = \frac{F}{Ea^2}\left(1 - 4\nu\right),$$

$$\underline{\underline{\varepsilon_{yy}}} = \frac{1}{E}\left[\sigma_{yy} - \nu\left(\sigma_{xx} + \sigma_{zz}\right)\right] = \frac{F}{Ea^2}\left(1 - 4\nu\right),$$

$$\underline{\underline{\varepsilon_{zz}}} = \frac{1}{E}\left[\sigma_{zz} - \nu\left(\sigma_{xx} + \sigma_{yy}\right)\right] = \frac{F}{Ea^2}\left(3 - 2\nu\right),$$

$$\underline{\underline{\gamma_{xy}}} = \frac{\tau_{xy}}{G} = \underline{\underline{0}},$$

$$\underline{\underline{\gamma_{xz}}} = \frac{\tau_{xz}}{G} = 4\sqrt{2}\frac{F}{Ga^2},$$

$$\underline{\underline{\gamma_{yz}}} = \frac{\tau_{yz}}{G} = 4\frac{F}{Ga^2}. \tag{1.2}$$

Aufgabe 1.4

Gegeben sei ein elastischer isotroper Quader in einer starren Einfassung (Abb. 1.2). Der Quader werde durch die beiden Normalspannungen $\sigma_{xx} = -\sigma_{xx,0}$ und $\sigma_{yy} = \sigma_{yy,0}$ beansprucht. Außerdem liege eine gleichförmige Temperaturänderung ΔT vor. Man bestimme ΔT so, dass keine Spannung auf die Festeinfassung wirkt. Wie groß sind dann die beiden Dehnungen ε_{xx} und ε_{yy}? Welche Kantenverschiebungen stellen sich ein?

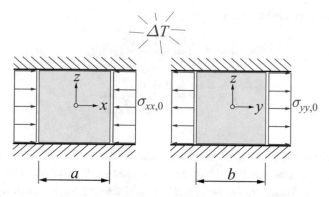

Abb. 1.2 Gegebene Situation

Lösung

Wir betrachten zunächst die Dehnung ε_{zz}, die in der gegebenen Situation verschwinden muss:

$$\varepsilon_{zz} = \frac{1}{E}\left[\sigma_{zz} - \nu\left(\sigma_{xx} + \sigma_{yy}\right)\right] + \alpha_T \Delta T = 0.$$

Daraus lässt sich dann die wirkende Spannung σ_{zz} bestimmen als:

$$\sigma_{zz} = \nu\left(-\sigma_{xx,0} + \sigma_{yy,0}\right) - E\alpha_T \Delta T.$$

Es wird gefordert, dass die Festeinfassung spannungsfrei bleibt, mithin also $\sigma_{zz} = 0$ gelten muss. Daraus folgt:

$$\underline{\underline{\Delta T = \frac{\nu}{E\alpha_T}\left(\sigma_{yy,0} - \sigma_{xx,0}\right).}} \tag{1.3}$$

Für die beiden Dehnungen ε_{xx} und ε_{yy} folgt dann:

$$\underline{\underline{\varepsilon_{xx}}} = \frac{1}{E}\left[\sigma_{xx} - \nu\left(\sigma_{yy} + \sigma_{zz}\right)\right] + \alpha_T \Delta T$$

$$= \frac{1}{E}\left(-\sigma_{xx,0} - \nu\sigma_{yy,0}\right) + \frac{\nu}{E}\left(\sigma_{yy,0} - \sigma_{xx,0}\right)$$

$$= \underline{\underline{-\frac{1+\nu}{E}\sigma_{xx,0},}}$$

$$\underline{\underline{\varepsilon_{yy}}} = \frac{1}{E}\left[\sigma_{yy} - \nu\left(\sigma_{xx} + \sigma_{zz}\right)\right] + \alpha_T \Delta T$$

$$= \frac{1}{E}\left(\sigma_{yy,0} + \nu\sigma_{xx,0}\right) + \frac{\nu}{E}\left(\sigma_{yy,0} - \sigma_{xx,0}\right)$$

$$= \underline{\underline{\frac{1+\nu}{E}\sigma_{yy,0}.}} \tag{1.4}$$

Die Kantenverschiebungen folgen als:

$$\underline{\underline{u}} = \varepsilon_{xx} a = -\frac{1+\nu}{E}\sigma_{xx,0}a,$$

$$\underline{\underline{v}} = \varepsilon_{yy} b = \frac{1+\nu}{E}\sigma_{yy,0}b. \tag{1.5}$$

Aufgabe 1.5

Gegeben sei ein linear elastischer isotroper Quader (Kantenabmessungen a, b, c) wie in Abb. 1.3 dargestellt. Das Material weise die Eigenschaften E und ν auf. Der Lastfall bestehe aus einachsigem Druck $\sigma_{xx} = -\sigma_{xx,0}$. Man bearbeite die folgenden Aufgabenteile:

1) Man ermittle den Spannungs- und Verzerrungszustand für unbehinderte Ausdehnung in $y-$ und $z-$Richtung.
2) Wie ändert sich das Ergebnis bei Dehnungsbehinderung in $y-$Richtung?
3) Wie ändert sich das Ergebnis bei Dehnungsbehinderung in $y-$ und $z-$Richtung?

Lösung

Zu 1): Für den Spannungszustand gilt in diesem Fall:

$$\underline{\underline{\sigma_{xx} = -\sigma_{xx,0}}},$$

$$\underline{\underline{\sigma_{yy} = 0}},$$

$$\underline{\underline{\sigma_{zz} = 0}}. \tag{1.6}$$

Daraus lassen sich die Dehnungen $\varepsilon_{xx}, \varepsilon_{yy}, \varepsilon_{zz}$ ermitteln als:

$$\underline{\underline{\varepsilon_{xx}}} = \frac{1}{E}\left[\sigma_{xx} - \nu\left(\sigma_{yy} + \sigma_{zz}\right)\right] = \underline{\underline{-\frac{\sigma_{xx,0}}{E}}},$$

$$\underline{\underline{\varepsilon_{yy}}} = \frac{1}{E}\left[\sigma_{yy} - \nu\left(\sigma_{xx} + \sigma_{zz}\right)\right] = \underline{\underline{\frac{\nu\sigma_{xx,0}}{E}}},$$

$$\underline{\underline{\varepsilon_{zz}}} = \frac{1}{E}\left[\sigma_{zz} - \nu\left(\sigma_{xx} + \sigma_{yy}\right)\right] = \underline{\underline{\frac{\nu\sigma_{xx,0}}{E}}}. \tag{1.7}$$

Abb. 1.3 Gegebene Situation

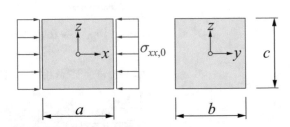

Die Schubverzerrungen sind in diesem Fall sämtlich Null:

$$\gamma_{xy} = \gamma_{xz} = \gamma_{yz} = 0. \tag{1.8}$$

Zu 2): In diesem Fall ergibt sich für die Spannungen σ_{xx} und σ_{zz}:

$$\sigma_{xx} = -\sigma_{xx,0},$$

$$\sigma_{zz} = 0. \tag{1.9}$$

Da nun eine Dehnungsbehinderung in $y-$Richtung vorliegt, kann die Dehnung ε_{yy} zu Null gesetzt werden:

$$\varepsilon_{yy} = \frac{1}{E} \left[\sigma_{yy} - \nu \left(\sigma_{xx} + \sigma_{zz} \right) \right] = 0. \tag{1.10}$$

Dieser Ausdruck lässt sich nach der noch unbekannten Spannung σ_{yy} auflösen:

$$\sigma_{yy} = -\nu \sigma_{xx,0}. \tag{1.11}$$

Die Dehnungen ε_{xx} und ε_{zz} folgen als:

$$\varepsilon_{xx} = \frac{1}{E} \left[\sigma_{xx} - \nu \left(\sigma_{yy} + \sigma_{zz} \right) \right] = \frac{\sigma_{xx,0}}{E} \left(\nu^2 - 1 \right),$$

$$\varepsilon_{zz} = \frac{1}{E} \left[\sigma_{zz} - \nu \left(\sigma_{xx} + \sigma_{yy} \right) \right] = \frac{\nu \sigma_{xx,0}}{E} \left(1 + \nu \right). \tag{1.12}$$

Die Schubverzerrungen sind sämtlich Null:

$$\gamma_{xy} = \gamma_{xz} = \gamma_{yz} = 0. \tag{1.13}$$

Zu 3): In diesem Fall liegt die Normalspannung σ_{xx} vor als:

$$\sigma_{xx} = -\sigma_{xx,0}. \tag{1.14}$$

Für die beiden Dehnungen ε_{yy} und ε_{zz} folgt:

$$\varepsilon_{yy} = \frac{1}{E} \left[\sigma_{yy} - \nu \left(\sigma_{xx} + \sigma_{zz} \right) \right] = 0,$$

$$\varepsilon_{zz} = \frac{1}{E} \left[\sigma_{zz} - \nu \left(\sigma_{xx} + \sigma_{yy} \right) \right] = 0,$$

woraus sich zwei Bedingungen zur Ermittlung der Spannungen σ_{yy} und σ_{zz} herleiten lassen:

$$\sigma_{yy} - \nu\sigma_{zz} = -\nu\sigma_{xx,0},$$

$$\sigma_{zz} - \nu\sigma_{yy} = -\nu\sigma_{xx,0}.$$

Auflösen führt auf die beiden Normalspannungen σ_{yy} und σ_{zz} wie folgt:

$$\sigma_{yy} = \sigma_{zz} = -\frac{\nu}{1-\nu}\sigma_{xx,0}. \tag{1.15}$$

Die Dehnung ε_{xx} lässt sich dann ermitteln als:

$$\varepsilon_{xx} = \frac{1}{E}\left[\sigma_{xx} - \nu\left(\sigma_{yy} + \sigma_{zz}\right)\right] = -\frac{\sigma_{xx,0}}{E}\left(1 - \frac{2\nu^2}{1-\nu}\right). \tag{1.16}$$

Die Schubverzerrungen sind auch hier wieder sämtlich Null:

$$\gamma_{xy} = \gamma_{xz} = \gamma_{yz} = 0. \tag{1.17}$$

Aufgabe 1.6

Gegeben sei der in Abb. 1.4 dargestellte isotrope linear elastische Würfel (Kantenlänge a) in einer starren Einfassung. Durch die wirkende Kraft F werde der Würfel um das Maß δ gestaucht. Die Würfeloberflächen können auf den Wandungen der Einfassung spiel- und Reibungsfrei abgleiten. Man bearbeite die folgenden Aufgabenteile:

1) Man ermittle den Spannungs- und Verzerrungszustand.
2) Wie groß ist die für die Verschiebung δ erforderliche Kraft F?
3) Man ermittle eine Temperaturänderung ΔT so, dass die beiden Normalspannungen σ_{yy} und σ_{zz} zu Null werden.

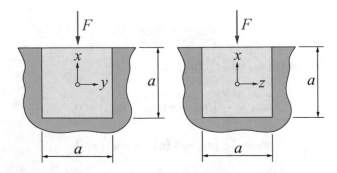

Abb. 1.4 Gegebene Situation

Lösung

Zu 1): Die Dehnung ε_{xx} ergibt sich bei vorliegender Verschiebung δ als:

$$\varepsilon_{xx} = -\frac{\delta}{a}, \tag{1.18}$$

also als eine Stauchung. Hingegen sind die beiden Dehnungen ε_{yy} und ε_{zz} aufgrund der starren Einfassung identisch Null:

$$\varepsilon_{yy} = \varepsilon_{zz} = 0. \tag{1.19}$$

Unter der Annahme, dass sich die Kraft gleichmäßig flächig auf der Würfeloberfläche verteilt, ist die Normalspannung σ_{xx} bekannt als:

$$\sigma_{xx} = -\frac{F}{a^2}, \tag{1.20}$$

liegt also als Druckspannung vor. Die beiden Spannungen σ_{yy} und σ_{zz} sind zu ermitteln. In der gegebenen Situation treten weder Schubspannungen τ_{xy}, τ_{xz}, τ_{yz} noch Schubverzerrungen γ_{xy}, γ_{xz}, γ_{yz} auf.

Wir nutzen zunächst den Ausdruck

$$\varepsilon_{xx} = -\frac{\delta}{a} = \frac{1}{E}\left[\sigma_{xx} - \nu\left(\sigma_{yy} + \sigma_{zz}\right)\right],$$

um einen Ausdruck für σ_{xx} in Abhängigkeit von σ_{yy} und σ_{zz} wie folgt zu ermitteln:

$$\sigma_{xx} = -\frac{E\delta}{a} + \nu\left(\sigma_{yy} + \sigma_{zz}\right). \tag{1.21}$$

Dieser Ausdruck eingesetzt in

$$\varepsilon_{yy} = \frac{1}{E}\left[\sigma_{yy} - \nu\left(\sigma_{xx} + \sigma_{zz}\right)\right] = 0,$$

$$\varepsilon_{zz} = \frac{1}{E}\left[\sigma_{zz} - \nu\left(\sigma_{xx} + \sigma_{yy}\right)\right] = 0$$

ergibt nach Auflösen die beiden Normalspannungen σ_{yy} und σ_{zz} als:

$$\sigma_{yy} = \sigma_{zz} = -\frac{E\delta}{a}\frac{\nu}{1 - \nu - 2\nu^2}. \tag{1.22}$$

Damit kann auch die Normalspannung σ_{xx} gemäß (1.21) dargestellt werden als:

$$\sigma_{xx} = -\frac{E\delta}{a}\frac{1-\nu}{1-\nu-2\nu^2}. \tag{1.23}$$

Zu 2): Wir können zur Ermittlung der Kraft F sowohl den Ausdruck (1.23) als auch den Zusammenhang $\sigma_{xx} = -\frac{F}{a^2}$ nutzen:

$$-\frac{F}{a^2} = -\frac{E\delta}{a}\frac{1-\nu}{1-\nu-2\nu^2}. \tag{1.24}$$

Dieser Ausdruck lässt sich nach der gesuchten Kraft F umstellen:

$$F = E\delta a\frac{1-\nu}{1-\nu-2\nu^2}. \tag{1.25}$$

Zu 3): Wir können für die Dehnungen ε_{xx}, ε_{yy} und ε_{zz} die folgenden Ausdrücke verwenden:

$$\varepsilon_{xx} = \frac{1}{E}\left[\sigma_{xx} - \nu\left(\sigma_{yy} + \sigma_{zz}\right)\right] + \alpha_T\Delta T,$$

$$\varepsilon_{yy} = \frac{1}{E}\left[\sigma_{yy} - \nu\left(\sigma_{xx} + \sigma_{zz}\right)\right] + \alpha_T\Delta T,$$

$$\varepsilon_{zz} = \frac{1}{E}\left[\sigma_{zz} - \nu\left(\sigma_{xx} + \sigma_{yy}\right)\right] + \alpha_T\Delta T.$$

Wir fordern, dass die beiden Normalspannungen σ_{yy} und σ_{zz} zu Null werden. Außerdem sind durch die starre Einfassung die beiden Dehnungen ε_{yy} und ε_{zz} identisch Null, und die Dehnung ε_{xx} ist bekannt als $\varepsilon_{xx} = -\frac{\delta}{a}$. Es verbleibt also:

$$\varepsilon_{xx} = -\frac{\delta}{a} = \frac{\sigma_{xx}}{E} + \alpha_T\Delta T,$$

$$0 = -\frac{\nu\sigma_{xx}}{E} + \alpha_T\Delta T,$$

$$0 = -\frac{\nu\sigma_{xx}}{E} + \alpha_T\Delta T.$$

Aus den beiden letzten Gleichungen lässt sich die Normalspannung σ_{xx} ermitteln als:

$$\sigma_{xx} = \frac{E\alpha_T\Delta T}{\nu}. \tag{1.26}$$

Setzt man diesen Ausdruck in die erste obige Gleichung ein, dann ergibt sich ein Ausdruck, aus dem sich die notwendige Temperaturänderung ermitteln lässt wie folgt:

$$\Delta T = -\frac{\delta}{a\alpha_T}\frac{\nu}{1+\nu}.$$ (1.27)

Aufgabe 1.7
In einer Scheibe im ebenen Spannungszustand (Querkontraktionszahl $\nu = 0,3$) wurden die folgenden Verzerrungen gemessen:

$$\varepsilon_{xx} = 0,001, \quad \varepsilon_{yy} = 0,003, \quad \gamma_{xy} = 0.$$

1) Man ermittle die Spannungen σ_{xx}, σ_{yy}, τ_{xy}.
2) Man ermittle die Hauptspannungen σ_1 und σ_2.
3) Man ermittle die Hauptschubspannung τ_{max}.

Lösung
Zu 1): Die beiden Normalspannungen σ_{xx} und σ_{yy} lassen sich wie folgt ermitteln:

$$\sigma_{xx} = \frac{E}{1-\nu^2}\left(\varepsilon_{xx} + \nu\varepsilon_{yy}\right) = 1,1E\,(0,001 + 0,3 \cdot 0,003) = 2,09 \cdot 10^{-3}E,$$

$$\sigma_{yy} = \frac{E}{1-\nu^2}\left(\varepsilon_{yy} + \nu\varepsilon_{xx}\right) = 1,1E\,(0,003 + 0,3 \cdot 0,001) = 3,63 \cdot 10^{-3}E.$$ (1.28)

Die Schubspannung folgt in diesem Fall zu:

$$\tau_{xy} = G\gamma_{xy} = 0.$$ (1.29)

Zu 2): Da in dem gegebenen Zustand keine Schubspannung auftritt, stellen die beiden Normalspannungen bereits die Hauptspannungen dar:

$$\sigma_{xx} = \sigma_2 = 2,09 \cdot 10^{-3}E,$$

$$\sigma_{yy} = \sigma_1 = 3,63 \cdot 10^{-3}E.$$ (1.30)

Zu 3): Die Hauptschubspannung lässt sich ermitteln wie folgt:

$$\tau_{max} = \pm\frac{1}{2}(\sigma_1 - \sigma_2) = \pm\frac{1}{2}\left(3,63 \cdot 10^{-3} - 2,09 \cdot 10^{-3}\right) = \pm 7,7 \cdot 10^{-4}E.$$ (1.31)

Aufgabe 1.8

Gegeben sei der folgende ebene Spannungszustand in einer isotropen linear elastischen Scheibe:

$$\underline{\underline{\sigma}} = \begin{bmatrix} \sigma_{xx} & \tau_{xy} \\ \tau_{xy} & \sigma_{yy} \end{bmatrix} = \begin{bmatrix} ky^2 & 0 \\ 0 & -kx^2 \end{bmatrix}.$$

Hierin ist k eine Konstante. Man ermittle den Verzerrungszustand und die Verschiebungen der Scheibe.

Lösung

Die Verzerrungen der Scheibe folgen als:

$$\underline{\underline{\varepsilon_{xx}}} = \frac{1}{E}\left(\sigma_{xx} - \nu\sigma_{yy}\right) = \frac{k}{E}\left(y^2 + \nu x^2\right),$$

$$\underline{\underline{\varepsilon_{yy}}} = \frac{1}{E}\left(\sigma_{yy} - \nu\sigma_{xx}\right) = -\frac{k}{E}\left(x^2 + \nu y^2\right),$$

$$\underline{\underline{\gamma_{xy}}} = \frac{\tau_{xy}}{G} = \underline{\underline{0}}. \tag{1.32}$$

Die Verschiebungen u und v der Scheibe lassen sich durch Integration der kinematischen Gleichungen

$$\varepsilon_{xx} = \frac{\partial u}{\partial x},$$

$$\varepsilon_{yy} = \frac{\partial v}{\partial y}$$

ermitteln wie folgt:

$$\underline{\underline{u}} = \int \varepsilon_{xx}dx + C_1 = \frac{k}{E}\int\left(y^2 + \nu x^2\right)dx + C_1 = \underline{\underline{\frac{kx}{E}\left(y^2 + \frac{\nu x^2}{3}\right) + C_1}},$$

$$\underline{\underline{v}} = \int \varepsilon_{yy}dy + C_2 = -\frac{k}{E}\int\left(x^2 + \nu y^2\right)dy + C_2 = \underline{\underline{-\frac{ky}{E}\left(x^2 + \frac{\nu y^2}{3}\right) + C_2}}.$$

$$\tag{1.33}$$

Die Größen C_1 und C_2 sind durch die Integration entstehende noch zu bestimmende Funktionen $C_1(y)$, $C_2(x)$.

Abb. 1.5 Gegebener
Spannungszustand

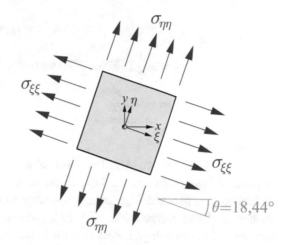

Aufgabe 1.9

Gegeben sei der in Abb. 1.5 skizzierte Spannungszustand in einer isotropen linear elastischen Scheibe. Es sei $\sigma_{\eta\eta} = 700\frac{F}{a^2}$ und $\sigma_{\xi\xi} = -300\frac{F}{a^2}$. Gesucht wird der Spannungszustand für den Winkel $\theta = 0°$.

Lösung

Es handelt sich bei dem gegebenen Spannungszustand um einen Hauptspannungszustand mit $\sigma_1 = 700\frac{F}{a^2}$ und $\sigma_2 = -300\frac{F}{a^2}$. Die Schubspannung τ_{xy} ist identisch Null. Zur Ermittlung des Spannungszustands unter $\theta = 0°$ verwenden wir die Transformationsgleichungen für die Spannungen:

$$\underline{\underline{\sigma_{xx}}} = \frac{1}{2}\left(\sigma_{\xi\xi} + \sigma_{\eta\eta}\right) + \frac{1}{2}\left(\sigma_{\xi\xi} - \sigma_{\eta\eta}\right)\cos 2\theta + \tau_{\xi\eta}\sin 2\theta$$

$$= \frac{1}{2}\left(-300 + 700\right) + \frac{1}{2}\left(-300 - 700\right)\cos\left(-36,88°\right)$$

$$= \underline{\underline{-200\frac{F}{a^2}}},$$

$$\underline{\underline{\sigma_{yy}}} = \frac{1}{2}\left(\sigma_{\xi\xi} + \sigma_{\eta\eta}\right) - \frac{1}{2}\left(\sigma_{\xi\xi} - \sigma_{\eta\eta}\right)\cos 2\theta - \tau_{\xi\eta}\sin 2\theta$$

$$= \frac{1}{2}\left(-300 + 700\right) - \frac{1}{2}\left(-300 - 700\right)\cos\left(-36,88°\right)$$

$$= \underline{\underline{600\frac{F}{a^2}}},$$

$$
\begin{aligned}
\underline{\underline{\tau_{xy}}} &= -\frac{1}{2}\left(\sigma_{\xi\xi} - \sigma_{\eta\eta}\right)\sin 2\theta + \tau_{\xi\eta}\cos 2\theta \\
&= -\frac{1}{2}\left(-300 - 700\right)\sin\left(-36, 88°\right) \\
&= \underline{\underline{-300\frac{F}{a^2}}}. \tag{1.34}
\end{aligned}
$$

Aufgabe 1.10

Betrachtet werde die in Abb. 1.6 dargestellte linear elastische isotrope Scheibe. Die wirkenden Spannungen σ_{xx} und σ_{yy} betragen $\sigma_{xx} = -125\frac{F}{a^2}$ und $\sigma_{yy} = 50\frac{F}{a^2}$. Es liege außerdem eine gleichmäßige Temperaturänderung ΔT vor. Die Scheibe habe die Länge $2a$ und die Höhe a, ihre Dicke sei t. Es liegen die Materialkonstanten α_T, E, ν vor. Die Scheibe sei derart gelagert, dass sich ihr linker Rand nicht in $x-$Richtung verschieben kann, aber die Querkontraktion in $y-$Richtung nicht behindert wird. Ihr unterer Rand sei so gelagert, dass keine Verschiebung in $y-$Richtung möglich ist, die Querkontraktion aber nicht behindert werde.

Man bearbeite die folgenden Aufgabenteile:

1) Man ermittle die sich einstellenden Verzerrungen in der Scheibe.
2) Wie groß muss die Temperaturänderung ΔT sein, damit keine Dehnung in $x-$Richtung auftritt?
3) Man ermittle die Verschiebungen des Punktes P bei gleichzeitiger Wirkung von σ_{xx}, σ_{yy} und ΔT.

Abb. 1.6 Gegebene Situation

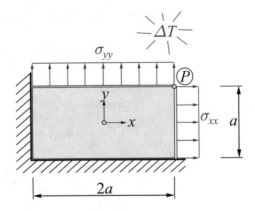

Lösung

Zu 1): Die Verzerrungen in der Scheibe lassen sich wie folgt ermitteln:

$$\underline{\underline{\varepsilon_{xx}}} = \frac{1}{E}\left(\sigma_{xx} - \nu\sigma_{yy}\right) + \alpha_T\Delta T$$

$$= \underline{\underline{-\frac{25F}{Ea^2}\left(5 + 2\nu\right) + \alpha_T\Delta T}},$$

$$\underline{\underline{\varepsilon_{yy}}} = \frac{1}{E}\left(\sigma_{yy} - \nu\sigma_{xx}\right) + \alpha_T\Delta T$$

$$= \underline{\underline{\frac{25F}{Ea^2}\left(2 + 5\nu\right) + \alpha_T\Delta T}},$$

$$\underline{\underline{\gamma_{xy}}} = \underline{\underline{0}}. \tag{1.35}$$

Zu 2): Die Dehnung ε_{xx} soll verschwinden, so dass wir fordern:

$$-\frac{25F}{Ea^2}\left(5 + 2\nu\right) + \alpha_T\Delta T = 0.$$

Dieser Ausdruck lässt sich nach der gesuchten Temperaturänderung auflösen wie folgt:

$$\underline{\underline{\Delta T = \frac{25F}{E\alpha_T a^2}\left(5 + 2\nu\right)}}. \tag{1.36}$$

Zu 3): Die Verschiebung u_P des Punktes P in $x-$Richtung ist identisch Null, da wir in Aufgabenteil 2) gefordert haben, dass die Dehnung ε_{xx} verschwindet:

$$\underline{\underline{u_P = 0}}. \tag{1.37}$$

Zur Ermittlung der Verschiebung v_P des Punktes P in $y-$Richtung ziehen wir die Dehnung ε_{yy} heran, die sich mit der in 2) ermittelten Temperaturänderung ΔT ergibt als

$$\varepsilon_{yy} = \frac{1}{E}\left(\sigma_{yy} - \nu\sigma_{xx}\right) + \alpha_T\Delta T = \frac{175F}{Ea^2}\left(1 + \nu\right).$$

Die Verschiebung v der Scheibe kann dann durch Integration von ε_{yy} ermittelt werden als:

$$v = \int \varepsilon_{yy}\mathrm{d}y + C = \frac{175Fy}{Ea^2}\left(1 + \nu\right) + C.$$

Aus der Randbedingung

$$v(y = 0) = 0$$

folgt C als $C = 0$, so dass:

$$v = \frac{175Fy}{Ea^2}\,(1 + v).$$

Die Verschiebung v_P des Punktes P folgt dann als:

$$\underline{\underline{v_P}} = v(y = a) = \underline{\underline{\frac{175F}{Ea}\,(1 + v)}}. \tag{1.38}$$

Aufgabe 1.11
Betrachtet werde die in Abb. 1.7 abgebildete isotrope linear elastische Scheibe (Länge a, Höhe b, Dicke t). Die Scheibe sei so gelagert, dass sich ihr linker Rand nicht in $x-$Richtung verschieben kann und zugleich die Querkontraktion in $y-$Richtung nicht eingeschränkt wird. Ihr unterer Rand sei derart gelagert, dass keine Verschiebung in $y-$Richtung ermöglicht wird, die Querkontraktion aber nicht behindert sei. Der Dehnungszustand in der Scheibe liege in der folgenden Form vor:

$$\varepsilon_{xx} = k\left(x^2 y + y^2\right),$$

$$\varepsilon_{yy} = ky^2 x.$$

Hierin ist k eine Konstante.

Man ermittle die Verschiebungen u und v der Scheibe sowie die Schubverzerrung γ_{xy}.

Lösung
Wir ermitteln die Verschiebungen u und v durch Integration der kinematischen Gleichungen

Abb. 1.7 Gegebene Situation

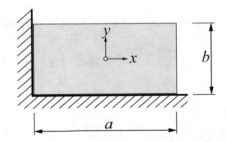

$$\varepsilon_{xx} = \frac{\partial u}{\partial x},$$

$$\varepsilon_{yy} = \frac{\partial v}{\partial y}.$$

Es folgt:

$$u = \int \varepsilon_{xx}\mathrm{d}x + C_1 = k \int \left(x^2 y + y^2\right)\mathrm{d}x + C_1$$

$$= kxy \left(\frac{1}{3}x^2 + y\right) + C_1,$$

$$v = \int \varepsilon_{yy}\mathrm{d}y + C_2 = k \int y^2 x \mathrm{d}y + C_2$$

$$= \frac{1}{3}kxy^3 + C_2. \tag{1.39}$$

Aus den Randbedingungen $u(x = 0) = 0$ und $v(y = 0) = 0$ folgt $C_1 = 0$ und $C_2 = 0$, so dass:

$$\underline{\underline{u = kxy \left(\frac{1}{3}x^2 + y\right),}}$$

$$\underline{\underline{v = \frac{1}{3}kxy^3.}} \tag{1.40}$$

Die gesuchte Schubverzerrung γ_{xy} lässt sich aus den so vorliegenden Verschiebungen u und v mittels der kinematischen Gleichung

$$\gamma_{xy} = \frac{\partial u}{\partial y} + \frac{\partial v}{\partial x}.$$

ermitteln. Es folgt:

$$\underline{\underline{\gamma_{xy} = k\left[\frac{1}{3}\left(x^3 + y^3\right) + 2xy\right].}} \tag{1.41}$$

Aufgabe 1.12

Gegeben seien zwei isotrope linear elastische Scheiben, die in einer starren Einfassung platziert sind (Abb. 1.8). Die Scheiben können an den Wandungen der Einfassung reibungsfrei abgleiten. Beide Scheiben weisen die Breite a auf. Während Scheibe 1 die Einfassung auch in x−Richtung voll ausfüllt, liegt zwischen Scheibe 2 und der Wandung ein Spalt der Breite δ vor, wobei $\delta \ll a, b$ gelte.

Abb. 1.8 Gegebene Situation

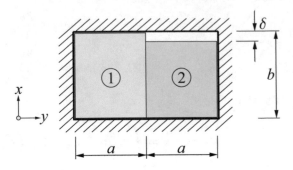

Scheibe 1 werde um eine konstante Temperaturänderung ΔT erwärmt, so dass sich der Spalt zwischen Wandung und Scheibe 2 gerade schließt. Man ermittle die Spannungen in Scheibe 2. Wie groß ist die Temperaturänderung ΔT und welche Spannungen ergeben sich in Scheibe 1?

Lösung

In Scheibe zwei stellt sich die Dehnung $\varepsilon_{xx,2}$ ein wie folgt:

$$\varepsilon_{xx,2} = \frac{\delta}{b-\delta} \approx \frac{\delta}{b}.$$

Da die Scheibe 2 durch die Erwärmung der Scheibe 1 gerade genau die Wandung berührt, ist die Normalspannung $\sigma_{xx,2}$ identisch Null:

$$\underline{\underline{\sigma_{xx,2} = 0.}} \tag{1.42}$$

Für die Dehnung $\varepsilon_{xx,2}$ gilt außerdem:

$$\varepsilon_{xx,2} = \frac{1}{E}\left(\sigma_{xx,2} - \nu\sigma_{yy,2}\right).$$

Dieser Ausdruck lässt sich mit $\varepsilon_{xx,2} = \frac{\delta}{b}$ und $\sigma_{xx,2} = 0$ nach der Spannung $\sigma_{yy,2}$ auflösen als:

$$\underline{\underline{\sigma_{yy,2} = -\frac{E\delta}{b\nu}.}} \tag{1.43}$$

In der Scheibe 2 tritt außerdem keine Schubspannung $\tau_{xy,2}$ auf:

$$\underline{\underline{\tau_{xy,2} = 0.}} \tag{1.44}$$

Zur Ermittlung der Temperaturänderung ΔT und der Spannungen in Scheibe 1 machen wir uns zunächst die Tatsache zu Nutze, dass Scheibe 1 keinerlei Dehnung in x−Richtung aufweist:

$$\varepsilon_{xx,1} = \frac{1}{E} \left(\sigma_{xx,1} - v\sigma_{yy,1} \right) + \alpha_T \Delta T = 0. \tag{1.45}$$

Außerdem nutzen wir den Umstand, dass die Gesamtdehnung der beiden Scheiben in y−Richtung zu Null werden muss:

$$\varepsilon_{yy,1} + \varepsilon_{yy,2} = 0.$$

Hieraus folgt:

$$\frac{1}{E} \left(\sigma_{yy,2} - v\sigma_{xx,2} \right) = -\frac{1}{E} \left(\sigma_{yy,1} - v\sigma_{xx,1} \right) - \alpha_T \Delta T. \tag{1.46}$$

Es gilt außerdem $\sigma_{yy,1} = \sigma_{yy,2}$, so dass

$$\underline{\underline{\sigma_{yy,1} = -\frac{E\delta}{bv}.}} \tag{1.47}$$

Hiermit kann aus (1.45) und (1.46) die noch fehlende Normalspannung $\sigma_{xx,1}$ ermittelt werden als:

$$\underline{\underline{\sigma_{xx,1} = -\frac{2+v}{1+v}\frac{E\delta}{bv}.}} \tag{1.48}$$

Aus (1.45) folgt dann die Temperaturänderung ΔT als:

$$\underline{\underline{\Delta T = \frac{\delta}{bv\alpha_T}\frac{2-v^2}{1+v}.}} \tag{1.49}$$

Aufgabe 1.13

Betrachtet werde die in Abb. 1.9 abgebildete isotrope linear elastische Scheibe. Die Scheibe sei derart gelagert, dass sich ihr linker Rand nicht in x−Richtung verschieben kann und außerdem die Querkontraktion in y−Richtung nicht behindert wird. Ihr unterer Rand sei so gelagert, dass keine Verschiebung in y−Richtung möglich ist, die Querkontraktion aber nicht eingeschränkt sei. Das Verschiebungsfeld sei gegeben als:

$$u = -\delta_x \frac{x}{l},$$

$$v = -\delta_y \frac{y}{h}.$$

Abb. 1.9 Gegebene Situation

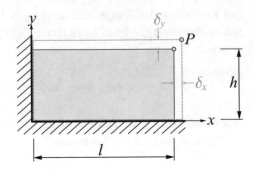

Es gelte $\left|\frac{\delta_x}{l}\right| > \left|\frac{\delta_y}{h}\right|$. Man ermittle die Verzerrungen der Scheibe. Welche Verschiebungen durchläuft der Punkt P? Welcher Spannungszustand liegt in der Scheibe vor, und welche Hauptspannungen und Hauptschubspannungen ergeben sich?

Lösung
Wir ermitteln zunächst die Verschiebungen des Punktes P. Sie ergeben sich aus den gegebenen Verschiebungsfunktionen durch Einsetzen von $x = l$ und $y = h$ als:

$$u_P = -\delta_x,$$
$$v_P = -\delta_y. \tag{1.50}$$

Der Verzerrungszustand folgt aus den kinematischen Gleichungen für den ebenen Spannungszustand als:

$$\varepsilon_{xx} = \frac{\partial u}{\partial x} = -\frac{\delta_x}{l},$$
$$\varepsilon_{yy} = \frac{\partial v}{\partial y} = -\frac{\delta_y}{h},$$
$$\gamma_{xy} = \frac{\partial u}{\partial y} + \frac{\partial v}{\partial x} = 0. \tag{1.51}$$

Die Spannungen in der Scheibe folgen als:

$$\sigma_{xx} = \frac{E}{1-\nu^2}\left(\varepsilon_{xx} + \nu\varepsilon_{yy}\right) = -\frac{E}{1-\nu^2}\left(\frac{\delta_x}{l} + \nu\frac{\delta_y}{h}\right),$$
$$\sigma_{yy} = \frac{E}{1-\nu^2}\left(\varepsilon_{yy} + \nu\varepsilon_{xx}\right) = -\frac{E}{1-\nu^2}\left(\frac{\delta_y}{h} + \nu\frac{\delta_x}{l}\right),$$
$$\tau_{xy} = G\gamma_{xy} = 0. \tag{1.52}$$

Da die Schubspannung zu Null wird, liegt in diesem Fall ein Hauptspannungszustand vor, wobei aufgrund von $\left|\frac{\delta_x}{l}\right| > \left|\frac{\delta_y}{h}\right|$ $\sigma_1 = \sigma_{yy}$ und $\sigma_2 = \sigma_{xx}$ gilt.

Die Hauptschubspannung folgt aus

$$\tau_{\max} = \pm\frac{1}{2}\left(\sigma_1 - \sigma_2\right) \tag{1.53}$$

als:

$$\underline{\underline{\tau_{\max}}} = \pm\frac{E}{2(1+\nu)}\left(\frac{\delta_x}{l} - \frac{\delta_y}{h}\right) = \underline{\underline{\pm G\left(\frac{\delta_x}{l} - \frac{\delta_y}{h}\right)}}. \tag{1.54}$$

Sie ist unter dem Winkel $\theta = 45°$ zum $x, y-$Achsensystem orientiert.

Aufgabe 1.14

Gegeben sei eine isotrope linear elastische Scheibe, in der sich das folgende Verschiebungsfeld ausbildet:

$$u(x, y) = u_0 + 10^{-3}x - 3 \cdot 10^{-3}y,$$
$$v(x, y) = v_0 + 3 \cdot 10^{-3}x + 10^{-3}y.$$

Man ermittle die Verzerrungen und die Spannungen der Scheibe und zeichne den Mohrschen Spannungskreis.

Lösung

Wir ermitteln die Verzerrungen der Scheibe aus den kinematischen Gleichungen:

$$\underline{\underline{\varepsilon_{xx}}} = \frac{\partial u}{\partial x} = \underline{\underline{10^{-3}}},$$

$$\underline{\underline{\varepsilon_{yy}}} = \frac{\partial v}{\partial y} = \underline{\underline{10^{-3}}},$$

$$\underline{\underline{\gamma_{xy}}} = \frac{\partial u}{\partial y} + \frac{\partial v}{\partial x} = \underline{\underline{0}}. \tag{1.55}$$

Der Spannungszustand folgt daraus als:

$$\underline{\underline{\sigma_{xx}}} = \frac{E}{1 - \nu^2}\left(\varepsilon_{xx} + \nu\varepsilon_{yy}\right) = \underline{\underline{\frac{10^{-3}E}{1 - \nu}}},$$

$$\underline{\underline{\sigma_{yy}}} = \frac{E}{1 - \nu^2}\left(\varepsilon_{yy} + \nu\varepsilon_{xx}\right) = \underline{\underline{\frac{10^{-3}E}{1 - \nu}}},$$

$$\underline{\underline{\tau_{xy}}} = G\gamma_{xy} = \underline{\underline{0}}. \tag{1.56}$$

Abb. 1.10 Gegebener
Spannungszustand im
$\sigma - \tau$−Achsensystem

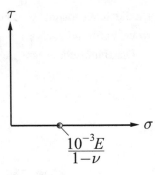

Abb. 1.11 Gegebene
Situation

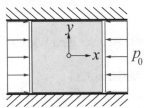

Offenbar handelt es sich hierbei um einen Hauptspannungszustand, bei dem die beiden Normalspannungen identisch sind. Der Mohrsche Spannungskreis entartet somit zu einem Punkt auf der σ−Achse (Abb. 1.10).

Aufgabe 1.15

Gegeben sei die in Abb. 1.11 dargestellt linear elastische isotrope Scheibe, die durch eine Drucklast p_0 beaufschlagt werde. Die Scheibe berühre spiel- und spannungsfrei zwei starre Wände, an denen sie reibungsfrei abgleiten kann. Gesucht werden die Spannungen in der Scheibe sowie die Hauptspannungen. Man ermittle außerdem den Verzerrungszustand und zeichne den Mohrschen Spannungskreis.

Lösung

Die Normalspannung σ_{xx} entspricht genau der anliegenden Druckbelastung p_0:

$$\underline{\sigma_{xx} = -p_0}. \tag{1.57}$$

Die Dehnung ε_{yy} ist aufgrund der starren Wandungen identisch Null:

$$\underline{\varepsilon_{yy} = 0}. \tag{1.58}$$

Es gilt:

$$\varepsilon_{yy} = \frac{1}{E} \left(\sigma_{yy} - \nu \sigma_{xx} \right) = 0,$$

woraus sich die Normalspannung σ_{yy} ermitteln lässt als:

$$\sigma_{yy} = -\nu p_0. \tag{1.59}$$

Bei Vorliegen der beiden Normalspannungen σ_{xx} und σ_{yy} kann die Dehnung ε_{xx} ermittelt werden als:

$$\varepsilon_{xx} = \frac{1}{E}\left(\sigma_{xx} - \nu\sigma_{yy}\right) = -\frac{p_0}{E}\left(1 - \nu^2\right). \tag{1.60}$$

Die Scheibe ist frei von Schubspannungen, d. h.:

$$\tau_{xy} = 0. \tag{1.61}$$

Daraus folgt, dass auch keinerlei Schubverzerrungen in der Scheibe vorliegen:

$$\gamma_{xy} = 0. \tag{1.62}$$

Da in der vorliegenden Situation keine Schubspannung auftritt, handelt es sich bei σ_{xx} und σ_{yy} um die Hauptspannungen:

$$\sigma_1 = -\nu p_0,$$

$$\sigma_2 = -p_0. \tag{1.63}$$

Die Hauptschubspannung ermittelt sich als:

$$\tau_{max} = \pm\frac{1}{2}\left(\sigma_1 - \sigma_2\right) = \pm\frac{p_0}{2}\left(1 - \nu\right). \tag{1.64}$$

Der zugehörige Mohrsche Spannungskreis mit $\sigma_M = \frac{1}{2}\left(\sigma_1 + \sigma_2\right) = -\frac{p_0}{2}\left(1 + \nu\right)$ ist in Abb. 1.12 dargestellt.

Aufgabe 1.16

Betrachtet werde die isotrope linear elastische Scheibe der Abb. 1.13, die spiel- und spannungsfrei in eine starre Einfassung eingebracht sei. Die Scheibe werde einer Temperaturänderung ΔT ausgesetzt. Man ermittle den Spannungs- und Verzerrungszustand in der Scheibe. Wie groß ist die maximale Schubspannung? Man zeichne den Mohrschen Spannungskreis.

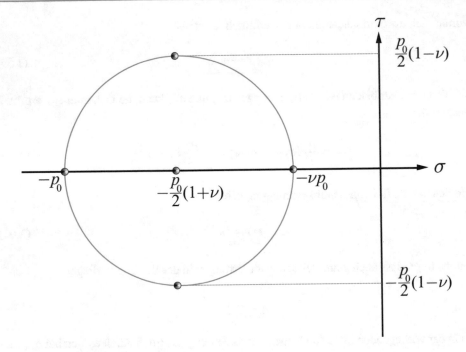

Abb. 1.12 Mohrscher Spannungskreis

Abb. 1.13 Gegebene
Situation

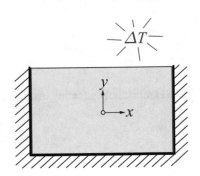

Lösung

In der Scheibe wird die Dehnung ε_{xx} zu Null:

$$\underline{\underline{\varepsilon_{xx} = 0.}} \tag{1.65}$$

Außerdem ist sofort ersichtlich, dass keinerlei Normalspannung σ_{yy} auftritt:

$$\underline{\underline{\sigma_{yy} = 0.}} \tag{1.66}$$

Aus

$$\varepsilon_{xx} = \frac{1}{E}\left(\sigma_{xx} - \nu\sigma_{yy}\right) + \alpha_T \Delta T = 0$$

folgt die Normalspannung σ_{xx} als:

$$\underline{\underline{\sigma_{xx} = -E\alpha_T \Delta T}}. \tag{1.67}$$

Mit den nun vorliegenden Spannungen σ_{xx} und σ_{yy} folgt die Dehnung ε_{yy} als:

$$\underline{\underline{\varepsilon_{yy} = \frac{1}{E}\left(\sigma_{yy} - \nu\sigma_{xx}\right) + \alpha_T \Delta T = \alpha_T \Delta T \left(1 + \nu\right)}}. \tag{1.68}$$

Die Schubspannung τ_{xy} und die Schubverzerrung γ_{xy} sind beide Null für die gegebene Scheibensituation:

$$\underline{\underline{\tau_{xy} = 0}},$$

$$\underline{\underline{\gamma_{xy} = 0}}. \tag{1.69}$$

Da $\tau_{xy} = 0$ gilt handelt es sich bei dem gegebenen Spannungszustand um einen Hauptspannungszustand.

Die Hauptschubspannung $\tau_{\max}$ errechnet sich als:

$$\underline{\underline{\tau_{\max} = \pm\frac{1}{2}\left(\sigma_1 - \sigma_2\right) = \pm\frac{1}{2}E\alpha_T \Delta T}}. \tag{1.70}$$

Der zugehörige Mohrsche Spannungskreis ist in Abb. 1.14 dargestellt.

Aufgabe 1.17

In einer Scheibe liege der folgende ebene Spannungszustand vor:

$$\sigma_{xx} = 1\frac{F}{a^2}, \quad \sigma_{yy} = 3\frac{F}{a^2}, \quad \tau_{xy} = -1\frac{F}{a^2}.$$

Man ermittle die Hauptspannungen σ_1 und σ_2 sowie die Hauptschubspannung $\tau_{\max}$. Man zeichne den Mohrschen Spannungskreis.

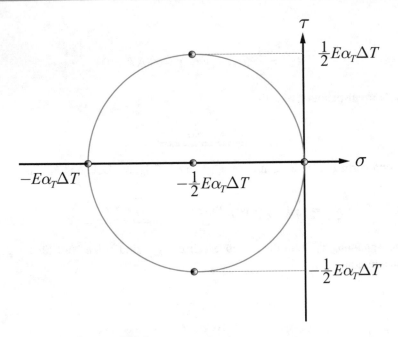

Abb. 1.14 Mohrscher Spannungskreis

Lösung

Wir ermitteln zunächst den Hauptachswinkel θ_h aus

$$\tan 2\theta_h = \frac{2\tau_{xy}}{\sigma_{xx} - \sigma_{yy}} = -\frac{2}{1-3} = 1.$$

Daraus folgt:

$$\theta_h = 22,5°.$$

Die um den Winkel $\theta_h = 22.5°$ transformierten Spannungen folgen als:

$$\underline{\underline{\sigma_{\xi\xi}}} = \frac{1}{2}\left(\sigma_{xx} + \sigma_{yy}\right) + \frac{1}{2}\left(\sigma_{xx} - \sigma_{yy}\right)\cos 2\theta_h + \tau_{xy}\sin 2\theta_h$$

$$= \frac{1}{2}(1+3) + \frac{1}{2}(1-3)\cdot\frac{1}{\sqrt{2}} - \frac{1}{\sqrt{2}} = \underline{\underline{\left(2 - \sqrt{2}\right)\frac{F}{a^2}}} = \sigma_2,$$

$$\underline{\underline{\sigma_{\eta\eta}}} = \frac{1}{2}\left(\sigma_{xx} + \sigma_{yy}\right) - \frac{1}{2}\left(\sigma_{xx} - \sigma_{yy}\right)\cos 2\theta_h - \tau_{xy}\sin 2\theta_h$$

$$= \frac{1}{2}(1+3) - \frac{1}{2}(1-3)\cdot\frac{1}{\sqrt{2}} + \frac{1}{\sqrt{2}} = \underline{\underline{\left(2 + \sqrt{2}\right)\frac{F}{a^2}}} = \sigma_1,$$

$$\underline{\underline{\tau_{\xi\eta}}} = -\frac{1}{2}\left(\sigma_{xx} - \sigma_{yy}\right)\sin 2\theta_h + \tau_{xy}\cos 2\theta_h = \underline{\underline{0}}. \qquad (1.71)$$

Abb. 1.15 Hauptspannungszustand

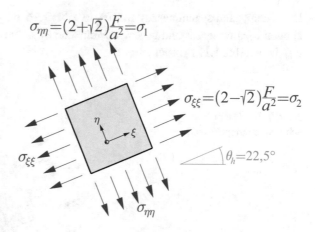

$$\sigma_{\eta\eta}=(2+\sqrt{2})\frac{F}{a^2}=\sigma_1$$

$$\sigma_{\xi\xi}=(2-\sqrt{2})\frac{F}{a^2}=\sigma_2$$

$$\theta_h=22,5°$$

Der Hauptspannungszustand ist in Abb. 1.15 dargestellt. Alternativ kann auch die folgende Formel zur Ermittlung von σ_1 und σ_2 herangezogen werden:

$$\sigma_{1,2} = \frac{\sigma_{xx} + \sigma_{yy}}{2} \pm \sqrt{\left(\frac{\sigma_{xx} - \sigma_{yy}}{2}\right)^2 + \tau_{xy}^2} = 2 \pm \sqrt{2},$$

woraus wieder $\sigma_1 = \left(2 + \sqrt{2}\right)\frac{F}{a^2}$ und $\sigma_2 = \left(2 - \sqrt{2}\right)\frac{F}{a^2}$ folgt.

Die Hauptschubspannung τ_{max} ergibt sich unter dem Winkel θ_h', der sich wie folgt ermitteln lässt:

$$\tan 2\theta_h' = -\frac{\sigma_{xx} - \sigma_{yy}}{2\tau_{xy}} = -\frac{1 - 3}{-2} = -1.$$

Hieraus folgt:

$$\theta_h' = -22,5°.$$

Die Hauptschubspannung kann wie folgt ermittelt werden:

$$\underline{\underline{\tau_{max}}} = \pm\sqrt{\left(\frac{\sigma_{xx} - \sigma_{yy}}{2}\right)^2 + \tau_{xy}^2} = \underline{\underline{\pm\sqrt{2}\frac{F}{a^2}}}. \tag{1.72}$$

Alternativ kann auch die folgende Formel verwendet werden:

$$\tau_{max} = \pm\frac{1}{2}\left(\sigma_1 - \sigma_2\right) = \pm\sqrt{2}\frac{F}{a^2}.$$

Der Hauptschubspannungszustand ist in Abb. 1.16 dargestellt. Der zu dem gegebenen ebenen Spannungszustand gehörige Mohrsche Spannungskreis mit $\sigma_M = \frac{1}{2}(\sigma_1 + \sigma_2) = 2\frac{F}{a^2}$ ist in Abb. 1.17 skizziert.

Abb. 1.16 Haupt-
schubspannungszustand

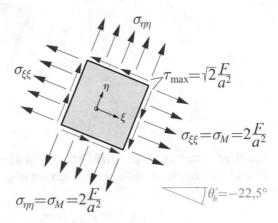

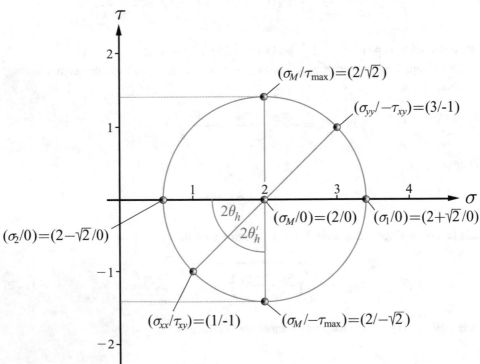

Abb. 1.17 Mohrscher Spannungskreis, Spannungen in $\left[\frac{F}{a^2}\right]$

Aufgabe 1.18

Gegeben seien die folgenden Spannungskomponenten eines ebenen Spannungszustands:

$$\sigma_{xx} = -300\frac{F}{a^2}, \quad \sigma_{yy} = 700\frac{F}{a^2}, \quad \tau_{xy} = 200\frac{F}{a^2}.$$

Man ermittle die Hauptspannungen und ihre Richtungen. Außerdem werden die Hauptschubspannung und die Spannungen unter einem Winkel von $\theta = 30°$ gesucht. Man zeichne den zugehörigen Mohrschen Spannungskreis.

Lösung

Die Hauptspannungen ergeben sich unter dem Winkel θ_h, der sich wie folgt berechnen lässt:

$$\tan 2\theta_h = \frac{2\tau_{xy}}{\sigma_{xx} - \sigma_{yy}} = \frac{400}{-300 - 700} = -\frac{2}{5}.$$

Daraus folgt der Hauptachswinkel θ_h als

$$\theta_h = -10, 90°. \tag{1.73}$$

Die Spannungen unter dem Winkel θ_h folgen zu:

$$\underline{\underline{\sigma_{\xi\xi}}} = \frac{1}{2}\left(\sigma_{xx} + \sigma_{yy}\right) + \frac{1}{2}\left(\sigma_{xx} - \sigma_{yy}\right)\cos 2\theta_h + \tau_{xy}\sin 2\theta_h$$

$$= \frac{1}{2}(-300 + 700) + \frac{1}{2}(-300 - 700)\cos(-21, 80°) + 200\sin(-21, 80°)$$

$$= \underline{\underline{-338, 52\frac{F}{a^2}}} = \sigma_2,$$

$$\underline{\underline{\sigma_{\eta\eta}}} = \frac{1}{2}\left(\sigma_{xx} + \sigma_{yy}\right) - \frac{1}{2}\left(\sigma_{xx} - \sigma_{yy}\right)\cos 2\theta_h - \tau_{xy}\sin 2\theta_h$$

$$= \frac{1}{2}(-300 + 700) - \frac{1}{2}(-300 - 700)\cos(-21, 80°) - 200\sin(-21, 80°)$$

$$= \underline{\underline{738, 52\frac{F}{a^2}}} = \sigma_1,$$

$$\underline{\underline{\tau_{\xi\eta}}} = -\frac{1}{2}\left(\sigma_{xx} - \sigma_{yy}\right)\sin 2\theta_h + \tau_{xy}\cos 2\theta_h = \underline{\underline{0}}. \tag{1.74}$$

Die Hauptschubspannung τ_{max} ergibt sich unter dem Winkel θ_h', der wie folgt berechenbar ist:

$$\tan 2\theta_h' = -\frac{\sigma_{xx} - \sigma_{yy}}{2\tau_{xy}} = -\frac{-300 - 700}{400} = \frac{5}{2}.$$

Daraus folgt der Winkel θ_h' als:

$$\theta_h' = 34,10°.$$

Die Hauptschubspannung τ_{max} folgt als:

$$\underline{\underline{\tau_{max}}} = \pm\sqrt{\left(\frac{\sigma_{xx} - \sigma_{yy}}{2}\right)^2 + \tau_{xy}^2} = \pm\sqrt{\left(\frac{-300 - 700}{2}\right)^2 + 200^2} = \underline{\underline{\pm 538,52\frac{F}{a^2}}}.$$

$$(1.75)$$

Alternativ dazu können auch die Transformationsgleichungen verwendet werden, und es folgt:

$$\sigma_{\xi\xi} = \frac{1}{2}\left(\sigma_{xx} + \sigma_{yy}\right) + \frac{1}{2}\left(\sigma_{xx} - \sigma_{yy}\right)\cos 2\theta_h' + \tau_{xy}\sin 2\theta_h'$$

$$= \frac{1}{2}(-300 + 700) + \frac{1}{2}(-300 - 700)\cos(68,20°) + 200\sin(68,20°) = 200\frac{F}{a^2},$$

$$\sigma_{\eta\eta} = \frac{1}{2}\left(\sigma_{xx} + \sigma_{yy}\right) - \frac{1}{2}\left(\sigma_{xx} - \sigma_{yy}\right)\cos 2\theta_h' - \tau_{xy}\sin 2\theta_h'$$

$$= \frac{1}{2}(-300 + 700) - \frac{1}{2}(-300 - 700)\cos(68,20°) - 200\sin(68,20°) = 200\frac{F}{a^2},$$

$$\tau_{\xi\eta} = -\frac{1}{2}\left(\sigma_{xx} - \sigma_{yy}\right)\sin 2\theta_h' + \tau_{xy}\cos 2\theta_h'$$

$$= -\frac{1}{2}(-300 - 700)\sin(68,20°) + 200\cos(68,20°) = 538,52\frac{F}{a^2}.$$

Die Spannungen unter einem Winkel von $\theta = 30°$ folgen als:

$$\underline{\underline{\sigma_{\xi\xi}}} = \frac{1}{2}\left(\sigma_{xx} + \sigma_{yy}\right) + \frac{1}{2}\left(\sigma_{xx} - \sigma_{yy}\right)\cos 2\theta + \tau_{xy}\sin 2\theta$$

$$= \frac{1}{2}(-300 + 700) + \frac{1}{2}(-300 - 700)\cos(60°) + 200\sin(60°) = \underline{\underline{123,21\frac{F}{a^2}}},$$

$$\underline{\underline{\sigma_{\eta\eta}}} = \frac{1}{2}\left(\sigma_{xx} + \sigma_{yy}\right) - \frac{1}{2}\left(\sigma_{xx} - \sigma_{yy}\right)\cos 2\theta - \tau_{xy}\sin 2\theta$$

$$= \frac{1}{2}(-300 + 700) - \frac{1}{2}(-300 - 700)\cos(60°) - 200\sin(60°) = \underline{\underline{276,79\frac{F}{a^2}}},$$

$$\underline{\underline{\tau_{\xi\eta}}} = -\frac{1}{2}\left(\sigma_{xx} - \sigma_{yy}\right)\sin 2\theta + \tau_{xy}\cos 2\theta$$

$$= -\frac{1}{2}\left(-300 - 700\right)\sin(60°) + 200\cos(60°) = \underline{\underline{533,01\frac{F}{a^2}}}. \qquad (1.76)$$

Der zu dem gegebenen Problem zugehörige Mohrsche Spannungskreis ist in Abb. 1.18 dargestellt.

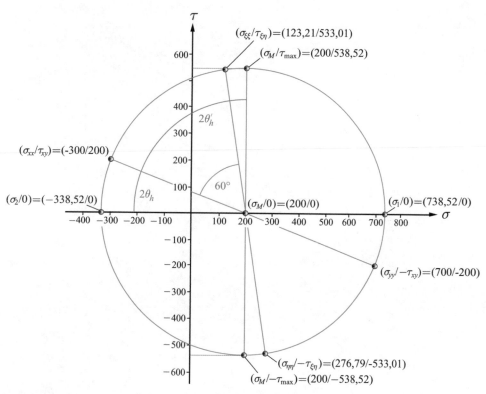

Abb. 1.18 Mohrscher Spannungskreis, Spannungen in $\left[\frac{F}{a^2}\right]$

Stäbe und Stabsysteme

2

Aufgabe 2.1

Betrachtet werde der konische Stab der Abb. 2.1. Der Stab weise einen rechteckigen Querschnitt mit der konstanten Dicke t und der über x veränderlichen Breite $b(x)$ auf. An der Stelle $x = 0$ liege die Breite $6b_0$ vor, am Stabende bei $x = l$ weise der Stab die Breite $2b_0$ auf. Der Stab sei am linken Ende fest eingespannt und an seinem freien Ende durch die Einzelkraft F_0 belastet. Gesucht wird die Normalspannung σ_{xx} im Stab.

Lösung

Wir beschreiben zunächst die Breite $b(x)$ als Funktion von x wie folgt:

$$b(x) = 2b_0 \left(3 - 2\frac{x}{l} \right).$$

Der Querschnitt $A(x)$ kann dann ebenfalls als Funktion von x dargestellt werden:

$$A(x) = b(x)t = 2b_0 t \left(3 - 2\frac{x}{l} \right).$$

Die Normalspannung σ_{xx} im Stab folgt dann zu:

$$\sigma_{xx}(x) = \frac{F_0}{A(x)} = \frac{F_0}{2b_0 t \left(3 - 2\frac{x}{l} \right)}. \qquad (2.1)$$

C. Mittelstedt, *Aufgabensammlung Technische Mechanik 2*, https://doi.org/10.1007/978-3-662-67968-5_2

Abb. 2.1 Konischer Stab
unter Einzelkraft

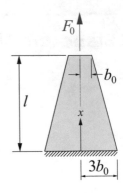

Abb. 2.2 Konischer Stab
unter Einzelkraft und
Streckenlast

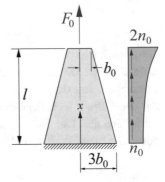

Aufgabe 2.2

Wir betrachten erneut den Stab der Aufgabe 2.1, wobei nun aber neben der Einzelkraft F_0 auch die über x veränderliche Streckenlast $n(x) = n_0 \left[1 + \left(\frac{x}{l} \right)^2 \right]$ vorliege (Abb. 2.2). Gesucht wird der Verlauf der Normalspannung σ_{xx} als Funktion der Längskoordinate x.

Lösung

Bei Vorliegen einer achsparallelen Streckenlast $n(x)$ ergibt sich der Normalkraftverlauf $N(x)$ durch Integration:

$$N(x) = -\int n(x)\mathrm{d}x + C_1$$

$$= -n_0 \int \left[1 + \left(\frac{x}{l} \right)^2 \right] \mathrm{d}x + C_1$$

$$= -n_0 l \left[\frac{x}{l} + \frac{1}{3} \left(\frac{x}{l} \right)^3 \right] + C_1.$$

Die Integrationskonstante C_1 folgt aus der Randbedingung, dass am Stabende $x = l$ die Normalkraft $N(x)$ der anliegenden Kraft F_0 entsprechen muss:

$$N(x = l) = F_0.$$

Es folgt:

$$C_1 = \frac{4}{3}n_0 l + F_0.$$

Damit kann die Normalkraftverteilung angegeben werden als:

$$N(x) = n_0 l \left[\frac{4}{3} - \frac{x}{l} - \frac{1}{3} \left(\frac{x}{l} \right)^3 \right] + F_0. \tag{2.2}$$

Die gesuchte Normalspannungsverteilung σ_{xx} lautet dann:

$$\sigma_{xx}(x) = \frac{n_0 l \left[\frac{4}{3} - \frac{x}{l} - \frac{1}{3} \left(\frac{x}{l} \right)^3 \right] + F_0}{2 b_0 t \left(3 - 2\frac{x}{l} \right)}. \tag{2.3}$$

Aufgabe 2.3

Gegeben sei der Stab der Abb. 2.3, der einen kastenförmigen dünnwandigen Querschnitt mit der konstanten Dicke t aufweise. Der Querschnitt weise die konstante Breite b_0 und die mit x veränderliche Höhe $b(x)$ auf. Gesucht wird die Stabspannung $\sigma_{xx}(x)$.

Lösung

Wir wollen annehmen, dass sich die Querschnittshöhe $b(x)$ darstellen lässt wie folgt:

$$b(x) = ax^2 + c,$$

worin a und c zu bestimmende Konstanten sind. Aus den Bedingungen

$$b(x = 0) = 4b_0,$$

$$b(x = l) = 2b_0$$

Abb. 2.3 Stab unter Einzelkraft

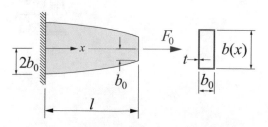

folgen die Konstanten a und c als $a = -\frac{2b_0}{l^2}$ und $c = 4b_0$, so dass:

$$b(x) = 2b_0 \left[2 - \left(\frac{x}{l}\right)^2 \right].$$ (2.4)

Damit kann die Querschnittsfläche des Stabes formuliert werden wie folgt:

$$A(x) = t\,(2b(x) + 2b_0) = 2b_0 t \left[2\left(2 - \left(\frac{x}{l}\right)^2 \right) + 1 \right].$$ (2.5)

Die gesuchte Stabspannung lautet damit:

$$\underline{\underline{\sigma_{xx}(x)}} = \frac{N}{A(x)} = \frac{F_0}{2b_0 t \left[2\left(2 - \left(\frac{x}{l}\right)^2 \right) + 1 \right]}.$$ (2.6)

Aufgabe 2.4
Wir betrachten den Stab der Aufgabe 2.1 erneut und wollen nun seine Längenänderung Δl bestimmen.

Lösung
Da es sich um einen Stab mit veränderlichem Querschnitt handelt, wird die Längenänderung Δl durch Integration der Stabdehnung ermittelt:

$$\begin{aligned}
\underline{\underline{\Delta l}} &= \int_0^l \varepsilon_{xx}\mathrm{d}x \\
&= \frac{1}{E} \int_0^l \sigma_{xx}\mathrm{d}x \\
&= \frac{1}{E} \int_0^l \frac{F_0}{2b_0 t\left(3 - 2\frac{x}{l}\right)}\mathrm{d}x \\
&= \frac{F_0}{2Eb_0 t} \int_0^l \frac{1}{3 - 2\frac{x}{l}}\mathrm{d}x \\
&= -\frac{F_0 l}{4Eb_0 t} \ln\left(3 - 2\frac{x}{l}\right)\Big|_0^l \\
&= \underline{\underline{\frac{F_0 l \ln(3)}{4Eb_0 t}}}.
\end{aligned}$$ (2.7)

Aufgabe 2.5

Für den Stab der Aufgabe 2.3 wird die Längenänderung Δl gesucht.

Lösung

Die Längenänderung Δl folgt aus der Integration der Stabdehnung ε_{xx}:

$$
\begin{aligned}
\Delta l &= \int_0^l \varepsilon_{xx} \, \mathrm{d}x \\
&= \frac{1}{E} \int_0^l \sigma_{xx} \, \mathrm{d}x \\
&= \frac{F_0}{2Eb_0 t} \int_0^l \frac{\mathrm{d}x}{5 - 2\left(\frac{x}{l}\right)^2}.
\end{aligned}
\tag{2.8}
$$

Wir lösen das hierin auftauchende Integral wie folgt:

$$
\begin{aligned}
\int_0^l \frac{\mathrm{d}x}{5 - 2\left(\frac{x}{l}\right)^2} &= \frac{1}{5} \int_0^l \frac{\mathrm{d}x}{1 - \left(\sqrt{\frac{2}{5}}\frac{x}{l}\right)^2} \\
&= \frac{l}{2\sqrt{10}} \ln\left(\frac{5 + \sqrt{10}}{5 - \sqrt{10}}\right).
\end{aligned}
\tag{2.9}
$$

Damit folgt die Längenänderung Δl des Stabs als:

$$
\Delta l = \frac{F_0 l}{4\sqrt{10}Eb_0 t} \ln\left(\frac{5 + \sqrt{10}}{5 - \sqrt{10}}\right).
\tag{2.10}
$$

Aufgabe 2.6

Gegeben sei der konische Stab der Abb. 2.4, der einen kreisförmigen Querschnitt mit dem Radius $R(x)$ aufweise. Der Radius betrage an der Stelle $x = 0$ $3R_0$, an der Stelle $x = l$ liege der Radius R_0 vor. Der Stab sei an seinem unteren Ende $x = 0$ fest eingespannt, an seinem oberen Ende $x = l$ sei er durch die Kraft F_0 belastet. Gesucht wird die Verschiebung $u(x)$.

Lösung

Wir formulieren zunächst die Querschnittsfläche A als Funktion von x:

$$
A(x) = \pi R^2(x) = \pi R_0^2 \left(3 - 2\frac{x}{l}\right)^2.
$$

Abb. 2.4 Stab unter
Einzelkraft

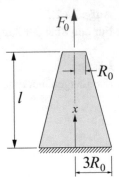

Zur Ermittlung der Stabverschiebung $u(x)$ nutzen wir den konstitutiven Zusammenhang

$$E A u' = N.$$

Hieraus folgt:

$$E \pi R_0^2 \left(3 - 2\frac{x}{l}\right)^2 \frac{\mathrm{d}u}{\mathrm{d}x} = F_0,$$

bzw.

$$\frac{\mathrm{d}u}{\mathrm{d}x} = \frac{F_0}{E\pi R_0^2 \left(3 - 2\frac{x}{l}\right)^2}.$$

Die Verschiebung $u(x)$ ermitteln wir daraus durch Integration:

$$u = \frac{F_0}{E\pi R_0^2} \int \frac{\mathrm{d}x}{\left(3 - 2\frac{x}{l}\right)^2}$$

$$= \frac{F_0 l}{2E\pi R_0^2} \frac{1}{3 - 2\frac{x}{l}} + C.$$

Die Integrationskonstante C folgt aus der folgenden Randbedingung:

$$u(x = 0) = 0.$$

Es ergibt sich:

$$C = -\frac{F_0 l}{6E\pi R_0^2}.$$

Damit lässt sich die Verschiebung $u(x)$ darstellen als:

$$u(x) = \frac{F_0 l}{2E\pi R_0^2} \left(\frac{1}{3 - 2\frac{x}{l}} - \frac{1}{3} \right).$$

(2.11)

Aufgabe 2.7

Gegeben sei der konische Stab der Abb. 2.5, der durch sein Eigengewicht (Wichte $\gamma = \rho g$) sowie durch eine Punktmasse mit der Gewichtskraft G_0 belastet werde. Der Stab habe die Länge l und weise an seinem oberen Ende bei $x = 0$ eine Festeinspannung auf. An der Stelle $x = 0$ liege der Querschnitt A_0 vor, am freien Ende $x = l$ hingegen der Querschnitt A_1. Gesucht wird die Stabspannung $\sigma_{xx}(x)$.

Lösung

Wir formulieren zunächst die Querschnittsfläche A als Funktion von x:

$$A(x) = A_0 + (A_1 - A_0)\frac{x}{l}.$$

Zwischen der Stabnormalkraft N und der Eigengewichtslast γA besteht der folgende Zusammenhang, der sich aus dem Gleichgewicht an einem infinitesimalen Stabelement ergibt:

$$\frac{\mathrm{d}N}{\mathrm{d}x} = -\gamma A(x) = -\gamma \left[A_0 + (A_1 - A_0)\frac{x}{l} \right].$$

Die Stabnormalkraft folgt daraus durch Integration:

$$N = -\gamma \int \left[A_0 + (A_1 - A_0)\frac{x}{l} \right] \mathrm{d}x$$

$$= -\gamma \left[A_0 x + \frac{1}{2l}(A_1 - A_0)x^2 \right] + C.$$

Abb. 2.5 Stab unter Eigengewicht

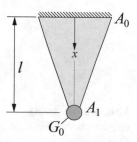

Die Integrationskonstante wird aus der Forderung ermittelt, dass die Normalkraft an der Stelle $x = l$ genau der Gewichtskraft G_0 entsprechen muss:

$$N(x = l) = G_0.$$

Daraus lässt sich die Integrationskonstante C bestimmen als:

$$C = G_0 + \frac{1}{2}\gamma l \, (A_0 + A_1).$$

Die Normalkraft $N(x)$ kann damit formuliert werden als:

$$N(x) = \gamma A_0 \left(\frac{l}{2} - x + \frac{x^2}{2l}\right) + \gamma A_1 \left(\frac{l}{2} - \frac{x^2}{2l}\right) + G_0.$$

Damit kann die Stabspannung angegeben werden als:

$$\sigma_{xx}(x) = \frac{N(x)}{A(x)} = \frac{\gamma A_0 \left(\frac{l}{2} - x + \frac{x^2}{2l}\right) + \gamma A_1 \left(\frac{l}{2} - \frac{x^2}{2l}\right) + G_0}{A_0 + (A_1 - A_0)\frac{x}{l}}. \tag{2.12}$$

Aufgabe 2.8
Gegeben sei der beidseitig eingespannte Stab der Abb. 2.6 der Gesamtlänge $2l$, der durch eine mittig angreifende Kraft F_0 belastet werde. In der linken Stabhälfte liege die Dehnsteifigkeit EA_1 vor, wohingegen in der rechten Stabhälfte die Dehnsteifigkeit EA_2 vorliege. Gesucht werden die Verläufe der Normalkraft $N(x)$ und der Stabverschiebung $u(x)$.

Lösung
Zur Berechnung werden zweckmäßig die beiden lokalen Achsen x_1 und x_2 eingeführt wie in Abb. 2.6 gezeigt. Wir gehen in den beiden Bereichen 1 und 2 von der Stabdifferentialgleichung $EAu'' = -n$ aus und erhalten in Bereich 1:

$$EA_1 u_1'' = 0,$$

$$EA_1 u_1' = N_1 = C_1,$$

$$EA_1 u_1 = C_1 x_1 + C_2.$$

Abb. 2.6 Beidseitig eingespannter Stab unter Einzelkraft

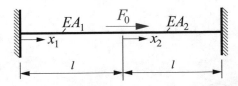

In Bereich 2 folgt:

$$EA_2 u_2'' = 0,$$

$$EA_2 u_2' = N_2 = D_1,$$

$$EA_2 u_2 = D_1 x_2 + D_2.$$

Die Integrationskonstanten C_1, C_2, D_1, D_2 ermitteln wir aus den hier anzusetzenden Rand- und Übergangsbedingungen. An der linken Einspannstelle $x_1 = l$ muss die Stabverschiebung verschwinden:

$$u_1(x_1 = 0) = 0.$$

Daraus lässt sich die Konstante C_2 ermitteln als:

$$C_2 = 0.$$

An der Übergangsstelle $x_1 = l$ bzw. $x_2 = 0$ müssen die beiden Verschiebungen u_1 und u_2 übereinstimmen:

$$u_1(x_1 = l) = u_2(x_2 = 0).$$

Dies führt auf den folgenden Ausdruck:

$$\frac{C_1 l}{EA_1} = \frac{D_2}{EA_2}. \tag{2.13}$$

Außerdem muss an der Übergangsstelle $x_1 = l$ bzw. $x_2 = 0$ das Gleichgewicht der Kräfte gewährleistet sein, d. h.:

$$N_1(x_1 = l) = N_2(x_2 = 0) + F_0.$$

Daraus lässt sich der folgende Ausdruck ableiten:

$$C_1 = D_1 + F_0. \tag{2.14}$$

Schließlich muss noch an der rechten Einspannstelle bei $x_2 = l$ gefordert werden, dass dort die Stabverschiebung u zu Null wird:

$$u_2(x_2 = l) = 0.$$

Daraus folgt:

$$D_1 l + D_2 = 0. \tag{2.15}$$

Die Gleichungen (2.13), (2.14) und (2.15) stellen ein lineares Gleichungssystem für die drei noch verbleibenden Integrationskonstanten C_1, D_1 und D_2 dar. Die Lösung lautet:

$$C_1 = \frac{F_0}{1 + \frac{EA_2}{EA_1}},$$

$$D_1 = F_0 \left(\frac{1}{1 + \frac{EA_2}{EA_1}} - 1 \right),$$

$$D_2 = \frac{F_0 l \frac{EA_2}{EA_1}}{1 + \frac{EA_2}{EA_1}}.$$

Mit den so ermittelten Integrationskonstanten sind die Normalkräfte in den beiden Bereichen 1 und 2 darstellbar als:

$$N_1 = \frac{F_0}{1 + \frac{EA_2}{EA_1}},$$

$$N_2 = F_0 \left(\frac{1}{1 + \frac{EA_2}{EA_1}} - 1 \right). \tag{2.16}$$

Für die Stabverschiebung in den beiden Bereichen 1 und 2 folgt:

$$u_1 = \frac{1}{EA_1} \frac{F_0 x_1}{1 + \frac{EA_2}{EA_1}},$$

$$u_2 = \frac{1}{EA_2} \frac{F_0 \frac{EA_2}{EA_1}}{1 + \frac{EA_2}{EA_1}} (l - x_2). \tag{2.17}$$

Aufgabe 2.9

Betrachtet werde der Stab der Abb. 2.7, der an seinem linken Ende gelenkig gelagert und durch eine linear elastische Wegfeder (Federsteifigkeit k) verstärkt werde. An seinem rechten Ende sei der Stab fest eingespannt. Der Stab weise die Länge l und die Dehnsteifigkeit EA auf, die Belastung liege in Form einer konstanten achsparallelen Streckenlast n vor. Gesucht werden die Stabnormalkraft N und die Stabverschiebung u.

Abb. 2.7 Elastisch gelagerter
Stab unter Streckenlast

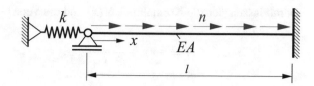

Lösung

Wir gehen zur Lösung des Problems von der Stabdifferentialgleichung $EAu'' = -n$ aus
und erhalten:

$$EAu'' = -n,$$

$$EAu' = N = -nx + C_1,$$

$$EAu = -\frac{1}{2}nx^2 + C_1x + C_2.$$

Zur Bestimmung der beiden Integrationskonstanten verwenden wir die Randbedingungen
des Systems. Am linken Lagerpunkt fordern wir, dass die Normalkraft $N(x = 0)$ der
Federkraft $F_{\text{Feder}} = ku(x = 0)$ entsprechen muss:

$$N(x = 0) = ku(x = 0).$$

Daraus ergibt sich die folgende Gleichung:

$$C_1 = \frac{k}{EA}C_2. \tag{2.18}$$

Außerdem fordern wir, dass an der Einspannstelle $x = l$ die Verschiebung u zu Null wird:

$$u(x = l) = 0.$$

Es folgt:

$$-\frac{1}{2}nl^2 + C_1l + C_2 = 0. \tag{2.19}$$

Aus den beiden Gleichungen (2.18) und (2.19) lassen sich die Integrationskonstanten C_1
und C_2 bestimmen als:

$$C_1 = \frac{knl^2}{2EA\left(1 + \frac{kl}{EA}\right)},$$

$$C_2 = \frac{nl^2}{2}\left(1 - \frac{1}{1 + \frac{EA}{kl}}\right).$$

Damit lassen sich die Normalkraft $N(x)$ und die Verschiebung $u(x)$ angeben als:

$$N = -nx + \frac{nl}{2} \frac{1}{1 + \frac{EA}{kl}},$$

$$u = \frac{nl^2}{2EA} \left[-\left(\frac{x}{l}\right)^2 + \frac{1}{1 + \frac{EA}{kl}} \frac{x}{l} + 1 - \frac{1}{1 + \frac{EA}{kl}} \right]. \qquad (2.20)$$

Aufgabe 2.10

Gegeben sei der einseitig eingespannte thermisch belastete Stab der Abb. 2.8. Der Stab weise die Länge l sowie die konstante Dehnsteifigkeit EA auf. Es liege der Temperaturausdehnungskoeffizient α_T vor. Am Einspannpunkt liege die Temperaturänderung ΔT_0 vor, wohingegen am freien Ende die Temperaturänderung ΔT_1 herrsche. Zwischen diesen beiden Punkten verlaufe die Temperaturänderung linear, d. h. es gilt

$$\Delta T(x) = \Delta T_0 + (\Delta T_1 - \Delta T_0) \frac{x}{l}.$$

Gesucht wird die Stabverschiebung $u(x)$.

Lösung

Wir gehen von der Stabdifferentialgleichung $\left(EAu'\right)' = -n + (EA\alpha_T \Delta T)'$ aus, die gegenwärtig die folgende Form annimmt:

$$EAu'' = -n + EA\alpha_T \Delta T' = -n + \frac{EA}{l}\alpha_T (\Delta T_1 - \Delta T_0).$$

Zweifache Integration ergibt:

$$EAu' = -nx + \frac{EA}{l}\alpha_T (\Delta T_1 - \Delta T_0) x + C_1,$$

$$EAu = -\frac{1}{2}nx^2 + \frac{EA}{2l}\alpha_T (\Delta T_1 - \Delta T_0) x^2 + C_1 x + C_2.$$

Abb. 2.8 Stab unter
Streckenlast und
Temperaturänderung

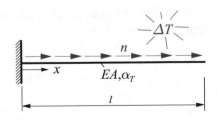

Die hier zu erhebenden Randbedingungen lauten:

$$u(x = 0) = 0,$$

$$N(x = l) = 0.$$

Dies führt auf die Integrationskonstanten C_1 und C_2 wie folgt:

$$C_1 = nl - EA\alpha_T \left(\Delta T_1 - \Delta T_0\right),$$

$$C_2 = 0.$$

Die Verschiebungsverteilung folgt daraus als:

$$u = \left[\alpha_T x \left(\Delta T_1 - \Delta T_0\right) - \frac{nlx}{EA}\right]\left(\frac{1}{2}\frac{x}{l} - 1\right). \tag{2.21}$$

Aufgabe 2.11

Betrachtet werde der zweiteilige Stab der Abb. 2.9 mit der Länge l, der aus einem Segment mit der Dehnsteifigkeit EA_1 und einem Segment der Dehnsteifigkeit EA_2 bestehe. Die beiden Segmente seien an den beiden Stabenden fest miteinander verbunden, der Stab sei durch die Zugkraft F_0 belastet. Gesucht werden die Kräfte N_1 und N_2 in den Stabsegmenten 1 und 2 sowie die Längenänderung Δl des Stabs.

Lösung

Zur Ermittlung der Stabkräfte N_1 und N_2 machen wir uns zunächst die Tatsache zu Nutze, dass die beiden Kräfte N_1 und N_2 in Summe der angreifenden Zugkraft F_0 entsprechen müssen:

$$N_1 + N_2 = F_0. \tag{2.22}$$

Außerdem betrachten wir die Längenänderungen Δl_1 und Δl_2 der beiden Stabsegmente 1 und 2. Es gilt:

$$\Delta l_1 = \frac{N_1 l}{EA_1},$$

$$\Delta l_2 = \frac{N_2 l}{EA_2}.$$

Abb. 2.9 Zweiteiliger Stab

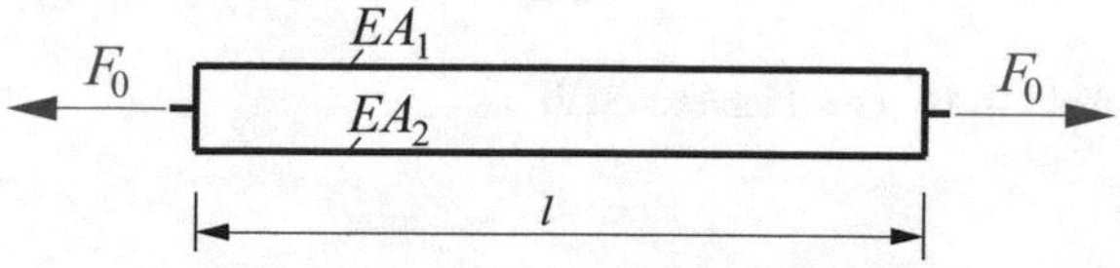

Da die beiden Stabsegmente an ihren Endpunkten fest miteinander verbunden sind, müssen diese beiden Längenänderungen identisch sein:

$$\Delta l_1 = \Delta l_2 = \Delta l.$$

Hieraus lässt sich der folgende Zusammenhang herleiten:

$$N_2 = N_1 \frac{EA_2}{EA_1}. \tag{2.23}$$

Damit liegen mit (2.22) und (2.23) zwei Gleichungen zur Bestimmung der beiden Stabkräfte N_1 und N_2 vor, und es folgt:

$$N_1 = \frac{F_0}{1 + \frac{EA_2}{EA_1}},$$

$$N_2 = \frac{F_0}{1 + \frac{EA_1}{EA_2}}. \tag{2.24}$$

Die Längenänderung Δl kann sowohl aus $\Delta l = \frac{N_1 l}{EA_1}$ als auch aus $\Delta l = \frac{n_2 l}{EA_2}$ ermittelt werden und folgt zu:

$$\Delta l = \frac{F_0 l}{EA_1 + EA_2}. \tag{2.25}$$

Aufgabe 2.12
Betrachtet werde der geschichtete Stab der Abb. 2.10 der Länge l und der Breite b, der durch die Zugkraft F_0 belastet werde. Die beiden äußeren Schichten weisen den Elastizitätsmodul E_1 und die Dicke h_1 auf, wohingegen in der inneren Schicht der Elastizitätsmodul E_2 und die Dicke h_2 vorliegen. Die Gesamtdicke des Stabes sei h. Gesucht wird der effektive Elastizitätsmodul E_{eff} des geschichteten Stabs.

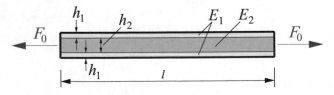

Abb. 2.10 Geschichteter Stab

Lösung

Die einzelnen Schichten werden unter dem gegebenen Lastfall identische Dehnungen erleiden, d. h.:

$$\varepsilon_{xx,1} = \varepsilon_{xx,2} = \varepsilon_{xx}.$$

Die Spannungen $\sigma_{xx,1}$ und $\sigma_{xx,2}$ in den Schichten ergeben sich zu:

$$\sigma_{xx,1} = E_1 \varepsilon_{xx,1} = E_1 \varepsilon_{xx},$$

$$\sigma_{xx,2} = E_2 \varepsilon_{xx,2} = E_2 \varepsilon_{xx}.$$

Das Gleichgewicht der Kräfte erfordert, dass die Schichtkräfte F_1 und F_2 mit der anliegenden Kraft F_0 im Gleichgewicht sind, also:

$$F_0 = 2F_1 + F_2.$$

Wir drücken hierin nun die beiden Schichtkräfte F_1 und F_2 durch die Schichtspannungen $\sigma_{xx,1}$ und $\sigma_{xx,2}$ aus:

$$F_0 = 2\sigma_{xx,1} b h_1 + \sigma_{xx,2} b h_2.$$

Teilt man diesen Ausdruck durch die gesamte Querschnittsfläche $A = bh$, dann folgt:

$$\sigma_0 = 2\sigma_{xx,1} \frac{A_1}{A} + \sigma_{xx,2} \frac{A_2}{A}.$$

Division durch ε_{xx} ergibt:

$$E_{\text{eff}} = 2 \frac{\sigma_{xx,1}}{\varepsilon_{xx}} \frac{A_1}{A} + \frac{\sigma_{xx,2}}{\varepsilon_{xx}} \frac{A_2}{A},$$

bzw.

$$E_{\text{eff}} = 2E_1 \frac{A_1}{A} + E_2 \frac{A_2}{A}. \tag{2.26}$$

Aufgabe 2.13

Betrachtet werde der zweiteilige Stab der Abb. 2.11, der an seinem oberen Ende gelenkig gelagert und an seinem unteren Ende frei sei. Das obere Stabsegment weise die Länge $l_1 = 2h$ und die Eigenschaften EA_1 und γ_1 auf. Das untere Stabsegment der Länge

Abb. 2.11 Gegebener Stab

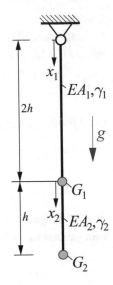

$l_2 = h$ hingegen weise die Eigenschaften EA_2 und γ_2 auf. Am Übergangspunkt zwischen den beiden Stabsegmenten und am freien Ende liegen zwei Punktmassen mit den Gewichtskräften G_1 und G_2 vor. Der Stab werde außerdem durch sein Eigengewicht belastet. Die Gravitation weise wie in Abb. 2.11 angedeutet nach unten, und es werden die beiden lokalen Achsen x_1 und x_2 verwendet. Gesucht wird der Verlauf der Stabnormalkraft sowie der Stabverschiebung in beiden Segmenten. Es gelte $EA_1 = 2EA$, $EA_2 = EA$, $G_1 = G$, $G_2 = 2G$.

Lösung
Das Eigengewicht des Stabes wird in den beiden Bereichen 1 und 2 in achsparallele Streckenlasten n_1 und n_2 übersetzt wie folgt:

$$n_1 = \gamma_1 A_1,$$

$$n_2 = \gamma_2 A_2.$$

Wir führen die Integration der Stabdifferentialgleichung bereichsweise aus und erhalten in Bereich 1:

$$2EAu_1'' = -n_1,$$

$$2EAu_1' = N_1 = -n_1 x_1 + C_1,$$

$$2EAu_1 = -\frac{1}{2}n_1 x_1^2 + C_1 x_1 + C_2.$$

In Bereich 2 folgt:

$$EAu_2'' = -n_2,$$

$$EAu_2' = N_2 = -n_2x_2 + D_1,$$

$$EAu_2 = -\frac{1}{2}n_2x_2^2 + D_1x_2 + D_2.$$

Aus den Rand- und Übergangsbedingungen lassen sich die Integrationskonstanten C_1, C_2, D_1 und D_2 ermitteln. An der Stelle $x_1 = 0$ muss die Verschiebung u_1 verschwinden:

$$u_1(x_1 = 0) = 0.$$

Daraus ergibt sich die Integrationskonstante C_2 als

$$C_2 = 0.$$

Außerdem muss die Normalkraft N_2 in Bereich 2 am freien Ende genau der Gewichtskraft G_2 entsprechen:

$$N_2(x_2 = h) = G_2.$$

Daraus folgt die Integrationskonstante D_1 als:

$$D_1 = n_2h + G_2.$$

An der Übergangsstelle zwischen den beiden Bereichen ist das Gleichgewicht der Normalkräfte zu gewährleisten, d. h.:

$$N_1(x_1 = 2h) = N_2(x_2 = 0) + G_1.$$

Hieraus lässt sich die Integrationskonstante C_1 ermitteln als:

$$C_1 = 2n_1h + n_2h + G_1 + G_2.$$

Schließlich ist noch zu fordern, dass an der Übergangsstelle zwischen den beiden Bereichen die Verschiebungen beider Bereiche übereinstimmen:

$$u_1(x_1 = 2h) = u_2(x_2 = 0).$$

Daraus folgt die noch fehlende Integrationskonstante D_2 als:

$$D_2 = n_1 h^2 + n_2 h^2 + G_1 h + G_2 h.$$

Mit den so bestimmten Integrationskonstanten lassen sich die Normalkraft- und Verschiebungsverläufe in beiden Stabbereichen angeben. Für die Normalkräfte folgt:

$$\underline{N_1 = -n_1 x_1 + 2n_1 h + n_2 h + G_1 + G_2,}$$

$$\underline{N_2 = -n_2 x_2 + n_2 h + G_2.} \tag{2.27}$$

Für die Verschiebungsverläufe erhalten wir:

$$\underline{u_1 = \frac{1}{2EA}\left[-\frac{1}{2}n_1 x_1^2 + (2n_1 h + n_2 h + G_1 + G_2)\,x_1 \right],}$$

$$\underline{u_2 = \frac{1}{EA}\left[-\frac{1}{2}n_2 x_2^2 + (n_2 h + G_2)\,x_2 + n_1 h^2 + n_2 h^2 + G_1 h + G_2 h \right].} \tag{2.28}$$

Aufgabe 2.14
Man führe für den Stab aus Aufgabe 2.8 eine statisch unbestimmte Rechnung durch und ermittle die Auflagerkräfte (Abb. 2.12).

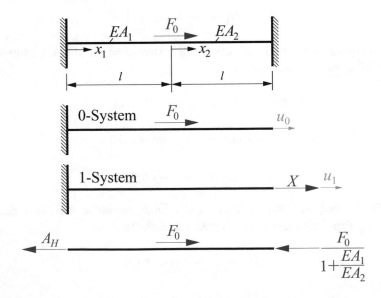

Abb. 2.12 Statisch unbestimmte Rechnung für den beidseitig eingespannten Stab

Lösung

Wir machen den Stab gedanklich statisch bestimmt, indem wir die rechte Festeinspannung entfernen (0-System). Hierdurch wird eine Verschiebung u_0 ermöglicht, die wir wie folgt berechnen können:

$$u_0 = \frac{F_0 l}{E A_1}.$$

Im nächsten Schritt bringen wir die statisch unbestimmte Auflagerkraft X auf das System auf. Hierdurch ergibt sich am rechten Ende des Stabs die Verschiebung u_1:

$$u_1 = \frac{Xl}{E A_1} + \frac{Xl}{E A_2}.$$

Da in Wirklichkeit am rechten Auflagerpunkt aufgrund der real ja existierenden Festeinspannung keinerlei Verschiebungen auftreten können, wird die folgende Kompatibilitätsforderung erhoben:

$$u_0 + u_1 = 0.$$

Der so entstehende Ausdruck lässt sich nach der statisch unbestimmten Auflagerkraft $B_H = X$ auflösen, und es folgt:

$$B_H = X = -\frac{F_0}{1 + \frac{E A_1}{E A_2}}. \tag{2.29}$$

Aus dem Gleichgewicht am Freikörperbild der Abb. 2.12, unten, folgt die Auflagerkraft A_H als:

$$A_H = F_0 \left(1 - \frac{1}{1 + \frac{E A_1}{E A_2}} \right). \tag{2.30}$$

Aufgabe 2.15

Betrachtet werde der in Abb. 2.13 gezeigte einseitig eingespannte Stab der Länge l mit veränderlichem Querschnitt $A(x)$ (Anfangswert A_0), der durch sein Eigengewicht (Wichte γ) und durch eine Kraft F_0 belastet werde. Man bestimme den Querschnitt $A(x)$ so, dass die Stabnormalspannung σ_{xx} an jeder Stelle x identisch ist.

Lösung

Wir bilden zunächst an einem infinitesimalen Schnittelement des Stabs das Gleichgewicht in Richtung der Stabachse und erhalten:

$$\frac{\mathrm{d}N}{\mathrm{d}x} = \gamma A(x).$$

Abb. 2.13 Durch
Eigengewicht belasteter Stab
mit veränderlichem
Querschnitt (links),
Gleichgewicht am
infinitesimalen Schnittelement
(rechts)

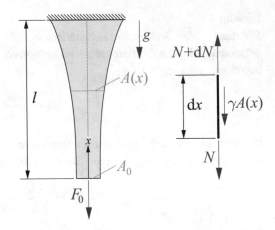

Daraus folgt die Normalkraft $N(x)$ durch Integration:

$$N(x) = \gamma \int A(x)\mathrm{d}x + C.$$

Wir wollen an dieser Stelle voraussetzen, dass sich der Querschnitt $A(x)$ in Form einer Exponentialfunktion mit noch unbekanntem Exponent λ darstellen lässt wie folgt:

$$A(x) = A_0 e^{\lambda x}.$$

Damit kann die obige Integration zur Ermittlung der Normalkraft $N(x)$ durchgeführt werden, und es folgt:

$$N(x) = \gamma A_0 \int e^{\lambda x}\mathrm{d}x + C = \frac{\gamma}{\lambda} A_0 e^{\lambda x} + C.$$

Die Integrationskonstante C folgt aus der Randbedingung

$$N(x = 0) = F_0$$

als

$$C = F_0 - \frac{\gamma}{\lambda} A_0.$$

Damit kann die Stabnormalkraft $N(x)$ angegeben werden als:

$$N(x) = \frac{\gamma}{\lambda} A_0 \left(e^{\lambda x} - 1\right) + F_0.$$

Die Stabnormalspannung folgt zu:

$$\sigma_{xx}(x) = \frac{\gamma}{\lambda}\left(1 - e^{-\lambda x}\right) + \frac{F_0}{A_0 e^{\lambda x}}.$$

Es wird nun gefordert, dass sich die Stabnormalspannung σ_{xx} über x nicht ändert, d. h.:

$$\frac{d\sigma_{xx}}{dx} = 0.$$

Daraus folgt der noch unbekannte Exponent λ als:

$$\lambda = \frac{\gamma A_0}{F_0}.$$

Damit lässt sich der Querschnitt $A(x)$ darstellen als:

$$\underline{\underline{A(x) = A_0 e^{\frac{\gamma A_0}{F_0} x}.}} \tag{2.31}$$

Aufgabe 2.16

Betrachtet werde ein Stab der Länge l (Querschnittsfläche A_2, Elastizitätsmodul E_2), der durch eine dünnwandige Hülse (Querschnittsfläche A_1, Elastizitätsmodul E_1, Temperaturausdehnungskoeffizient $\alpha_{T,1}$) umschlossen wird. Sowohl der Stab als auch die Hülse seien an ihren unteren Ende fest eingespannt und an ihren oberen Enden über eine starre Platte fest miteinander verbunden (Abb. 2.14). Die Hülse werde nun durch eine

Abb. 2.14 Zweiteiliger Stab

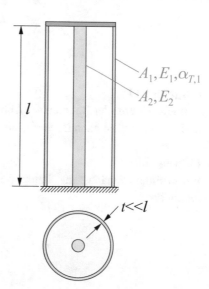

$A_1, E_1, \alpha_{T,1}$

A_2, E_2

l

$t \ll l$

Temperaturänderung ΔT beaufschlagt. Wie groß sind die Kräfte in Stab und Hülse, wenn auch die Hülse als Stab aufgefasst wird?

Lösung

Seien N_1 und N_2 die Stabkräfte von Hülse und Stab. Dann ergibt sich aus Gleichgewicht der Kräfte in Stabrichtung der Zusammenhang:

$$N_1 + N_2 = 0. \tag{2.32}$$

Wir betrachten außerdem die Längenänderungen von Stab und Hülse. Es gilt:

$$\Delta l_1 = \frac{N_1 l}{E_1 A_1} + \alpha_{T,1} \Delta T l,$$

$$\Delta l_2 = \frac{N_2 l}{E_2 A_2}.$$

Aus Gründen der Kompatibilität (Stab und Hülse sind durch eine starre Platte miteinander verbunden) fordern wir:

$$\Delta l_1 = \Delta l_2. \tag{2.33}$$

Mit (2.32) und (2.33) liegen zwei Gleichungen zur Bestimmung der beiden unbekannten Stabkräfte N_1 und N_2 vor. Dieses Gleichungssystem lässt sich leicht lösen, und es folgt:

$$N_1 = -\frac{E_1 A_1 E_2 A_2 \alpha_{T,1} \Delta T}{E_1 A_1 + E_2 A_2},$$

$$N_2 = \frac{E_1 A_1 E_2 A_2 \alpha_{T,1} \Delta T}{E_1 A_1 + E_2 A_2}. \tag{2.34}$$

Aufgabe 2.17

Betrachtet werde der Rahmen der Abb. 2.15. Man bestimme das Verhältnis $\frac{A_1}{A_2}$ so, dass der horizontale Balken auch im verformten Zustand genau horizontal ist.

Lösung

Wir ermitteln zunächst die Stabkräfte N_1 und N_2 der linken und der rechten Stütze. Sie folgen als:

$$N_1 = \frac{q_0 l}{6},$$

$$N_2 = \frac{q_0 l}{3}.$$

Abb. 2.15 Statisches System

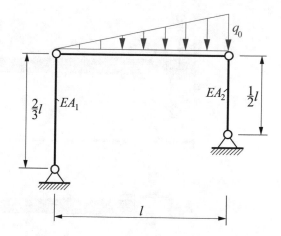

Die Längenänderungen der Sützen ergeben sich als:

$$\Delta l_1 = \frac{2}{3}\frac{N_1 l}{E A_1} = \frac{1}{9}\frac{q_0 l^2}{E A_1},$$

$$\Delta l_2 = \frac{1}{2}\frac{N_2 l}{E A_2} = \frac{1}{6}\frac{q_0 l^2}{E A_2}.$$

Wir fordern nun, dass die beiden Längenänderungen Δl_1 und Δl_2 der beiden Stützen identisch sind:

$$\Delta l_1 = \Delta l_2.$$

Daraus lässt sich das gesuchte Verhältnis $\frac{A_1}{A_2}$ bestimmen als:

$$\underline{\underline{\frac{A_1}{A_2} = \frac{2}{3}}}.\tag{2.35}$$

Aufgabe 2.18
Der in Abb. 2.16 dargestellte Stab der Länge $3l$ (Breite b, Höhe h, Elastizitätsmodul E_1) wird in einem Bereich der Länge l durch zwei Laschen (Breite b, Gesamtdicke d, Elastizitätsmodul E_2) verstärkt. Der Stab sei an seinem linken Ende fest eingespannt und an seinem freien rechten Ende durch eine Kraft F_0 belastet. Gesucht wird die Längenänderung Δl des Stabs.

Lösung
Die Längenänderung Δl des Stabs lässt sich aus den beiden Längenänderungen der Stabsegmente ermitteln:

$$\Delta l = \Delta l_1 + \Delta l_2.\tag{2.36}$$

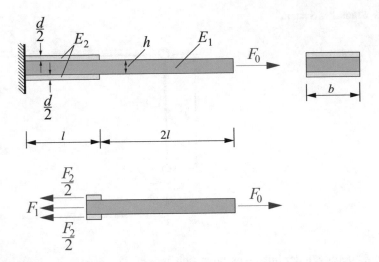

Abb. 2.16 Gegebener Stab (oben), Freikörperbild (unten)

Hierin ist Δl_1 die Längenänderung des durch Laschen verstärkten Bereichs, und Δl_2 stellt die Längenänderung des unverstärkten Stabsegments dar. Für die Längenänderung des unverstärkten Bereichs können wir schreiben:

$$\Delta l_2 = \frac{2F_0 l}{E_1 bh}.$$

Für den durch Laschen verstärkten Bereich betrachten wir zunächst das Kräftegleichgewicht (Abb. 2.16, Mitte), für das gilt:

$$F_1 + F_2 = F_0. \tag{2.37}$$

Wir betrachten außerdem die Längenänderungen von Laschen und Stab im Bereich 1, die sich wie folgt ergeben:

$$\Delta l_{1,1} = \frac{F_1 l}{E_1 bh},$$

$$\Delta l_{1,2} = \frac{F_2 l}{E_2 bd}.$$

Aus Gründen der Kompatibilität müssen diese beiden Längenänderungen identisch sein, also:

$$\frac{F_1 l}{E_1 bh} = \frac{F_2 l}{E_2 bd}. \tag{2.38}$$

Aus (2.37) und (2.38) lassen sich nach kurzer Rechnung die beiden Kräfte F_1 und F_2 ermitteln als:

$$F_1 = \frac{F_0 E_1 h}{E_1 h + E_2 d},$$

$$F_2 = \frac{F_0 E_2 d}{E_1 h + E_2 d}.$$

Mit den so ermittelten Kräften kann auch die Längenänderung Δl_1 ermittelt werden:

$$\Delta l_1 = \frac{F_0 l}{b(E_1 h + E_2 d)}.$$

Die Längenänderung Δl ergibt sich dann aus (2.36) als:

$$\Delta l = \frac{F_0 l}{b}\left(\frac{1}{E_1 h + E_2 d} + \frac{2}{E_1 h}\right). \tag{2.39}$$

Aufgabe 2.19

Gegeben sei der Stab der Abb. 2.17, der sich in drei Teilabschnitte aufteilt (Elastizitätsmoduln E_1, E_2, E_3, Querschnittsflächen A_1, A_2, A_3, Temperaturausdehnungskoeffizienten $\alpha_{T,1}$, $\alpha_{T,2}$, $\alpha_{T,3}$). Stababschnitt 2 werde einer konstanten Temperaturänderung ΔT unterworfen. Gesucht werden die Stabkräfte in den einzelnen Abschnitten. Wie groß ist die Verschiebung an der Stelle $x = l_1 + l_2$?

Lösung

Wir betrachten zunächst die Längenänderungen der einzelnen Stabsegmente, die sich wie folgt ergeben:

$$\Delta l_1 = \frac{N_1 l_1}{E_1 A_1},$$

$$\Delta l_2 = \frac{N_2 l_2}{E_2 A_2} + \alpha_{T,2}\Delta T l_2,$$

$$\Delta l_3 = \frac{N_3 l_3}{E_3 A_3}. \tag{2.40}$$

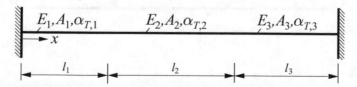

Abb. 2.17 Gegebener Stab

Aus Gründen des Gleichgewichts sind die Stabkräfte N_1, N_2 und N_3 identisch mit dem Wert N:

$$N_1 = N_2 = N_3 = N.$$

Da es sich um einen Stab handelt, der an seinen beiden Ende fest eingespannt ist, muss die Summe der Längenänderungen den Wert Null ergeben:

$$\Delta l_1 + \Delta l_2 + \Delta l_3 = 0. \tag{2.41}$$

Hieraus kann mit (2.40) und (2.41) die Stabkraft N ermittelt werden als:

$$N = -\frac{\alpha_{T,2}\Delta T l_2}{\dfrac{l_1}{E_1 A_1} + \dfrac{l_2}{E_2 A_2} + \dfrac{l_3}{E_3 A_3}}. \tag{2.42}$$

Die Verschiebung an der Stelle $x = l_1 + l_2$ folgt als:

$$\begin{aligned}
\underline{\underline{u(x = l_1 + l_2)}} &= \frac{N l_1}{E_1 A_1} + \frac{N l_2}{E_2 A_2} + \alpha_{T,2}\Delta T l_2 \\
&= N\left(\frac{l_1}{E_1 A_1} + \frac{l_2}{E_2 A_2}\right) + \alpha_{T,2}\Delta T l_2. \tag{2.43}
\end{aligned}$$

Aufgabe 2.20
Der Stab der Abb. 2.18, oben, werde zwischen zwei starren Wänden eingefasst, wodurch eine Drucknormalkraft N entsteht. Hiernach werde der Stab durch die beiden eingezeichneten Einzelkräfte belastet. Man bestimme den Wert F_0 so, dass sich das Stabende an der Stelle $x = 0$ von der Wand löst. Der Stab weise die konstante Dehnsteifigkeit EA auf.

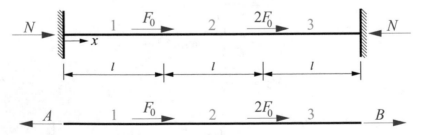

Abb. 2.18 Gegebener Stab (oben), Freikörperbild (unten)

Lösung

Aufgrund des Einbaus des Stabes zwischen den starren Wandungen ergibt sich in jedem der drei Stababschnitte die gleiche Normalkraft:

$$N_{1,0} = N_{2,0} = N_{3,0} = -N.$$

Wir betrachten nun den Zustand unter den beiden eingezeichneten Einzelkräften und untersuchen das Freikörperbild der Abb. 2.18, unten. Die Stabkräfte lassen sich daran ermitteln als:

$$N_{1,1} = A,$$

$$N_{2,1} = A - F_0,$$

$$N_{3,1} = A - 3F_0.$$

Außerdem gilt:

$$A - B = 3F_0. \tag{2.44}$$

Wir betrachten außerdem die Längenänderungen der einzelnen Stabsegmente:

$$\Delta l_1 = \frac{Al}{EA},$$

$$\Delta l_2 = \frac{(A - F_0)l}{EA},$$

$$\Delta l_3 = \frac{(A - 3F_0)l}{EA}. \tag{2.45}$$

Da der Stab zwischen zwei starren Wandungen eingefasst ist, muss die Summe der Längenänderungen zu Null werden:

$$\Delta l_1 + \Delta l_2 + \Delta l_3 = 0.$$

Hieraus lässt sich die Auflagerreaktion A bestimmen als:

$$A = \frac{4}{3}F_0.$$

Damit folgt aus der Gleichgewichtsbedingung (2.44) die Auflagerkraft B als:

$$B = -\frac{5}{3}F_0.$$

Mit den so vorliegenden Auflagerkräften A und B folgen die Stabkräfte als:

$$N_{1,1} = \frac{4}{3} F_0,$$

$$N_{2,1} = \frac{1}{3} F_0,$$

$$N_{3,1} = -\frac{5}{3} F_0.$$

Die Stabkräfte infolge der Normalkraft N und der anliegenden Kräfte F_0 bzw. $2F_0$ ergeben sich dann durch Superposition:

$$N_1 = N_{1,0} + N_{1,1} = \frac{4}{3} F_0 - N,$$

$$N_2 = N_{2,0} + N_{2,1} = \frac{1}{3} F_0 - N,$$

$$N_3 = N_{3,0} + N_{3,1} = -\frac{5}{3} F_0 - N.$$

Das anzusetzende Kriterium zur Ermittlung von F_0 so, dass sich das linke Ende des Stabs von der Wand löst, ergibt sich aus der Forderung, dass die Stabkraft N_1 einen positiven Wert annimmt:

$$N_1 = \frac{4}{3} F_0 - N > 0.$$

Es folgt:

$$F_0 > \frac{3}{4} N. \tag{2.46}$$

Aufgabe 2.21
Betrachtet werde der Stabzweischlag der Abb. 2.19, links. Gesucht werden die horizontale Verschiebung u und die vertikale Verschiebung w des Kraftangriffspunkts. Man ermittle die Verschiebungen durch Erstellen eines Verschiebungsplans. Beide Stäbe weisen die gleiche Dehnsteifigkeit EA auf.

Lösung
Die Stabkräfte N_1 und N_2 folgen durch elementare Gleichgewichtsbetrachtungen als:

$$N_1 = \frac{F_0}{\sin \alpha},$$

$$N_2 = -\frac{F_0}{\tan \alpha}.$$

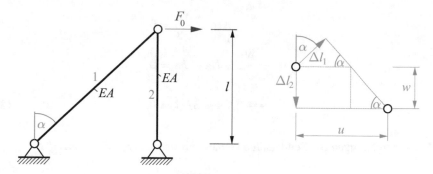

Abb. 2.19 Statisches System (links), Verschiebungsplan (rechts)

Die Stablängenänderungen Δl lassen sich mit Hilfe der Formel $\Delta l = \frac{Nl}{EA}$ ermitteln als:

$$\Delta l_1 = \frac{F_0 l}{EA \sin \alpha \cos \alpha},$$

$$\Delta l_2 = -\frac{F_0 l}{EA \tan \alpha}.$$

Aus dem Verschiebungsplan der Abb. 2.19, rechts, folgen die beiden gesuchten Verschiebungen u und w als:

$$w = |\Delta l_2| = \frac{F_0 l}{EA \tan \alpha},$$

$$u = \frac{\Delta l_1}{\sin \alpha} + \frac{|\Delta l_2|}{\tan \alpha} = \frac{F_0 l}{EA} \left(\frac{1}{\sin^2 \alpha \cos \alpha} + \frac{1}{\tan^2 \alpha} \right). \tag{2.47}$$

Aufgabe 2.22

Betrachtet werde das statische System der Abb. 2.20, oben. Gegeben sei ein horizontaler starrer Balken der Länge $3l$, der durch zwei Pendelstäbe abgehängt sei. Der Balken sei an seinem linken Ende zweiwertig gelagert, und an seinem freien Ende werde der Balken durch eine vertikale Kraft F_0 belastet. Die beiden Pendelstäbe weisen identische Dehnsteifigkeiten EA auf. Gesucht werden die Stabkräfte und die Stabverlängerungen.

Lösung

Wir schneiden den Balken frei und betrachten das Freikörperbild der Abb. 2.20, Mitte. Aus der horizontalen und der vertikalen Kräftesumme sowie dem Momentengleichgewicht bezüglich des Punkts A folgt:

$$A_H - \frac{N_1}{\sqrt{2}} = 0,$$

$$A_V + \frac{N_1}{\sqrt{2}} + N_2 - F_0 = 0,$$

$$\frac{N_1 l}{\sqrt{2}} + 2N_2 l - 3F_0 l = 0. \tag{2.48}$$

Die Längenänderungen der Pendelstäbe können wir bestimmen wie folgt:

$$\Delta l_1 = \frac{N_1 \sqrt{2} l}{EA},$$

$$\Delta l_2 = \frac{N_2 l}{EA}. \tag{2.49}$$

Am Verschiebungsplan der Abb. 2.20, unten, können wir ablesen:

$$\Delta l_2 = 2w = 2\sqrt{2}\Delta l_1. \tag{2.50}$$

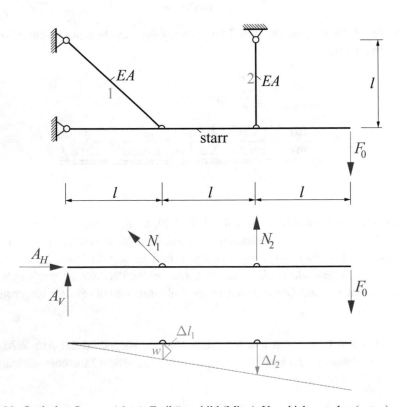

Abb. 2.20 Statisches System (oben), Freikörperbild (Mitte), Verschiebungsplan (unten)

Wir setzen die Längenänderungen (2.49) in die kinematische Gleichung (2.50) ein und erhalten einen Zusammenhang zwischen den Stabkräften N_1 und N_2 wie folgt:

$$N_2 = 4N_1. \tag{2.51}$$

Setzt man diesen Ausdruck in die Momentengleichung in (2.48) ein, dann erhält man hieraus die Stabkraft N_1 wie folgt:

$$N_1 = \frac{3\sqrt{2}F_0}{1 + 8\sqrt{2}}. \tag{2.52}$$

Damit steht mit (2.51) auch die Stabkraft N_2 fest:

$$N_2 = \frac{12\sqrt{2}F_0}{1 + 8\sqrt{2}}. \tag{2.53}$$

Mit den so bestimmten Stabkräften N_1 und N_2 lassen sich die Längenänderungen der Stäbe aus (2.49) ermitteln als:

$$\Delta l_1 = \frac{6F_0 l}{\left(1 + 8\sqrt{2}\right)EA},$$

$$\Delta l_2 = \frac{12\sqrt{2}F_0 l}{\left(1 + 8\sqrt{2}\right)EA}. \tag{2.54}$$

Aufgabe 2.23

Für den Stabzweischlag der Abb. 2.21 werden die Stabkräfte und die Verschiebung des rechten Auflagerpunkts gesucht.

Lösung

Der gegebene Stabzweischlag ist einfach statisch unbestimmt gelagert. Wir betrachten zunächst den in Abb. 2.21, rechts oben, dargestellten Knotenschnitt und bilden die horizontale Kräftesumme. Es folgt:

$$N_1 + N_2 \sin\alpha - F_0 = 0. \tag{2.55}$$

Aus der vertikalen Kräftesumme folgt:

$$N_2 \cos\alpha + A_V = 0. \tag{2.56}$$

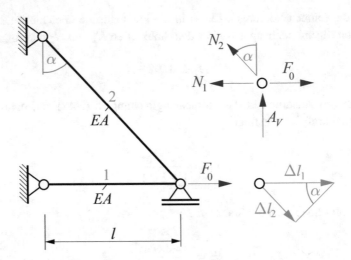

Abb. 2.21 Statisches System (links), Knotenschnitt (rechts oben), Verschiebungsplan (rechts unten)

Die Längenänderungen der Stäbe lassen sich angeben als:

$$\Delta l_1 = \frac{N_1 l}{EA},$$

$$\Delta l_2 = \frac{N_2 l}{EA \sin\alpha}. \tag{2.57}$$

Aus dem Verschiebungsplan der Abb. 2.21, rechts unten, folgt der folgende Zusammenhang:

$$\sin\alpha = \frac{\Delta l_2}{\Delta l_1}. \tag{2.58}$$

Setzt man (2.58) in die zweite Gleichung in (2.57) ein, dann erhält man den folgenden Ausdruck:

$$\Delta l_1 = \frac{N_2 l}{EA \sin^2\alpha}.$$

Setzt man diesen Term mit dem ersten Ausdruck in (2.57) gleich, dann kann man daraus den folgenden Zusammenhang zwischen N_1 und N_2 herleiten:

$$N_2 = N_1 \sin^2\alpha. \tag{2.59}$$

Einsetzen in die horizontale Kräftesumme (2.55) ergibt dann die Stabkraft N_1 als:

$$N_1 = \frac{F_0}{1 + \sin^3 \alpha}. \tag{2.60}$$

Mit (2.59) ergibt sich die Stabkraft N_2 als:

$$N_2 = \frac{F_0 \sin^2 \alpha}{1 + \sin^3 \alpha}. \tag{2.61}$$

Die noch zu ermittelnde Stablängenänderung Δl_1 folgt damit aus der ersten Gleichung in (2.57) und stellt zugleich die gesuchte horizontale Verschiebung u des Auflagers dar:

$$\Delta l_1 = u = \frac{F_0 l}{\left(1 + \sin^3 \alpha\right) E A}. \tag{2.62}$$

Aufgabe 2.24

Für das in Abb. 2.22, oben, gegebene Fachwerk wird die Verschiebung des Punktes B gesucht.

Lösung

Wir schneiden das Fachwerk frei und betrachten das Freikörperbild der Abb. 2.22, unten. Die Momentensumme bezüglich des Punktes B, die horizontale Kräftesumme und die vertikale Kräftesumme ergeben die folgenden Stabkräfte:

$$N_1 = -F_0,$$

$$N_2 = -F_0,$$

$$N_3 = \sqrt{2} F_0.$$

Die Stablängenänderungen folgen dann aus $\Delta l = \frac{Nl}{EA}$ als:

$$\Delta l_1 = \frac{N_1 l_1}{E A} = -\frac{F_0 l}{E A},$$

$$\Delta l_2 = \frac{N_2 l_2}{E A} = -\frac{F_0 l}{E A},$$

$$\Delta l_3 = \frac{N_3 l_3}{E A} = 2 \frac{F_0 l}{E A}.$$

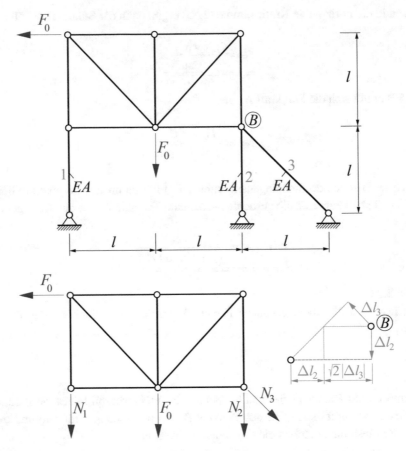

Abb. 2.22 Statisches System (oben), Freikörperbild und Verschiebungsplan (unten)

Aus dem Verschiebungsplan der Abb. 2.22, rechts unten, lassen sich dann die gesuchten Verschiebungen des Punktes B ablesen. Für die horizontale Verschiebung u_B erhalten wir:

$$\underline{\underline{u_B}} = 2\sqrt{2}\frac{F_0l}{EA} + \frac{F_0l}{EA} = \left(1 + 2\sqrt{2}\right)\frac{F_0l}{EA}. \tag{2.63}$$

Für die vertikale Verschiebung w_B folgt:

$$\underline{\underline{w_B}} = |\Delta l_2| = \frac{F_0l}{EA}. \tag{2.64}$$

Aufgabe 2.25
Für das in Abb. 2.23, links, dargestellte Stabsystem werden die Stabkräfte gesucht. Es gelte $EA_1 < EA_3 < EA_2$.

Abb. 2.23 Statisches System (links), Freikörperbild und Verschiebungsplan (rechts)

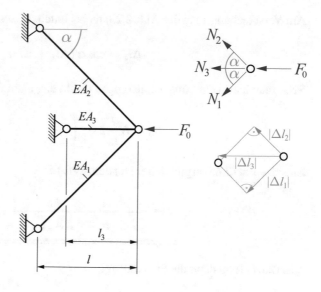

Lösung

Wir schneiden frei (Abb. 2.23, rechts oben) und bilden die vertikale Kräftesumme. Es folgt:

$$N_1 \sin \alpha - N_2 \sin \alpha = 0.$$

Hieraus lässt sich folgern, dass beide Stabkräfte identisch sind mit dem Wert $N_1 = N_2 = N$. Die horizontale Kräftesumme ergibt:

$$N_1 \cos \alpha + N_2 \cos \alpha + N_3 + F_0 = 0,$$

was sich auch darstellen lässt als:

$$2N \cos \alpha + N_3 + F_0 = 0. \tag{2.65}$$

Die Längenänderungen der Stäbe lauten:

$$\Delta l_1 = \frac{N_1 l_1}{E A_1} = \frac{N l}{E A_1 \cos \alpha},$$

$$\Delta l_2 = \frac{N_2 l_2}{E A_2} = \frac{N l}{E A_2 \cos \alpha},$$

$$\Delta l_3 = \frac{N_3 l_3}{E A_3}. \tag{2.66}$$

Am Verschiebungsplan der Abb. 2.23, rechts unten, lässt sich ablesen:

$$\Delta l_3 = \cos\alpha \, (\Delta l_1 + \Delta l_2) \, .$$

Setzt man hierin die Längenänderungen (2.66) ein, dann folgt:

$$N_3 = N \frac{l}{l_3} E A_3 \left(\frac{1}{E A_1} + \frac{1}{E A_2} \right) . \tag{2.67}$$

Einsetzen in (2.65) ergibt den folgenden Wert für N:

$$N = - \frac{F_0}{2 \cos\alpha + \frac{l}{l_3} E A_3 \left(\frac{1}{E A_1} + \frac{1}{E A_2} \right)} . \tag{2.68}$$

Aus (2.67) folgt dann die Stabkraft N_3:

$$N_3 = - \frac{F_0 \frac{l}{l_3} E A_3 \left(\frac{1}{E A_1} + \frac{1}{E A_2} \right)}{2 \cos\alpha + \frac{l}{l_3} E A_3 \left(\frac{1}{E A_1} + \frac{1}{E A_2} \right)} . \tag{2.69}$$

Aufgabe 2.26
Für das in Abb. 2.24, oben, gezeigte statisch unbestimmte System werden die Stabkräfte der Stäbe 1,...,4 gesucht.

Lösung
Wir schneiden frei und zeichnen für den durch die Streckenlast q_0 belasteten, als ideal starr angenommenen Balken das Freikörperbild (Abb. 2.24, Mitte). Die horizontale Kräftesumme ergibt:

$$N_3 \cdot \frac{1}{\sqrt{2}} - N_4 \cdot \frac{1}{\sqrt{2}} = 0 .$$

Hieraus folgt die Gleichheit von N_3 und N_4:

$$N_3 = N_4 = N .$$

Die vertikale Kräftesumme ergibt:

$$N_1 + N_2 + \sqrt{2} N - 2 q_0 l = 0 . \tag{2.70}$$

Abb. 2.24 Statisches System
(oben), Freikörperbild (Mitte),
Verschiebungsplan (unten)

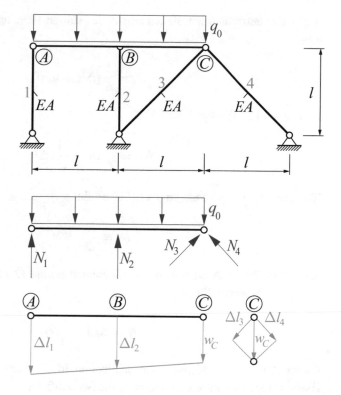

Die Momentensumme bezüglich des Punktes C ergibt:

$$2N_1 + N_2 - 2q_0l = 0. \tag{2.71}$$

Wir betrachten außerdem die Längenänderungen der Stäbe 1,…,4, die sich anschreiben lassen wie folgt:

$$\Delta l_1 = \frac{N_1 l}{EA},$$

$$\Delta l_2 = \frac{N_2 l}{EA},$$

$$\Delta l_3 = \sqrt{2}\frac{Nl}{EA},$$

$$\Delta l_4 = \sqrt{2}\frac{Nl}{EA}. \tag{2.72}$$

Am Verschiebungsplan für den Punkt C (Abb. 2.24, unten rechts) lesen wir ab:

$$w_C = \sqrt{2}\Delta l_3. \tag{2.73}$$

Außerdem betrachten wir die Kinematik des starren Balkens (Abb. 2.24, unten links). Es folgt:

$$\Delta l_2 = \frac{1}{2} \left(\Delta l_1 + w_C \right),$$

woraus mit (2.73) folgt:

$$\Delta l_2 = \frac{1}{2} \Delta l_1 + \frac{1}{\sqrt{2}} \Delta l_3.$$

Einsetzen der Längenänderungen (2.72) ergibt:

$$N_2 = \frac{N_1}{2} + N. \tag{2.74}$$

Setzt man diesen Ausdruck in die Momentensumme (2.71) ein, dann erhält man den folgenden Ausdruck für N:

$$N = 2q_0 l - \frac{5}{2} N_1. \tag{2.75}$$

Dieser Ausdruck wiederum wird schließlich in die vertikale Kräftebilanz eingesetzt. Hieraus folgt nach kurzer Umformung die Stabkraft N_1:

$$N_1 = \frac{2\sqrt{2}}{1 + \frac{5}{2}\sqrt{2}} q_0 l. \tag{2.76}$$

Hieraus können dann N_2 und N ermittelt werden als:

$$N_2 = \frac{2 + \sqrt{2}}{1 + \frac{5}{2}\sqrt{2}} q_0 l,$$

$$N = \frac{2}{1 + \frac{5}{2}\sqrt{2}} q_0 l = N_3 = N_4. \tag{2.77}$$

Balken

3

Aufgabe 3.1

Betrachtet werde der Querschnitt der Abb. 3.1. Gesucht werden die beiden Flächenträgheitsmomente I_{yy} und I_{zz} und das Deviationsmoment I_{yz}. Man führe außerdem die zweite Querschnittsnormierung durch. Wir setzen dabei voraus, dass es sich um einen dünnwandigen Querschnitt mit $t \ll a$ handelt.

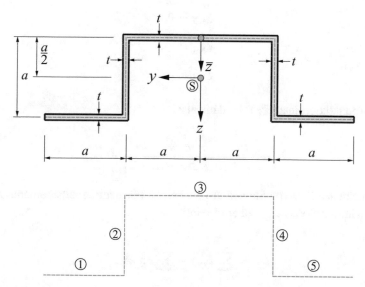

Abb. 3.1 Gegebener Querschnitt (oben), Einteilung in Segmente (unten)

Lösung

Wir beziehen unsere Betrachtungen auf den Schwerpunkt S, dessen Koordinaten wir zunächst ermitteln wollen. Da es sich um einen einfach symmetrischen Querschnitt handelt, befindet sich der Schwerpunkt auf der Symmetrieachse. Wir verwenden die eingezeichnete $\bar{z}$–Achse zur Schwerpunktermittlung und teilen den Querschnitt wie in Abb. 3.1 angedeutet in fünf Segmente auf. Die Schwerpunktkoordinate $\bar{z}_S$ folgt als:

$$\bar{z}_S = \frac{\sum_{i=1}^{5} \bar{z}_{S,i} A_i}{\sum_{i=1}^{5} A_i}.$$

Die Teilflächen A_i $(i = 1, 2, \ldots, 5)$ ergeben sich als:

$$A_1 = A_2 = A_4 = A_5 = = ta,$$

$$A_3 = 2ta.$$

Die Koordinaten $\bar{z}_{S,i}$ der Schwerpunkte der Teilflächen lauten:

$$\bar{z}_{S,1} = a,$$

$$\bar{z}_{S,2} = \frac{a}{2},$$

$$\bar{z}_{S,3} = 0,$$

$$\bar{z}_{S,4} = \frac{a}{2},$$

$$\bar{z}_{S,5} = a.$$

Die Schwerpunktkoordinate $\bar{z}_S$ folgt dann als:

$$\bar{z}_S = \frac{ta^2 + \frac{ta^2}{2} + \frac{ta^2}{2} + ta^2}{ta + ta + 2ta + ta + ta} = \frac{a}{2}.$$

Wir verwenden den Satz von Steiner, um die beiden Flächenträgheitsmomente I_{yy} und I_{zz} und das Deviationsmoment I_{yz} zu ermitteln:

$$I_{yy} = \sum_{i=1}^{5} I_{\bar{y}\bar{y},i} + \sum_{i=1}^{5} z_{S,i}^2 A_i,$$

$$I_{zz} = \sum_{i=1}^{5} I_{\bar{z}\bar{z},i} + \sum_{i=1}^{5} y_{S,i}^2 A_i,$$

$$I_{yz} = \sum_{i=1}^{5} I_{\bar{y}\bar{z},i} + \sum_{i=1}^{5} y_{S,i} z_{S,i} A_i.$$

Mit den Schwerpunktkoordinaten

$$z_{S,1} = \frac{a}{2},$$

$$z_{S,2} = 0,$$

$$z_{S,3} = -\frac{a}{2},$$

$$z_{S,4} = 0,$$

$$z_{S,5} = \frac{a}{2},$$

$$y_{S,1} = \frac{3a}{2},$$

$$y_{S,2} = a,$$

$$y_{S,3} = 0,$$

$$y_{S,4} = -a,$$

$$y_{S,5} = -\frac{3a}{2}$$

und den Flächenträgheitsmomenten und Deviationsmomenten der Teilflächen

$$I_{\bar{y}\bar{y},1} = \frac{at^3}{12} \approx 0,$$

$$I_{\bar{y}\bar{y},2} = \frac{ta^3}{12},$$

$$I_{\bar{y}\bar{y},3} = \frac{2at^3}{12} \approx 0,$$

$$I_{\bar{y}\bar{y},4} = \frac{ta^3}{12},$$

$$I_{\bar{y}\bar{y},5} = \frac{at^3}{12} \approx 0,$$

$$I_{\bar{z}\bar{z},1} = \frac{ta^3}{12},$$

$$I_{\bar{z}\bar{z},2} = \frac{at^3}{12} \approx 0,$$

$$I_{\bar{z}\bar{z},3} = \frac{t(2a)^3}{12} = \frac{2ta^3}{3},$$

$$I_{\bar{z}\bar{z},4} = \frac{at^3}{12} \approx 0,$$

$$I_{\bar{z}\bar{z},5} = \frac{ta^3}{12},$$

$$I_{\bar{y}\bar{z},i} = 0$$

folgen die beiden Flächenträgheitsmomente I_{yy} und I_{zz} und das Deviationsmoment I_{yz} als:

$$\underline{\underline{I_{yy}}} = \frac{ta^3}{12} + \frac{ta^3}{12} + \left(\frac{a}{2}\right)^2 \cdot ta + \left(-\frac{a}{2}\right)^2 \cdot 2ta + \left(\frac{a}{2}\right)^2 \cdot ta = \frac{7}{6}ta^3,$$

$$\underline{\underline{I_{zz}}} = \frac{ta^3}{12} + \frac{2}{3}ta^3 + \frac{ta^3}{12} + \left(\frac{3}{2}a\right)^2 \cdot ta + a^2 \cdot ta + (-a)^2 \cdot ta + \left(-\frac{3}{2}a\right)^2 \cdot ta = \frac{22}{3}ta^3,$$

$$\underline{\underline{I_{yz}}} = 0. \tag{3.1}$$

Da es sich um einen einfach symmetrischen Querschnitt handelt, bei dem sich das Deviationsmoment I_{yz} zu Null ergibt, kann auf die zweite Querschnittsnormierung verzichtet werden. Die Achsen y und z sind bereits die Hauptachsen des Querschnitts.

Aufgabe 3.2
Wir betrachten den Querschnitt der Abb. 3.2. Man führe die erste und die zweite Querschnittsnormierung durch. Der Querschnitt sei dünnwandig, es gelte $t \ll a$.

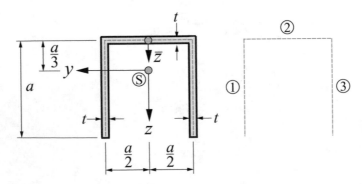

Abb. 3.2 Gegebener Querschnitt (links), Einteilung in Segmente (rechts)

Lösung

Wir ermitteln zunächst den Schwerpunkt S des Querschnitts. Da es sich um einen einfach symmetrischen Querschnitt handelt, liegt der Schwerpunkt auf der Symmetrieachse des Querschnitts. Mit der eingezeichneten Bezugsachse $\bar{z}$ und der in Abb. 3.2 gezeigten Einteilung des Querschnitts in Segmente erhalten wir die Schwerpunktkoordinate $\bar{z}_S$ als

$$\bar{z}_S = \frac{\sum_{i=1}^{3} \bar{z}_{S,i} A_i}{\sum_{i=1}^{3} A_i}.$$

Hierin sind die Teilflächen A_i ($i = 1, 2, 3$) gegeben als:

$$A_1 = A_2 = A_3 = ta.$$

Die Schwerpunktkoordinaten $\bar{z}_{S,i}$ lauten:

$$\bar{z}_{S,1} = \frac{a}{2},$$

$$\bar{z}_{S,2} = 0,$$

$$\bar{z}_{S,3} = \frac{a}{2}.$$

Damit lässt sich die Schwerpunktkoordinate $\bar{z}_S$ berechnen als:

$$\bar{z}_S = \frac{2 \cdot \frac{a}{2} \cdot ta}{ta + ta + ta} = \frac{a}{3}.$$

Die Flächenträgheitsmomente und das Deviationsmoment folgen aus dem Satz von Steiner:

$$I_{yy} = \sum_{i=1}^{3} I_{\bar{y}\bar{y},i} + \sum_{i=1}^{3} z_{S,i}^2 A_i,$$

$$I_{zz} = \sum_{i=1}^{3} I_{\bar{z}\bar{z},i} + \sum_{i=1}^{3} y_{S,i}^2 A_i,$$

$$I_{yz} = \sum_{i=1}^{3} I_{\bar{y}\bar{z},i} + \sum_{i=1}^{3} y_{S,i} z_{S,i} A_i.$$

Die Trägheitsmomente der Teilflächen lauten:

$$I_{\bar{y}\bar{y},1} = \frac{ta^3}{12},$$

$$I_{\bar{y}\bar{y},2} = \frac{at^3}{12} \approx 0,$$

$$I_{\bar{y}\bar{y},3} = \frac{ta^3}{12},$$

$$I_{\bar{z}\bar{z},1} = \frac{at^3}{12} \approx 0,$$

$$I_{\bar{z}\bar{z},2} = \frac{ta^3}{12},$$

$$I_{\bar{z}\bar{z},3} = \frac{at^3}{12} \approx 0,$$

$$I_{\bar{y}\bar{z}} = 0.$$

Die Schwerpunktkoordinaten der Teilflächen ergeben sich als:

$$z_{S,1} = \frac{a}{6},$$

$$z_{S,2} = -\frac{a}{3},$$

$$z_{S,3} = \frac{a}{6},$$

$$y_{S,1} = \frac{a}{2},$$

$$y_{S,2} = 0,$$

$$y_{S,3} = -\frac{a}{2}.$$

Damit ergeben sich die gesuchten Flächenträgheitsmomente als:

$$\underline{\underline{I_{yy}}} = 2 \cdot \frac{ta^3}{12} + 2 \cdot \left(\frac{a}{6}\right)^2 \cdot t \cdot a + \left(-\frac{a}{3}\right)^2 \cdot t \cdot a$$

$$= \underline{\underline{\frac{1}{3}ta^3}},$$

$$\underline{\underline{I_{zz}}} = \frac{ta^3}{12} + \left(\frac{a}{2}\right)^2 \cdot t \cdot a + \left(-\frac{a}{2}\right)^2 \cdot t \cdot a$$

$$= \underline{\underline{\frac{7}{12}ta^3}},$$

$$\underline{\underline{I_{yz}}} = \frac{a}{2} \cdot \frac{a}{6} \cdot t \cdot a + \left(-\frac{a}{2}\right) \cdot \frac{a}{6} \cdot t \cdot a$$

$$= \underline{\underline{0}}. \tag{3.2}$$

Das Deviationsmoment I_{yz} ist identisch Null. Damit kann für diesen Querschnitt die zweite Querschnittsnormierung entfallen, es handelt sich bei y und z um die Hauptachsen des Querschnitts. Die beiden Flächenträgheitsmomente I_{yy} und I_{zz} sind damit die Hauptträgheitsmomente.

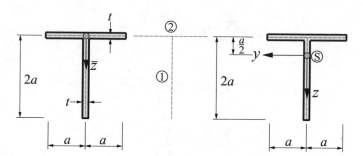

Abb. 3.3 Gegebener Querschnitt (links), Einteilung in Segmente (Mitte), Schwerpunktlage (rechts)

Aufgabe 3.3

Für den in Abb. 3.3 dargestellten T-Querschnitt werden die Flächenträgheitsmomente und das Deviationsmoment gesucht. Der Querschnitt sei dünnwandig, es gelte $t \ll a$.

Lösung

Zur Ermittlung des Schwerpunkts wird die Bezugsachse $\bar{z}$ eingeführt wie in Abb. 3.3 gezeigt und der Querschnitt in zwei Teilflächen eingeteilt. Da es sich um einen einfach symmetrischen Querschnitt handelt, befindet sich der Schwerpunkt auf der Symmetrieachse. Wir ermitteln die Schwerpunktkoordinate $\bar{z}_S$ als:

$$\bar{z}_S = \frac{\sum_{i=1}^{2} \bar{z}_{S,i} A_i}{\sum_{i=1}^{2} A_i}.$$

Mit den Teilflächeninhalten

$$A_1 = A_2 = 2at$$

und den Schwerpunktkoordinaten $\bar{z}_{S,i}$

$$\bar{z}_{S,1} = 0,$$

$$\bar{z}_{S,2} = a$$

folgt die Schwerpunktkoordinate $\bar{z}_S$ als:

$$\bar{z}_S = \frac{2 \cdot a \cdot a \cdot t}{2 \cdot 2at} = \frac{a}{2}.$$

Wir ermitteln die Flächenträgheitsmomente und das Deviationsmoment mit dem Satz von Steiner:

$$I_{yy} = \sum_{i=1}^{2} I_{\bar{y}\bar{y},i} + \sum_{i=1}^{2} z_{S,i}^2 A_i,$$

$$I_{zz} = \sum_{i=1}^{2} I_{\bar{z}\bar{z},i} + \sum_{i=1}^{2} y_{S,i}^2 A_i,$$

$$I_{yz} = \sum_{i=1}^{2} I_{\bar{y}\bar{z},i} + \sum_{i=1}^{2} y_{S,i} z_{S,i} A_i.$$

Hierin lauten die Flächenwerte der Teilflächen:

$$I_{\bar{y}\bar{y},1} = \frac{t\,(2a)^3}{12} = \frac{2}{3} t a^3,$$

$$I_{\bar{y}\bar{y},2} = \frac{2at^3}{12} \approx 0,$$

$$I_{\bar{z}\bar{z},1} = \frac{2at^3}{12} \approx 0,$$

$$I_{\bar{z}\bar{z},2} = \frac{t\,(2a)^3}{12} = \frac{2}{3} t a^3,$$

$$I_{\bar{y}\bar{z},1} = I_{\bar{y}\bar{z},2} = 0.$$

Die Schwerpunktkoordinaten der Teilflächen ergeben sich als:

$$z_{S,1} = -\frac{a}{2},$$

$$z_{S,2} = \frac{a}{2},$$

$$y_{S,1} = 0,$$

$$y_{S,2} = 0.$$

Die gesuchten Flächenwerte sind damit ermittelbar als:

$$\underline{\underline{I_{yy}}} = \frac{2}{3} t a^3 + \left(-\frac{a}{2}\right)^2 \cdot 2at + \left(\frac{a}{2}\right)^2 \cdot 2at = \underline{\underline{\frac{5}{3} t a^3}},$$

$$\underline{\underline{I_{zz}}} = \frac{2}{3} t a^3,$$

$$\underline{\underline{I_{yz}}} = 0. \tag{3.3}$$

Da das Deviationsmoment verschwindet kann die zweite Querschnittsnormierung entfallen. Es handelt sich demnach bei y und z bereits um die Hauptachsen, I_{yy} und I_{zz} sind die Hauptträgheitsmomente.

Aufgabe 3.4

Gegeben sei der in Abb. 3.4 dargestellte rechteckige, geschlitzte dünnwandige Kastenquerschnitt ($t \ll a$). Man ermittle das Flächenträgheitsmoment I_{yy}.

Lösung

Wir ermitteln zunächst die Lage des Schwerpunkts S. Da der Querschnitt einfach symmetrisch ist, folgt die Schwerpunktkoordinate $\bar{y}_S$ zu Null. Für die Schwerpunktkoordinate $\bar{z}_S$ folgt:

$$\bar{z}_S = \frac{\sum_{i=1}^5 \bar{z}_{S,i} A_i}{\sum_{i=1}^5 A_i}.$$

Mit den Teilflächen

$$A_1 = 2at,$$

$$A_2 = at,$$

$$A_3 = at,$$

$$A_4 = at,$$

$$A_5 = at$$

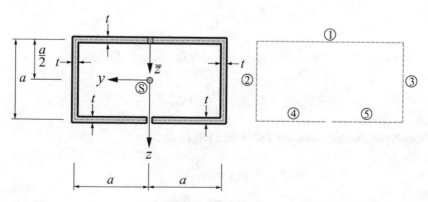

Abb. 3.4 Gegebener Querschnitt (links), Einteilung in Segmente (rechts)

und den Koordinaten der Schwerpunkte des Teilflächen

$$\bar{z}_{S,1} = 0,$$

$$\bar{z}_{S,2} = \frac{a}{2},$$

$$\bar{z}_{S,3} = \frac{a}{2},$$

$$\bar{z}_{S,4} = a,$$

$$\bar{z}_{S,5} = a$$

folgt die Lage des Schwerpunkts als:

$$\bar{z}_S = \frac{a}{2}.$$

Aus dem Satz von Steiner

$$I_{yy} = \sum_{i=1}^{5} I_{\bar{y}\bar{y},i} + \sum_{i=1}^{5} z_{S,i}^2 A_i$$

lässt sich das Flächenträgheitsmoment I_{yy} ermitteln. Hierbei lauten die Flächenträgheits-momente der Teilflächen:

$$I_{\bar{y}\bar{y},1} = \frac{2at^3}{12} \approx 0,$$

$$I_{\bar{y}\bar{y},2} = \frac{ta^3}{12},$$

$$I_{\bar{y}\bar{y},3} = \frac{ta^3}{12},$$

$$I_{\bar{y}\bar{y},4} = \frac{at^3}{12} \approx 0,$$

$$I_{\bar{y}\bar{y},5} = \frac{at^3}{12} \approx 0.$$

Die Schwerpunktkoordinaten der Teilflächen folgen als:

$$z_{S,1} = -\frac{a}{2},$$

$$z_{S,2} = 0,$$

$$z_{S,3} = 0,$$

$$z_{S,4} = \frac{a}{2},$$

$$z_{S,5} = \frac{a}{2}.$$

Das gesuchte Flächenträgheitsmoment folgt dann als:

$$\underline{\underline{I_{yy}}} = 2 \cdot \frac{ta^3}{12} + \left(-\frac{a}{2}\right)^2 \cdot 2at + 2 \cdot \left(\frac{a}{2}\right)^2 \cdot at = \underline{\underline{\frac{7}{6}ta^3}}. \tag{3.4}$$

Aufgabe 3.5

Gegeben sei der Querschnitt der Abb. 3.5, links. Gesucht wird das Flächenträgheitsmoment I_{yy}. Der Querschnitt sei dünnwandig, es gelte $t \ll a$. Wie ändert sich das Ergebnis, wenn die beiden geradlinigen Querschnittsteile vertikal angeordnet werden (Abb. 3.5, rechts)?

Lösung

Wir betrachten zunächst den kreisförmigen Teil des Querschnitts. Das Flächenträgheitsmoment $I_{\bar{y}\bar{y},2}$ ermittelt sich als:

$$I_{\bar{y}\bar{y},2} = \int_A z^2 \mathrm{d}A.$$

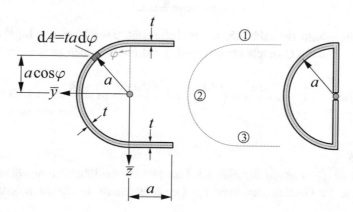

Abb. 3.5 Gegebener Querschnitt (links), Einteilung in Segmente (Mitte), alternative Querschnittsform (rechts)

Mit dem Flächenelement $dA = ta d\varphi$ und $z = -a \cos\varphi$ folgt daraus:

$$I_{\bar{y}\bar{y},2} = \int\limits_0^\pi (-a \cos\varphi)^2 \, ta d\varphi$$

$$= ta^3 \int\limits_0^\pi \cos^2\varphi d\varphi$$

$$= ta^3 \left(\frac{1}{2}\varphi + \frac{1}{4}\sin 2\varphi\right)\Bigg|_0^\pi$$

$$= \frac{1}{2}\pi ta^3.$$

Für die beiden geradlinigen Querschnittssegmente ist aufgrund der Dünnwandigkeit des Querschnitts nur der Steiner-Anteil relevant. Insgesamt ergibt sich also das Flächenträgheitsmoment $I_{\bar{y}\bar{y}}$ als:

$$I_{\bar{y}\bar{y}} = \frac{1}{2}\pi ta^3 + (-a)^2 \cdot t \cdot a + a^2 \cdot t \cdot a = \left(2 + \frac{\pi}{2}\right) ta^3.$$

Dies ist das Flächenträgheitsmoment für das in Abb. 3.5, links, gezeigte Koordinatensystem. Bei einer reinen Parallelverschiebung des Koordinatensystems in den Schwerpunkt S des Querschnitts (der hier nicht näher bestimmt wurde) ändert sich das Ergebnis nicht, so dass gilt:

$$\underline{\underline{I_{yy} = \left(2 + \frac{\pi}{2}\right) ta^3.}} \tag{3.5}$$

Wird der Querschnitt der Abb. 3.5, rechts, betrachtet, dann kann das Ergebnis für den kreisförmigen Teil des Querschnitts von oben direkt übernommen werden, und es folgt:

$$\underline{\underline{I_{yy}}} = \frac{1}{2}\pi ta^3 + 2 \cdot \frac{ta^3}{12} + \left(-\frac{a}{2}\right)^2 \cdot ta + \left(\frac{a}{2}\right)^2 \cdot ta = \underline{\underline{\frac{1}{6}ta^3 (4 + 3\pi)}}. \tag{3.6}$$

Aufgabe 3.6

Gegeben sei der Querschnitt der Abb. 3.6. Man ermittle die Flächenträgheitsmomente I_{yy} und I_{zz} sowie das Deviationsmoment I_{yz}. Der Querschnitt sei dünnwandig und es gelte $t \ll a$.

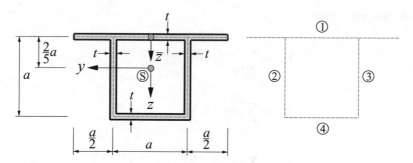

Abb. 3.6 Gegebener Querschnitt (links), Einteilung in Segmente (rechts)

Lösung

Da der Querschnitt einfach symmetrisch ist, befindet sich sein Schwerpunkt auf der Symmetrieachse. Die Schwerpunktkoordinate $\bar{z}_S$ ermittelt sich als:

$$\bar{z}_S = \frac{\sum_{i=1}^{4} \bar{z}_{S,i} A_i}{\sum_{i=1}^{4} A_i}.$$

Mit den Teilflächen

$$A_1 = 2at,$$

$$A_2 = A_3 = A_4 = at \qquad (3.7)$$

und den Schwerpunktkoordinaten

$$\bar{z}_{S,1} = 0,$$

$$\bar{z}_{S,2} = \frac{a}{2},$$

$$\bar{z}_{S,3} = \frac{a}{2},$$

$$\bar{z}_{S,4} = a$$

folgt:

$$\bar{z}_S = \frac{2}{5}a.$$

Aus dem Satz von Steiner

$$I_{yy} = \sum_{i=1}^{4} I_{\bar{y}\bar{y},i} + \sum_{i=1}^{4} z_{S,i}^2 A_i,$$

$$I_{zz} = \sum_{i=1}^{4} I_{\bar{z}\bar{z},i} + \sum_{i=1}^{4} y_{S,i}^2 A_i,$$

$$I_{yz} = \sum_{i=1}^{4} I_{\bar{y}\bar{z},i} + \sum_{i=1}^{4} y_{S,i} z_{S,i} A_i.$$

folgen mit den Trägheitsmomenten der Teilflächen

$$I_{\bar{y}\bar{y},1} = \frac{2at^3}{12} \approx 0,$$

$$I_{\bar{y}\bar{y},2} = \frac{ta^3}{12},$$

$$I_{\bar{y}\bar{y},3} = \frac{ta^3}{12},$$

$$I_{\bar{y}\bar{y},4} = \frac{at^3}{12} \approx 0,$$

$$I_{\bar{z}\bar{z},1} = \frac{t \cdot (2a)^3}{12} = \frac{2}{3} ta^3,$$

$$I_{\bar{z}\bar{z},2} = \frac{at^3}{12} \approx 0,$$

$$I_{\bar{z}\bar{z},3} = \frac{at^3}{12} \approx 0,$$

$$I_{\bar{z}\bar{z},4} = \frac{ta^3}{12},$$

$$I_{\bar{y}\bar{z},i} = 0$$

und den Schwerpunktkoordinaten

$$z_{S,1} = -\frac{2}{5}a,$$

$$z_{S,2} = \frac{1}{10}a,$$

$$z_{S,3} = \frac{1}{10}a,$$

$$z_{S,4} = \frac{3}{5}a,$$

$$y_{S,1} = 0,$$

$$y_{S,2} = \frac{1}{2}a,$$

$$y_{S,3} = -\frac{1}{2}a,$$

$$y_{S,4} = 0$$

die gesuchten Flächenwerte als:

$$I_{yy} = \frac{13}{15}ta^3,$$

$$I_{zz} = \frac{5}{4}ta^3,$$

$$I_{yz} = 0. \tag{3.8}$$

Da das Deviationsmoment verschwindet handelt es sich bei I_{yy} und I_{zz} um die Hauptträgheitsmomente. Die Koordinaten y und z stellen damit die Hauptachsen des Querschnitts dar.

Aufgabe 3.7
Betrachtet werde der Querschnitt der Abb. 3.7. Man ermittle die Flächenträgheitsmomente I_{yy} und I_{zz} sowie das Deviationsmoment I_{yz}. Der Querschnitt sei dünnwandig, und es gelte $t << a$. Die Lage des Schwerpunkt ist bekannt wie in Abb. 3.7 eingezeichnet.

Abb. 3.7 Gegebener Querschnitt (links), Einteilung in Segmente (rechts)

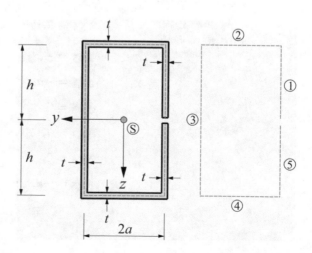

Lösung

Aus dem Satz von Steiner lassen sich die gesuchten Flächenwerte ermitteln:

$$I_{yy} = \sum_{i=1}^{5} I_{\bar{y}\bar{y},i} + \sum_{i=1}^{5} z_{S,i}^2 A_i,$$

$$I_{zz} = \sum_{i=1}^{5} I_{\bar{z}\bar{z},i} + \sum_{i=1}^{5} y_{S,i}^2 A_i,$$

$$I_{yz} = \sum_{i=1}^{5} I_{\bar{y}\bar{z},i} + \sum_{i=1}^{5} y_{S,i} z_{S,i} A_i.$$

Die Flächeninhalte der Teilflächen ergeben sich als:

$$A_1 = ht,$$

$$A_2 = 2at,$$

$$A_3 = 2ht,$$

$$A_4 = 2at,$$

$$A_5 = ht.$$

Die Schwerpunktkoordinaten der Teilflächen lauten:

$$z_{S,1} = -\frac{h}{2},$$

$$z_{S,2} = -h,$$

$$z_{S,3} = 0,$$

$$z_{S,4} = h,$$

$$z_{S,5} = \frac{h}{2},$$

$$y_{S,1} = -a,$$

$$y_{S,2} = 0,$$

$$y_{S,3} = a,$$

$$y_{S,4} = 0,$$

$$y_{S,5} = -a.$$

Die Flächenwerte der Teilflächen ergeben sich als:

$$I_{\bar{y}\bar{y},1} = \frac{th^3}{12},$$

$$I_{\bar{y}\bar{y},2} = \frac{2at^3}{12} \approx 0,$$

$$I_{\bar{y}\bar{y},3} = \frac{t(2h)^3}{12} = \frac{2}{3}th^3,$$

$$I_{\bar{y}\bar{y},4} = \frac{2at^3}{12} \approx 0,$$

$$I_{\bar{y}\bar{y},5} = \frac{th^3}{12},$$

$$I_{\bar{z}\bar{z},1} = \frac{ht^3}{12} \approx 0,$$

$$I_{\bar{z}\bar{z},2} = \frac{t(2a)^3}{12} = \frac{2}{3}ta^3,$$

$$I_{\bar{z}\bar{z},3} = \frac{2ht^3}{12} \approx 0,$$

$$I_{\bar{z}\bar{z},4} = \frac{t(2a)^3}{12} = \frac{2}{3}ta^3,$$

$$I_{\bar{z}\bar{z},5} = \frac{ht^3}{12} \approx 0,$$

$$I_{\bar{y}\bar{z},i} = 0.$$

Damit folgt:

$$I_{yy} = 4th^2\left(\frac{1}{3}h + a\right),$$

$$I_{zz} = 4ta^2\left(\frac{a}{3} + h\right),$$

$$I_{yz} = 0. \tag{3.9}$$

Da das Deviationsmoment verschwindet, handelt es sich bei den beiden Flächenträgheitsmomenten I_{yy} und I_{zz} um die Hauptträgheitsmomente. Die beiden Achsen y und z sind damit die Hauptachsen des Querschnitts.

Aufgabe 3.8

Für den in Abb. 3.8 gezeigten Kreisringquerschnitt (Öffnungswinkel 2α) wird das Flächenträgheitsmoment I_{yy} gesucht. Der Querschnitt sei dünnwandig, und es gelte $t \ll R$.

Lösung

Wir betrachten zunächst das Flächenträgheitsmoment $I_{\bar{y}\bar{y}}$ bezüglich des in Abb. 3.8 eingezeichneten Bezugssystems $\bar{y}$ und $\bar{z}$:

$$I_{\bar{y}\bar{y}} = \int_A \bar{z}^2 \mathrm{d}A.$$

Mit dem Flächenelement $\mathrm{d}A = t\,R\mathrm{d}\varphi$ und $\bar{z} = -R\sin\varphi$ folgt:

$$I_{\bar{y}\bar{y}} = \int_\alpha^{2\pi-\alpha} (-R\sin\varphi)^2\, t\,R\mathrm{d}\varphi$$

$$= t R^3 \int_\alpha^{2\pi-\alpha} \sin^2\varphi\mathrm{d}\varphi$$

$$= t R^3 \left(\frac{1}{2}\varphi - \frac{1}{4}\sin 2\varphi\right)\Big|_\alpha^{2\pi-\alpha}$$

$$= t R^3 \left(\pi - \alpha + \frac{1}{2}\sin 2\alpha\right).$$

Bei einer reinen Parallelverschiebung des Koordinatensystems entlang der $\bar{y}$–Achse in den Schwerpunkt des Querschnitts (hier nicht eingezeichnet) ändert sich dieses Ergebnis nicht, so dass:

$$I_{yy} = t R^3 \left(\pi - \alpha + \frac{1}{2}\sin 2\alpha\right). \tag{3.10}$$

Abb. 3.8 Gegebener
Querschnitt

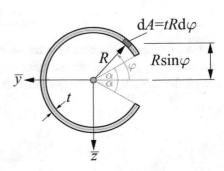

Aufgabe 3.9

Für den in Abb. 3.9 dargestellten Querschnitt werde das Flächenträgheitsmoment I_{yy} gesucht. Der Querschnitt sei dünnwandig, und es gelte $t \ll a$.

Lösung

Wir verwenden zur Berechnung den Satz von Steiner:

$$I_{yy} = \sum_{i=1}^{4} I_{\bar{y}\bar{y},i} + \sum_{i=1}^{4} z_{S,i}^2 A_i.$$

Die Flächeninhalte der Teilflächen folgen als:

$$A_1 = A_2 = A_3 = A_4 = at,$$

ihre Schwerpunktkoordinaten lauten:

$$z_{S,1} = z_{S,2} = -z_{S,3} = -z_{S,4} = -\frac{a}{2} \cdot \sin 45° = -\frac{a}{2\sqrt{2}}.$$

Zur Ermittlung der Trägheitsmomente $I_{\bar{y}\bar{y},i}$ der Teilflächen betrachten wir ein rechteckiges Segment (Dicke t, Höhe a) und ermitteln dessen Trägheitsmomente $I_{\hat{y}\hat{y}}$, $I_{\hat{z}\hat{z}}$:

$$I_{\hat{y}\hat{y}} = \frac{ta^3}{12},$$

$$I_{\hat{z}\hat{z}} = \frac{at^3}{12} \approx 0.$$

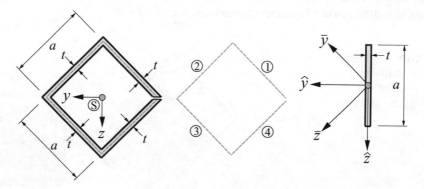

Abb. 3.9 Gegebener Querschnitt (links), Einteilung in Segmente (Mitte), Transformation des Achsensystems für ein Einzelsegment (rechts)

Das Flächenträgheitsmoment $I_{\bar{y}\bar{y}}$ bezüglich eines um den Winkel $\varphi = 45°$ gedrehten Achsensystems folgt zu:

$$I_{\bar{y}\bar{y}} = \frac{1}{2}\left(I_{\hat{y}\hat{y}} + I_{\hat{z}\hat{z}}\right) + \frac{1}{2}\left(I_{\hat{y}\hat{y}} - I_{\hat{z}\hat{z}}\right)\cos 2\varphi - I_{\hat{y}\hat{z}}\sin 2\varphi$$

$$= \frac{ta^3}{24}.$$

Damit kann das gesuchte Flächenträgheitsmoment angegeben werden als:

$$\underline{\underline{I_{yy}}} = 4 \cdot \frac{ta^3}{24} + 2 \cdot \left(-\frac{a}{2\sqrt{2}}\right)^2 \cdot at + 2 \cdot \left(\frac{a}{2\sqrt{2}}\right)^2 \cdot at = \underline{\underline{\frac{2}{3}ta^3}}. \qquad (3.11)$$

Aufgabe 3.10
Betrachtet werde der quadratische Querschnitt der Abb. 3.10, links. Gesucht werden die beiden Flächenträgheitsmomente I_{yy} und I_{zz} und das Deviationsmoment I_{yz}.

Lösung
Wir betrachten zur Lösung zunächst den Querschnitt der Abb. 3.10, rechts, bei dem die Koordinatenachsen ξ und η parallel zu den Querschnittskanten verlaufen. Die beiden Flächenträgheitsmomente $I_{\xi\xi}$, $I_{\eta\eta}$ folgen zu (das Deviationsmoment $I_{\xi\eta}$ ist identisch Null):

$$I_{\xi\xi} = I_{\eta\eta} = \frac{a^4}{12}.$$

Die gesuchten Flächenträgheitsmomente I_{yy} und I_{zz} und das Deviationsmoment I_{yz} ergeben sich dann aus der Koordinatentransformation wie folgt:

Abb. 3.10 Gegebener
Querschnitt (links),
Transformation des
Achsensystems (rechts)

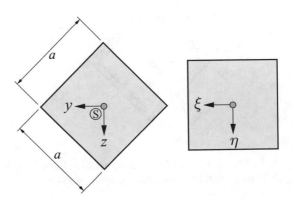

$$I_{yy} = \frac{1}{2}\left(I_{\xi\xi} + I_{\eta\eta}\right) + \frac{1}{2}\left(I_{\xi\xi} - I_{\eta\eta}\right)\cos 2\varphi - I_{\xi\eta}\sin 2\varphi = \frac{a^4}{12},$$

$$I_{zz} = \frac{1}{2}\left(I_{\xi\xi} + I_{\eta\eta}\right) - \frac{1}{2}\left(I_{\xi\xi} - I_{\eta\eta}\right)\cos 2\varphi + I_{\xi\eta}\sin 2\varphi = \frac{a^4}{12},$$

$$I_{yz} = \frac{1}{2}\left(I_{\xi\xi} - I_{\eta\eta}\right)\sin 2\varphi + I_{\xi\eta}\cos 2\varphi = 0.$$

Offenbar ergibt sich dann für einen beliebigen Winkel φ für beide Flächenträgheitsmomente stets der identische Wert $I_{yy} = I_{zz} = \frac{a^4}{12}$. Somit ist jedes beliebige Schwerpunktkoordinatensystem ein Hauptachssystem.

Aufgabe 3.11

Für den in Abb. 3.11 gezeigten Querschnitt werden die beiden Flächenträgheitsmomente I_{yy} und I_{zz} sowie das Deviationsmoment I_{yz} gesucht. Welche Flächenwerte ergeben sich unter $\varphi_1 = 45°$ und unter $\varphi_2 = 60°$? Man zeichne den Mohrschen Trägheitskreis.

Lösung

Wir teilen den Querschnitt ein in die beiden in Abb. 3.11 angedeuteten Teilflächen mit den Flächeninhalten $A_1 = A_2 = 3a^2$. Da der Querschnitt einfach symmetrisch aufgebaut ist liegt der Schwerpunkt des Querschnitts auf der Symmetrieachse, und wir können die Schwerpunktkoordinate $\bar{z}_S$ mit $\bar{z}_{S,1} = \frac{a}{2}$ und $\bar{z}_{S,2} = \frac{5a}{2}$ ermitteln als:

$$\bar{z}_S = \frac{\sum_{i=1}^{2}\bar{z}_{S,i}A_i}{\sum_{i=1}^{2}A_i} = \frac{3}{2}a.$$

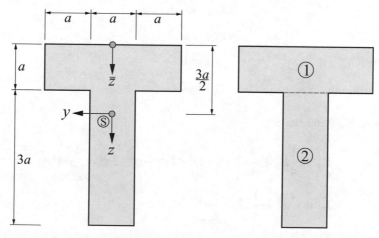

Abb. 3.11 Gegebener Querschnitt (links), Einteilung in Segmente (rechts)

Aus dem Satz von Steiner

$$I_{yy} = \sum_{i=1}^{2} I_{\bar{y}\bar{y},i} + \sum_{i=1}^{2} z_{S,i}^2 A_i,$$

$$I_{zz} = \sum_{i=1}^{2} I_{\bar{z}\bar{z},i} + \sum_{i=1}^{2} y_{S,i}^2 A_i,$$

$$I_{yz} = \sum_{i=1}^{2} I_{\bar{y}\bar{z},i} + \sum_{i=1}^{2} y_{S,i} z_{S,i} A_i$$

folgen mit den Trägheitsmomenten und Deviationsmomenten

$$I_{\bar{y}\bar{y},1} = \frac{3a \cdot a^3}{12} = \frac{1}{4}a^4,$$

$$I_{\bar{y}\bar{y},2} = \frac{a \cdot (3a)^3}{12} = \frac{9}{4}a^4,$$

$$I_{\bar{z}\bar{z},1} = \frac{a \cdot (3a)^3}{12} = \frac{9}{4}a^4,$$

$$I_{\bar{z}\bar{z},2} = \frac{3a \cdot a^3}{12} = \frac{1}{4}a^4,$$

$$I_{\bar{y}\bar{z},i} = 0 \tag{3.12}$$

und den Schwerpunktkoordinaten der Teilflächen

$$z_{S,1} = -a,$$

$$z_{S,2} = a,$$

$$y_{S,1} = 0,$$

$$y_{S,2} = 0$$

die gesuchten Flächenwerte als:

$$\underline{\underline{I_{yy}}} = \frac{1}{4}a^4 + \frac{9}{4}a^4 + (-a)^2 \cdot 3a^2 + a^2 \cdot 3a^2 = \underline{\underline{\frac{17}{2}a^4}},$$

$$\underline{\underline{I_{zz}}} = \frac{9}{4}a^4 + \frac{1}{4}a^4 = \underline{\underline{\frac{5}{2}a^4}},$$

$$\underline{\underline{I_{yz}}} = 0. \tag{3.13}$$

Für den Transformationswinkel $\varphi_1 = 45°$ folgt:

$$\underline{\underline{I_{\xi\xi}}} = \frac{1}{2}\left(I_{yy} + I_{zz}\right) + \frac{1}{2}\left(I_{yy} - I_{zz}\right)\cos 2\varphi_1 - I_{yz}\sin 2\varphi_1 = \underline{\underline{\frac{11}{2}a^4}},$$

$$\underline{\underline{I_{\eta\eta}}} = \frac{1}{2}\left(I_{yy} + I_{zz}\right) - \frac{1}{2}\left(I_{yy} - I_{zz}\right)\cos 2\varphi_1 + I_{yz}\sin 2\varphi_1 = \underline{\underline{\frac{11}{2}a^4}},$$

$$\underline{\underline{I_{\xi\eta}}} = \frac{1}{2}\left(I_{yy} - I_{zz}\right)\sin 2\varphi_1 + I_{yz}\cos 2\varphi_1 = \underline{\underline{3a^4}}. \tag{3.14}$$

Offenbar liegt damit unter $\varphi_1 = 45°$ der Zustand mit maximalem Deviationsmoment vor. Für den Transformationswinkel $\varphi_1 = 60°$ ergibt sich:

$$\underline{\underline{I_{\xi\xi}}} = \frac{1}{2}\left(I_{yy} + I_{zz}\right) + \frac{1}{2}\left(I_{yy} - I_{zz}\right)\cos 2\varphi_2 - I_{yz}\sin 2\varphi_2 = \underline{\underline{4a^4}},$$

$$\underline{\underline{I_{\eta\eta}}} = \frac{1}{2}\left(I_{yy} + I_{zz}\right) - \frac{1}{2}\left(I_{yy} - I_{zz}\right)\cos 2\varphi_2 + I_{yz}\sin 2\varphi_2 = \underline{\underline{7a^4}},$$

$$\underline{\underline{I_{\xi\eta}}} = \frac{1}{2}\left(I_{yy} - I_{zz}\right)\sin 2\varphi_2 + I_{yz}\cos 2\varphi_2 = \underline{\underline{\frac{3\sqrt{3}}{2}a^4}}. \tag{3.15}$$

Der Mohrsche Trägheitskreis ist in Abb. 3.12 dargestellt.

Aufgabe 3.12

Für den in Abb. 3.13, links oben, gezeigten Querschnitt wird das Flächenträgheitsmoment I_{yy} gesucht. Man löse die Aufgabe im ersten Schritt durch Einteilen des Querschnitts in

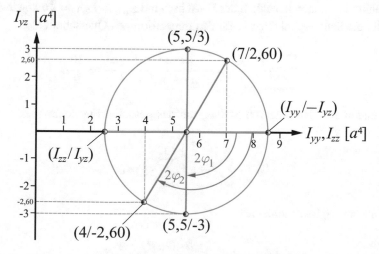

Abb. 3.12 Ermittlung der gesuchten Flächenwerte am Trägheitskreis

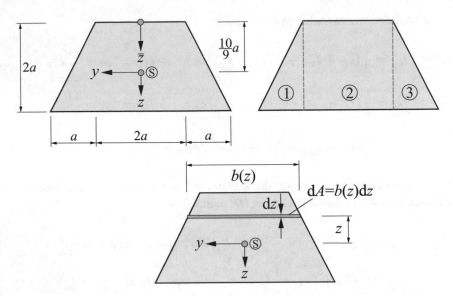

Abb. 3.13 Gegebener Querschnitt (oben links), Einteilung in Segmente (oben Mitte), infinitesimales Flächenelement (unten)

geeignete Teilflächen und Anwendung des Satzes von Steiner. Im zweiten Schritt löse man die Aufgabe durch Integration unter Verwendung des infinitesimalen Flächenelements der Abb. 3.13, unten.

Lösung
Wir teilen den Querschnitt ein in zwei Dreicke und ein Rechteck so wie in Abb. 3.13, rechts oben, gezeigt. Die Teilflächen lauten $A_1 = A_3 = a^2$ und $A_2 = 4a^2$, und die Schwerpunktkoordinaten bezüglich der $\bar{z}$−Achse sind $\bar{z}_{S,1} = \bar{z}_{S,3} = \frac{4}{3}a$ sowie $\bar{z}_{S,2} = a$. Damit folgt die Schwerpunktlage $\bar{z}_S$ für den trapezförmigen Querschnitt als:

$$\bar{z}_S = \frac{\sum_{i=1}^{3} \bar{z}_{S,i} A_i}{\sum_{i=1}^{3} A_i} = \frac{2 \cdot \frac{4}{3}a \cdot a^2 + a \cdot 4a^2}{a^2 + 4a^2 + a^2} = \frac{10}{9}a.$$

Wir verwenden nun den Satz von Steiner, um das gesuchte Flächenträgheitsmoment zu ermitteln:

$$I_{yy} = \sum_{i=1}^{3} I_{\bar{y}\bar{y},i} + \sum_{i=1}^{3} z_{S,i}^2 A_i.$$

Mit den Flächenträgheitsmomenten

$$I_{\bar{y}\bar{y},1} = I_{\bar{y}\bar{y},3} = \frac{a \cdot (2a)^3}{36} = \frac{2}{9}a^4,$$

$$I_{\bar{y}\bar{y},2} = \frac{2a \cdot (2a)^3}{12} = \frac{4}{3}a^4$$

und den Schwerpunktkoordinaten

$$z_{S,1} = z_{S,3} = \frac{2}{9}a,$$

$$z_{S,2} = -\frac{1}{9}a$$

folgt das gesuchte Flächenträgheitsmoment als:

$$\underline{\underline{I_{yy}}} = 2 \cdot \frac{2}{9}a^4 + \frac{4}{3}a^4 + 2 \cdot \left(\frac{2}{9}a\right)^2 \cdot a^2 + \left(-\frac{1}{9}a\right)^2 \cdot 4a^2 = \underline{\underline{\frac{52}{27}a^4}}. \tag{3.16}$$

Die zweite Möglichkeit der Ermittlung von I_{yy} besteht in der direkten Durchführung der Integration

$$I_{yy} = \int_A z^2 \mathrm{d}A.$$

Mit dem infinitesimalen Flächenelement $\mathrm{d}A = b(z)\mathrm{d}z$ und der Breitenfunktion $b(z) = z + \frac{28}{9}a$ folgt:

$$\underline{\underline{I_{yy}}} = \int_{-\frac{10}{9}a}^{\frac{8}{9}a} z^2 \left(z + \frac{28}{9}a\right) \mathrm{d}z$$

$$= \left(\frac{1}{4}z^4 + \frac{28}{27}az^3\right)\Big|_{-\frac{10}{9}a}^{\frac{8}{9}a}$$

$$= \underline{\underline{\frac{52}{27}a^4}}. \tag{3.17}$$

Aufgabe 3.13

Für den in Abb. 3.14 gezeigten dreieckförmigen Querschnitt wird das Flächenträgheitsmoment I_{yy} gesucht. Man ermittle das Ergebnis durch Integration bei Verwendung eines geeigneten Flächenelements.

Lösung

Aus der Integrationsvorschrift

$$I_{yy} = \int_A z^2 \mathrm{d}A$$

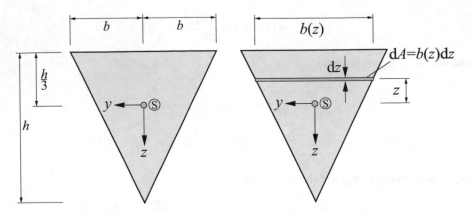

Abb. 3.14 Gegebener Querschnitt (links), infinitesimales Flächenelement (rechts)

Abb. 3.15 Gegebener
Querschnitt

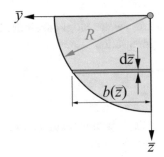

folgt mit dem infinitesimalen Flächenelement $dA = b(z)dz$ und der Breitenfunktion
$b(z) = -\frac{2b}{h}z + \frac{4}{3}b$:

$$\underline{\underline{I_{yy}}} = \int\limits_{-\frac{h}{3}}^{\frac{2}{3}h} z^2 \left(-\frac{2b}{h}z + \frac{4}{3}b \right) dz$$

$$= \left(-\frac{bz^4}{2h} + \frac{4bz^3}{9} \right) \Bigg|_{-\frac{h}{3}}^{\frac{2}{3}h}$$

$$= \underline{\underline{\frac{bh^3}{18}}}. \tag{3.18}$$

Aufgabe 3.14
Für den in Abb. 3.15 abgebildeten Viertelkreisquerschnitt mit dem Radius R wird das
Flächenträgheitsmoment $I_{\bar{y}\bar{y}}$ gesucht.

Lösung

Das gesuchte Flächenträgheitsmoment $I_{\bar{y}\bar{y}}$ folgt als:

$$I_{\bar{y}\bar{y}} = \int_A \bar{z}^2 \mathrm{d}A.$$

Das Flächenelement $\mathrm{d}A$ lässt sich ausdrücken als $\mathrm{d}A = b(\bar{z})\mathrm{d}\bar{z}$. Die Breite $b(\bar{z})$ ermitteln wir aus der Kreisgleichung

$$\bar{y}^2 + \bar{z}^2 = R^2,$$

was sich nach $\bar{y} = b(\bar{z})$ auflösen lässt:

$$\bar{y} = \sqrt{R^2 - \bar{z}^2} = b(\bar{z}).$$

Das gesuchte Flächenträgheitsmoment folgt dann zu:

$$\underline{I_{\bar{y}\bar{y}}} = \int_0^R \bar{z}^2 \sqrt{R^2 - \bar{z}^2}\mathrm{d}\bar{z}$$

$$= \left[-\frac{z}{4}\sqrt{(R^2 - z^2)^3} + \frac{R^2}{8}\left(z\sqrt{R^2 - z^2} + R^2 \arcsin\left(\frac{z}{R}\right)\right) \right]\Big|_0^R$$

$$= \underline{\frac{\pi R^4}{16}}. \tag{3.19}$$

Aufgabe 3.15

Für den achteckigen Querschnitt der Abb. 3.16, links, wird das Flächenträgheitsmoment I_{yy} gesucht.

Abb. 3.16 Gegebener Querschnitt

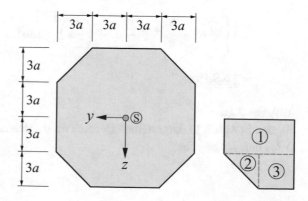

Lösung

Wir nutzen die Symmetrie des Querschnitts und betrachten nur ein Viertel des Querschnitts
(Abb. 3.16, rechts). Die Teilflächen weisen die folgenden Flächeninhalte auf:

$$A_1 = 18a^2,$$

$$A_2 = \frac{9}{2}a^2,$$

$$A_3 = 9a^2.$$

Die Schwerpunktkoordinaten der Teilflächen lauten:

$$z_{S,1} = \frac{3}{2}a,$$

$$z_{S,2} = 4a,$$

$$z_{S,3} = \frac{9}{2}a.$$

Die Flächenträgheitsmomente der Teilflächen ergeben sich als:

$$I_{\bar{y}\bar{y},1} = \frac{6a \cdot (3a)^3}{12} = \frac{27}{2}a^4,$$

$$I_{\bar{y}\bar{y},2} = \frac{3a \cdot (3a)^3}{36} = \frac{9}{4}a^4,$$

$$I_{\bar{y}\bar{y},3} = \frac{3a \cdot (3a)^3}{12} = \frac{27}{4}a^4.$$

Der Satz von Steiner ergibt dann das gesuchte Flächenträgheitsmoment I_{yy} als:

$$\underline{\underline{I_{yy}}} = 4\left[\sum_{i=1}^{3} I_{\bar{y}\bar{y},i} + \sum_{i=1}^{3} z_{S,i}^2 A_i\right]$$

$$= 4\left[\frac{27}{2}a^4 + \frac{9}{4}a^4 + \frac{27}{4}a^4 + \left(\frac{3}{2}a\right)^2 \cdot 18a^2 + (4a)^2 \cdot \frac{9}{2}a^2 + \left(\frac{9}{2}a\right)^2 \cdot 9a^2\right]$$

$$= \underline{\underline{1269a^4}}. \tag{3.20}$$

Aufgabe 3.16

Für den in Abb. 3.17 dargestellten Querschnitt werden die beiden Flächenträgheitsmomente I_{yy} und I_{zz} gesucht.

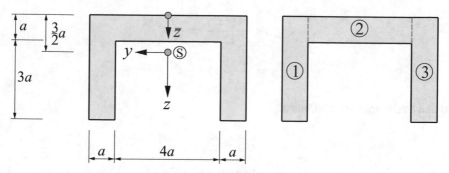

Abb. 3.17 Gegebener Querschnitt (links), Einteilung in Segmente (rechts)

Lösung

Wir ermitteln zunächst den Schwerpunkt des Querschnitts und verwenden hierzu die Einteilung in Segmente wie in Abb. 3.17, rechts, angedeutet. Da der Querschnitt einfach symmetrisch ist liegt der Schwerpunkt auf der Symmetrieachse. Die Schwerpunktkoordinate $\bar{z}_S$ ergibt sich als:

$$\bar{z}_S = \frac{\sum_{i=1}^{3} \bar{z}_{S,i} A_i}{\sum_{i=1}^{3} A_i} = \frac{2a \cdot 4a^2 + \frac{a}{2} \cdot 4a^2 + 2a \cdot 4a^2}{4a^2 + 4a^2 + 4a^2} = \frac{3}{2}a.$$

Aus dem Satz von Steiner lassen sich die beiden gesuchten Flächenträgheitsmomente I_{yy} und I_{zz} ermitteln:

$$I_{yy} = \sum_{i=1}^{3} I_{\bar{y}\bar{y},i} + \sum_{i=1}^{3} z_{S,i}^2 A_i,$$

$$I_{zz} = \sum_{i=1}^{3} I_{\bar{z}\bar{z},i} + \sum_{i=1}^{3} y_{S,i}^2 A_i.$$

Mit den Flächenträgheitsmomenten der Teilflächen

$$I_{\bar{y}\bar{y},1} = \frac{a \cdot (4a)^3}{12} = \frac{16}{3}a^4,$$

$$I_{\bar{y}\bar{y},2} = \frac{4a \cdot a^3}{12} = \frac{1}{3}a^4,$$

$$I_{\bar{y}\bar{y},3} = \frac{a \cdot (4a)^3}{12} = \frac{16}{3}a^4,$$

$$I_{\bar{z}\bar{z},1} = \frac{4a \cdot a^3}{12} = \frac{1}{3}a^4,$$

$$I_{\bar{z}\bar{z},2} = \frac{a \cdot (4a)^3}{12} = \frac{16}{3}a^4,$$

$$I_{\bar{z}\bar{z},3} = \frac{4a \cdot a^3}{12} = \frac{1}{3}a^4$$

und den Schwerpunktkoordinaten

$$z_{S,1} = \frac{a}{2},$$

$$z_{S,2} = -a,$$

$$z_{S,3} = \frac{a}{2},$$

$$y_{S,1} = \frac{5}{2}a,$$

$$y_{S,2} = 0,$$

$$y_{S,3} = -\frac{5}{2}a$$

ergeben sich die gesuchten Flächenträgheitsmomente als:

$$\underline{\underline{I_{yy}}} = 2 \cdot \frac{16}{3}a^4 + \frac{1}{3}a^4 + 2 \cdot \left(\frac{a}{2}\right)^2 \cdot 4a^2 + (-a)^2 \cdot 4a^2$$

$$= \underline{\underline{17a^4}},$$

$$\underline{\underline{I_{zz}}} = 2 \cdot \frac{1}{3}a^4 + \frac{16}{3}a^4 + \left(\frac{5}{2}a\right)^2 \cdot 4a^2 + \left(-\frac{5}{2}a\right)^2 \cdot 4a^2$$

$$= \underline{\underline{56a^4}}. \tag{3.21}$$

Aufgabe 3.17

Für den in Abb. 3.18 gezeigten Querschnitt wird das Flächenträgheitsmoment I_{yy} gesucht.

Lösung

Die Schwerpunktlage ist gegeben, so dass wir mit der in Abb. 3.18, rechts, angedeuteten Einteilung des Querschnitts in Teilflächen direkt den Satz von Steiner anwenden können:

$$I_{yy} = \sum_{i=1}^{4} I_{\bar{y}\bar{y},i} + \sum_{i=1}^{4} z_{S,i}^2 A_i.$$

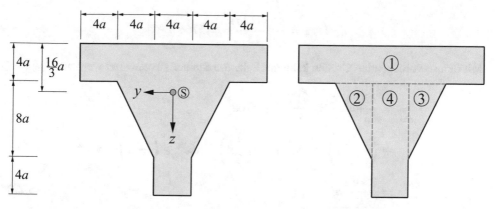

Abb. 3.18 Gegebener Querschnitt (links), Einteilung in Segmente (rechts)

Die Querschnittsflächen lauten:

$$A_1 = 80a^2,$$
$$A_2 = 16a^2,$$
$$A_3 = 16a^2,$$
$$A_4 = 48a^2.$$

Die Schwerpunktkoordinaten der Teilflächen ergeben sich als:

$$z_{S,1} = -\frac{10}{3}a,$$
$$z_{S,2} = \frac{4}{3}a,$$
$$z_{S,3} = \frac{4}{3}a,$$
$$z_{S,4} = \frac{14}{3}a.$$

Die Flächenträgheitsmomente der Teilflächen berechnen sich wie folgt:

$$I_{\bar{y}\bar{y},1} = \frac{20a \cdot (4a)^3}{12} = \frac{320}{3}a^4,$$
$$I_{\bar{y}\bar{y},2} = \frac{4a \cdot (8a)^3}{36} = \frac{512}{9}a^4,$$
$$I_{\bar{y}\bar{y},3} = \frac{4a \cdot (8a)^3}{36} = \frac{512}{9}a^4,$$

$$I_{\bar{y}\bar{y},4} = \frac{4a \cdot (12a)^3}{12} = 576a^4.$$

Mit den so vorliegenden Größen kann der Satz von Steiner ausgewertet werden:

$$\underline{\underline{I_{yy}}} = \frac{320}{3}a^4 + 2 \cdot \frac{512}{9}a^4 + 576a^4$$

$$+ \left(-\frac{10}{3}a\right)^2 \cdot 80a^2 + 2 \cdot \left(\frac{4}{3}a\right)^2 \cdot 16a^2 + \left(\frac{14}{3}a\right)^2 \cdot 48a^2$$

$$= \underline{\underline{\frac{25088}{9}a^4}}. \tag{3.22}$$

Aufgabe 3.18
Für den in Abb. 3.19 dargestellten Querschnitt werden die beiden Flächenträgheitsmomente I_{yy} und I_{zz} gesucht.

Lösung
Wir ermitteln zunächst die Schwerpunktlage, die sich mit der in Abb. 3.19 angedeuteten Einteilung in Teilflächen wie folgt ergibt:

$$\bar{z}_S = \frac{\sum_{i=1}^{3} \bar{z}_{S,i} A_i}{\sum_{i=1}^{3} A_i}.$$

Die Schwerpunktkoordinate $\bar{y}_S$ ergibt sich aufgrund der Symmetrie des Querschnitts mit dem Wert Null. Mit den Teilflächen

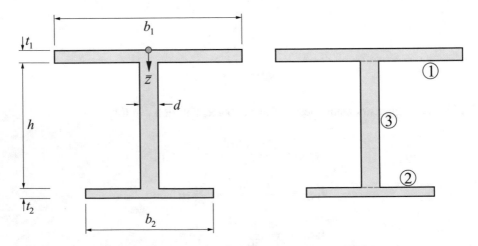

Abb. 3.19 Gegebener Querschnitt (links), Einteilung in Segmente (rechts)

$$A_1 = b_1 t_1,$$

$$A_2 = b_2 t_2,$$

$$A_3 = hd$$

und den Schwerpunktkoordinaten der Teilflächen

$$\bar{z}_{S,1} = \frac{t_1}{2},$$

$$\bar{z}_{S,2} = t_1 + h + \frac{t_2}{2},$$

$$\bar{z}_{S,3} = t_1 + \frac{h}{2}$$

folgt die Schwerpunktkoordinate $\bar{z}_S$ als:

$$\bar{z}_S = \frac{\frac{b_1 t_1^2}{2} + \left(t_1 + h + \frac{t_2}{2}\right) b_2 t_2 + \left(t_1 + \frac{h}{2}\right) hd}{b_1 t_1 + b_2 t_2 + hd}.$$

Aus dem Satz von Steiner lassen sich die beiden gesuchten Flächenträgheitsmomente I_{yy} und I_{zz} ermitteln:

$$I_{yy} = \sum_{i=1}^{3} I_{\bar{y}\bar{y},i} + \sum_{i=1}^{3} z_{S,i}^2 A_i,$$

$$I_{zz} = \sum_{i=1}^{3} I_{\bar{z}\bar{z},i} + \sum_{i=1}^{3} y_{S,i}^2 A_i.$$

Die Flächenträgheitsmomente der Teilflächen lauten:

$$I_{\bar{y}\bar{y},1} = \frac{b_1 t_1^3}{12},$$

$$I_{\bar{y}\bar{y},2} = \frac{b_2 t_2^3}{12},$$

$$I_{\bar{y}\bar{y},3} = \frac{dh^3}{12},$$

$$I_{\bar{z}\bar{z},1} = \frac{t_1 b_1^3}{12},$$

$$I_{\bar{z}\bar{z},2} = \frac{t_2 b_2^3}{12},$$

$$I_{\bar{z}\bar{z},3} = \frac{hd^3}{12}.$$

Die Koordinaten der Teilschwerpunkte ergeben sich als:

$$z_{S,1} = \frac{t_1}{2} - \bar{z}_S,$$

$$z_{S,2} = t_1 + h + \frac{t_2}{2} - \bar{z}_S,$$

$$z_{S,3} = t_1 + \frac{h}{2} - \bar{z}_S,$$

$$y_{S,i} = 0. \tag{3.23}$$

Damit kann der Satz von Steiner ausgewertet werden, und es folgt:

$$I_{yy} = \frac{b_1 t_1^3}{12} + \frac{b_2 t_2^3}{12} + \frac{dh^3}{12}$$

$$+ \left(\frac{t_1}{2} - \bar{z}_S\right)^2 b_1 t_1 + \left(t_1 + h + \frac{t_2}{2} - \bar{z}_S\right)^2 b_2 t_2 + \left(t_1 + \frac{h}{2} - \bar{z}_S\right)^2 hd,$$

$$I_{zz} = \frac{1}{12}\left(t_1 b_1^3 + t_2 b_2^3 + hd^3\right). \tag{3.24}$$

Aufgabe 3.19

Für den in Abb. 3.20 dargestellten Querschnitt sind die Hauptachsen und die Haupttträgheitsmomente zu ermitteln. Es liege ein dünnwandiger Querschnitt mit $t \ll a$ vor.

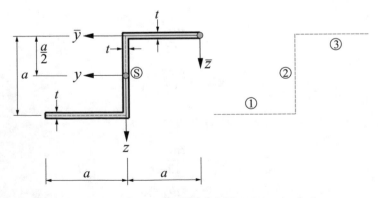

Abb. 3.20 Gegebener Querschnitt (links), Einteilung in Segmente (rechts)

Lösung

Wir ermitteln zunächst die Schwerpunktlage, die sich für diesen Querschnitt wie folgt ergibt:

$$\bar{y}_S = \frac{\sum_{i=1}^{3} \bar{y}_{S,i} A_i}{\sum_{i=1}^{3} A_i},$$

$$\bar{z}_S = \frac{\sum_{i=1}^{3} \bar{z}_{S,i} A_i}{\sum_{i=1}^{3} A_i}.$$

Mit den Teilflächen $A_1 = at$, $A_2 = at$, $A_3 = at$ und den Schwerpunktkoordinaten der Teilflächen $\bar{y}_{S,1} = \frac{3a}{2}$, $\bar{y}_{S,2} = a$, $\bar{y}_{S,3} = \frac{a}{2}$, $\bar{z}_{S,1} = a$, $\bar{z}_{S,2} = \frac{a}{2}$, $\bar{z}_{S,3} = 0$ ergibt sich daraus:

$$\bar{y}_S = \frac{\frac{3}{2}a \cdot at + a \cdot at + \frac{a}{2} \cdot at}{at + at + at} = a,$$

$$\bar{z}_S = \frac{a \cdot at + \frac{a}{2} \cdot at}{at + at + at} = \frac{a}{2}.$$

Die Flächenträgheitsmomente und das Deviationsmoment bezogen auf das $yz-$ Koordinatensystem folgen aus dem Satz von Steiner:

$$I_{yy} = \sum_{i=1}^{3} I_{\bar{y}\bar{y},i} + \sum_{i=1}^{3} z_{S,i}^2 A_i,$$

$$I_{zz} = \sum_{i=1}^{3} I_{\bar{z}\bar{z},i} + \sum_{i=1}^{3} y_{S,i}^2 A_i,$$

$$I_{yz} = \sum_{i=1}^{3} I_{\bar{y}\bar{z},i} + \sum_{i=1}^{3} y_{S,i} z_{S,i} A_i.$$

Mit den Schwerpunktlagen der Teilflächen

$$y_{S,1} = \frac{a}{2},$$

$$y_{S,2} = 0,$$

$$y_{S,3} = -\frac{a}{2},$$

$$z_{S,1} = \frac{a}{2},$$

$$z_{S,2} = 0,$$

$$z_{S,3} = -\frac{a}{2}$$

und den Flächenträgheitsmomenten der Teilflächen

$$I_{yy,1} = \frac{at^3}{12} \approx 0,$$

$$I_{yy,2} = \frac{ta^3}{12},$$

$$I_{yy,3} = \frac{at^3}{12} \approx 0,$$

$$I_{zz,1} = \frac{ta^3}{12},$$

$$I_{zz,2} = \frac{at^3}{12} \approx 0,$$

$$I_{zz,3} = \frac{ta^3}{12},$$

$$I_{yz,i} = 0$$

folgt aus dem Satz von Steiner:

$$I_{yy} = \frac{ta^3}{12} + \left(\frac{a}{2}\right)^2 \cdot at + \left(-\frac{a}{2}\right)^2 \cdot at = \frac{7}{12}ta^3,$$

$$I_{zz} = 2 \cdot \frac{ta^3}{12} + \left(\frac{a}{2}\right)^2 \cdot at + \left(-\frac{a}{2}\right)^2 \cdot at = \frac{2}{3}ta^3,$$

$$I_{yz} = \frac{a}{2} \cdot \frac{a}{2} \cdot at + \left(-\frac{a}{2}\right) \cdot \left(-\frac{a}{2}\right) \cdot at = \frac{1}{2}ta^3.$$

Der Hauptachswinkel φ_0 berechnet sich als:

$$\tan 2\varphi_0 = \frac{2I_{yz}}{I_{yy} - I_{zz}} = \frac{2 \cdot \frac{1}{2}ta^3}{\frac{2}{3}ta^3 - \frac{7}{12}ta^3} \rightarrow 12. \tag{3.25}$$

Damit folgt der Hauptachswinkel φ_0 als:

$$\underline{\underline{\varphi_0 = 42{,}62°.}} \tag{3.26}$$

Abschließend werden die Flächenträgheitsmomente und das Deviationsmoment auf die Hauptachsen transformiert:

$$\underline{\underline{I_{\xi\xi}}} = \frac{1}{2}\left(I_{yy} + I_{zz}\right) + \frac{1}{2}\left(I_{yy} - I_{zz}\right) \cos 2\varphi_0 - I_{yz} \sin 2\varphi_0$$

$$= \frac{1}{2}\left(\frac{7}{12}ta^3 + \frac{2}{3}ta^3\right) + \frac{1}{2}\left(\frac{7}{12}ta^3 - \frac{2}{3}ta^3\right)\cos 85{,}24° - \frac{1}{2}ta^3\sin 85{,}24°$$

$$= \underline{\underline{0{,}12ta^3 = I_2}},$$

$$\underline{\underline{I_{\eta\eta}}} = \frac{1}{2}\left(I_{yy} + I_{zz}\right) - \frac{1}{2}\left(I_{yy} - I_{zz}\right)\cos 2\varphi_0 + I_{yz}\sin 2\varphi_0$$

$$= \frac{1}{2}\left(\frac{7}{12}ta^3 + \frac{2}{3}ta^3\right) - \frac{1}{2}\left(\frac{7}{12}ta^3 - \frac{2}{3}ta^3\right)\cos 85{,}24° + \frac{1}{2}ta^3\sin 85{,}24°$$

$$= \underline{\underline{1{,}13ta^3 = I_1}},$$

$$\underline{\underline{I_{\xi\eta}}} = \frac{1}{2}\left(I_{yy} - I_{zz}\right)\sin 2\varphi_0 + I_{yz}\cos 2\varphi_0 = \underline{\underline{0}}. \tag{3.27}$$

Alternativ dazu kann auf die folgende Formel zur Ermittlung der Hauptträgheitsmomente zurückgegriffen werden

$$I_{1,2} = \frac{I_{yy} + I_{zz}}{2} \pm \sqrt{\left(\frac{I_{zz} - I_{yy}}{2}\right)^2 + I_{yz}^2},$$

was auf das gleiche Ergebnis für I_1 und I_2 führt.

Aufgabe 3.20

Für den in Abb. 3.21 dargestellten dünnwandigen ($t \ll a$) Querschnitt werden die Hauptachsen und die Hauptträgheitsmomente gesucht.

Abb. 3.21 Gegebener Querschnitt (links), Einteilung in Segmente (rechts)

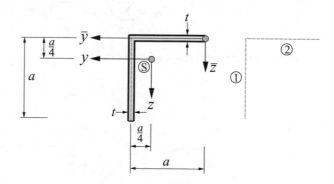

Lösung

Wir ermitteln zunächst die Schwerpunktlage wie folgt:

$$\bar{y}_S = \frac{\sum_{i=1}^{2} \bar{y}_{S,i} A_i}{\sum_{i=1}^{2} A_i},$$

$$\bar{z}_S = \frac{\sum_{i=1}^{2} \bar{z}_{S,i} A_i}{\sum_{i=1}^{2} A_i}.$$

Mit $A_1 = A_2 = at$ sowie $\bar{y}_{S,1} = a$, $\bar{y}_{S,2} = \frac{a}{2}$, $\bar{z}_{S,1} = \frac{a}{2}$, $\bar{z}_{S,2} = 0$ folgt:

$$\bar{y}_S = \frac{a^2 t + \frac{a^2 t}{2}}{2at} = \frac{3}{4}a,$$

$$\bar{z}_S = \frac{\frac{a^2 t}{2}}{2at} = \frac{1}{4}a.$$

Aus dem Satz von Steiner lassen sich die beiden Flächenträgheitsmomente I_{yy} und I_{zz} sowie das Deviationsmoment I_{yz} beschaffen:

$$I_{yy} = \sum_{i=1}^{2} I_{\bar{y}\bar{y},i} + \sum_{i=1}^{2} z_{S,i}^2 A_i,$$

$$I_{zz} = \sum_{i=1}^{2} I_{\bar{z}\bar{z},i} + \sum_{i=1}^{2} y_{S,i}^2 A_i,$$

$$I_{yz} = \sum_{i=1}^{2} I_{\bar{y}\bar{z},i} + \sum_{i=1}^{2} y_{S,i} z_{S,i} A_i.$$

Mit den Schwerpunktlagen der Teilflächen

$$y_{S,1} = \frac{a}{4},$$

$$y_{S,2} = -\frac{a}{4},$$

$$z_{S,1} = \frac{a}{4},$$

$$z_{S,2} = -\frac{a}{4}$$

und den Flächenträgheitsmomenten der Teilflächen

$$I_{\bar{y}\bar{y},1} = \frac{ta^3}{12},$$

$$I_{\bar{y}\bar{y},2} = \frac{at^3}{12} \approx 0,$$

$$I_{\bar{z}\bar{z},1} = \frac{at^3}{12} \approx 0,$$

$$I_{\bar{z}\bar{z},2} = \frac{ta^3}{12},$$

$$I_{\bar{y}\bar{z},i} = 0$$

folgt:

$$I_{yy} = \frac{ta^3}{12} + \left(\frac{a}{4}\right)^2 \cdot at + \left(-\frac{a}{4}\right)^2 \cdot at = \frac{5}{24}ta^3,$$

$$I_{zz} = \frac{ta^3}{12} + \left(-\frac{a}{4}\right)^2 \cdot at + \left(\frac{a}{4}\right)^2 \cdot at = \frac{5}{24}ta^3,$$

$$I_{yz} = \frac{a}{4} \cdot \frac{a}{4} \cdot at - \frac{a}{4} \cdot \left(-\frac{a}{4}\right) \cdot at = \frac{1}{8}ta^3.$$

Den Hauptachswinkel φ_0 bestimmen wir als:

$$\tan 2\varphi_0 = \frac{2I_{yz}}{I_{yy} - I_{zz}} = \frac{-2 \cdot \frac{1}{8}ta^3}{\frac{5}{24}ta^3 - \frac{5}{24}ta^3} \to \infty. \tag{3.28}$$

Damit ergibt sich der Hauptachswinkel φ_0 als:

$$\underline{\underline{\varphi_0 = 45°.}} \tag{3.29}$$

$$\underline{\underline{I_{\xi\xi}}} = \frac{1}{2}\left(I_{yy} + I_{zz}\right) + \frac{1}{2}\left(I_{yy} - I_{zz}\right)\cos 2\varphi_0 - I_{yz}\sin 2\varphi_0$$

$$= \frac{1}{2}\left(\frac{5}{24}ta^3 + \frac{5}{24}ta^3\right) + \frac{1}{2}\left(\frac{5}{24}ta^3 - \frac{5}{24}ta^3\right)\cos 90° - \frac{1}{8}ta^3 \sin 90°$$

$$= \underline{\underline{\frac{1}{12}ta^3 = I_2,}}$$

$$\underline{\underline{I_{\eta\eta}}} = \frac{1}{2}\left(I_{yy} + I_{zz}\right) - \frac{1}{2}\left(I_{yy} - I_{zz}\right)\cos 2\varphi_0 + I_{yz}\sin 2\varphi_0$$

$$= \frac{1}{2}\left(\frac{5}{24}ta^3 + \frac{5}{24}ta^3\right) - \frac{1}{2}\left(\frac{5}{24}ta^3 - \frac{5}{24}ta^3\right)\cos 90° + \frac{1}{8}ta^3 \sin 90°$$

$$= \underline{\underline{\frac{1}{3}ta^3 = I_1,}}$$

$$\underline{\underline{I_{\xi\eta}}} = \frac{1}{2}\left(I_{yy} - I_{zz}\right)\sin 2\varphi_0 + I_{yz}\cos 2\varphi_0 = \underline{\underline{0}}. \tag{3.30}$$

Abb. 3.22 Gegebener
Querschnitt (oben), Einteilung
in Segmente (unten)

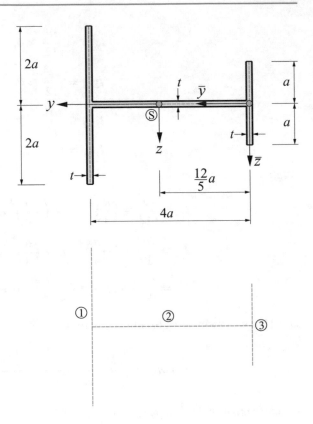

Alternativ dazu kann auf die folgende Formel zur Ermittlung der Hauptträgheitsmomente
zurückgegriffen werden

$$I_{1,2} = \frac{I_{yy} + I_{zz}}{2} \pm \sqrt{\left(\frac{I_{zz} - I_{yy}}{2}\right)^2 + I_{yz}^2},$$

was auf das gleiche Ergebnis für I_1 und I_2 führt.

Aufgabe 3.21
Für den in Abb. 3.22 dargestellten Querschnitt wird das Flächenträgheitsmoment I_{yy}
gesucht. Es handle sich um einen dünnwandigen Querschnitt mit $t << a$.

Lösung
Die Schwerpunktlage ist bekannt wie in Abb. 3.22 eingezeichnet. Das Flächenträgheitsmoment I_{yy} folgt aus dem Satz von Steiner:

$$I_{yy} = \sum_{i=1}^{2} I_{\bar{y}\bar{y},i} + \sum_{i=1}^{2} z_{S,i}^2 A_i.$$

Mit $z_{S,1} = z_{S,2} = z_{S,3} = 0$ und $A_1 = 4at$, $A_2 = 4at$, $A_3 = 2at$ sowie

$$I_{\bar{y}\bar{y},1} = \frac{t \cdot (4a)^3}{12} = \frac{16}{3}ta^3,$$

$$I_{\bar{y}\bar{y},2} = \frac{4at^3}{12} \approx 0,$$

$$I_{\bar{y}\bar{y},3} = \frac{t \cdot (2a)^3}{12} = \frac{2}{3}ta^3$$

ergibt sich:

$$\underline{\underline{I_{yy}}} = \frac{16}{3}ta^3 + \frac{2}{3}ta^3 = \underline{\underline{6ta^3}}. \tag{3.31}$$

Aufgabe 3.22

Betrachtet werde der Querschnitt der Abb. 3.23, der aus einem geraden Steg und zwei sich daran anschließenden kreisförmig gekrümmten Segmenten besteht. Gesucht wird das Flächenträgheitsmoment I_{yy}. Der Querschnitt sei als dünnwandig anzunehmen, es gelte $t \ll a$.

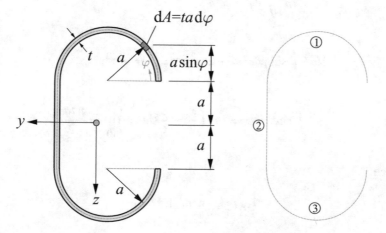

Abb. 3.23 Gegebener Querschnitt (links), Einteilung in Segmente (rechts)

Lösung

Das Flächenträgheitsmoment I_{yy} setzt sich aus den Trägheitsmomenten $I_{yy,1}$, $I_{yy,2}$, $I_{yy,3}$ zusammen:

$$I_{yy} = I_{yy,1} + I_{yy,2} + I_{yy,3}.$$

Das Flächenträgheitsmoment $I_{yy,2}$ des geraden Stegs berechnet sich als:

$$I_{yy,2} = \frac{t \cdot (2a)^3}{12} = \frac{2}{3} t a^3.$$

Wir betrachten nun den gekrümmten Teilabschnitt 1, für den sich das Flächenträgheitsmoment $I_{yy,1}$ ergibt als:

$$I_{yy,1} = \int\limits_A z^2 \mathrm{d}A.$$

Mit dem Flächenelement $\mathrm{d}A = ta\mathrm{d}\varphi$ und $z = -a - a \sin \varphi$ folgt:

$$I_{yy,1} = \int\limits_0^\pi (-a - a \sin \varphi)^2\, ta\mathrm{d}\varphi = ta^3 \int\limits_0^\pi \left(1 + 2 \sin \varphi + \sin^2 \varphi\right) \mathrm{d}\varphi.$$

Mit den Teilintegralen

$$ta^3 \int\limits_0^\pi \mathrm{d}\varphi = \pi ta^3,$$

$$2ta^3 \int\limits_0^\pi \sin \varphi \mathrm{d}\varphi = -\left. 2ta^3 \cos \varphi \right|_0^\pi = 4ta^3,$$

$$ta^3 \int\limits_0^\pi \sin^2 \varphi \mathrm{d}\varphi = \left. ta^3 \left(\frac{\varphi}{2} - \frac{1}{4} \sin 2\varphi\right) \right|_0^\pi = \frac{\pi ta^3}{2}$$

ergibt sich:

$$I_{yy,1} = \frac{3}{2} \pi ta^3 + 4ta^3. \tag{3.32}$$

Aus Symmetriegründen gilt:

$$I_{yy,3} = I_{yy,1} = \frac{3}{2} \pi ta^3 + 4ta^3. \tag{3.33}$$

Damit folgt:

$$I_{yy} = I_{yy,1} + I_{yy,2} + I_{yy,3} = ta^3 \left(\frac{26}{3} + 3\pi \right). \tag{3.34}$$

Aufgabe 3.23
Für den in Abb. 3.24 gezeigten Querschnitt werden die Hauptträgheitsmomente I_1 und I_2 gesucht.

Lösung
Die Schwerpunktlage folgt als:

$$\bar{y}_S = \frac{\sum_{i=1}^{3} \bar{y}_{S,i} A_i}{\sum_{i=1}^{3} A_i},$$

$$\bar{z}_S = \frac{\sum_{i=1}^{3} \bar{z}_{S,i} A_i}{\sum_{i=1}^{3} A_i}.$$

Mit $A_1 = 16a^2$, $A_2 = -a^2$, $A_3 = -a^2$ und $\bar{z}_{S,1} = 2a$, $\bar{z}_{S,2} = \frac{a}{2}$, $\bar{z}_{S,3} = \frac{7}{2}a$ sowie $\bar{y}_{S,1} = 2a$, $\bar{y}_{S,2} = \frac{7}{2}a$, $\bar{y}_{S,3} = \frac{a}{2}$ folgt:

$$\bar{y}_S = \frac{2a \cdot 16a^2 + \frac{7}{2}a \cdot \left(-a^2\right) + \frac{a}{2} \cdot \left(-a^2\right)}{16a^2 - a^2 - a^2} = 2a,$$

$$\bar{z}_S = \frac{2a \cdot 16a^2 + \frac{a}{2} \cdot \left(-a^2\right) + \frac{7}{2}a \cdot \left(-a^2\right)}{16a^2 - a^2 - a^2} = 2a.$$

Abb. 3.24 Gegebener Querschnitt

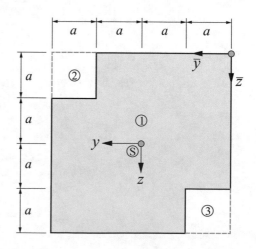

Aus dem Satz von Steiner

$$I_{yy} = \sum_{i=1}^{3} I_{\bar{y}\bar{y},i} + \sum_{i=1}^{3} z_{S,i}^2 A_i,$$

$$I_{zz} = \sum_{i=1}^{3} I_{\bar{z}\bar{z},i} + \sum_{i=1}^{3} y_{S,i}^2 A_i,$$

$$I_{yz} = \sum_{i=1}^{3} I_{\bar{y}\bar{z},i} + \sum_{i=1}^{3} y_{S,i} z_{S,i} A_i$$

lassen sich dann die Flächenträgheitsmomente I_{yy}, I_{zz} sowie das Deviationsmoment I_{yz} ermitteln, die mit

$$I_{\bar{y}\bar{y},1} = \frac{4a \cdot (4a)^3}{12} = \frac{64}{3} a^4,$$

$$I_{\bar{y}\bar{y},2} = -\frac{a^4}{12},$$

$$I_{\bar{y}\bar{y},3} = -\frac{a^4}{12},$$

$$I_{\bar{z}\bar{z},1} = \frac{4a \cdot (4a)^3}{12} = \frac{64}{3} a^4,$$

$$I_{\bar{z}\bar{z},2} = -\frac{a^4}{12},$$

$$I_{\bar{z}\bar{z},3} = -\frac{a^4}{12}$$

$$(3.35)$$

und

$$z_{S,1} = 0,$$

$$z_{S,2} = -\frac{3}{2} a,$$

$$z_{S,3} = \frac{3}{2} a,$$

$$y_{S,1} = 0,$$

$$y_{S,2} = \frac{3}{2} a,$$

$$y_{S,3} = -\frac{3}{2} a,$$

folgen als:

$$I_{yy} = \frac{64}{3}a^4 - 2 \cdot \frac{a^4}{12} + \left(-\frac{3}{2}a\right)^2 \cdot (-a^2) + \left(\frac{3}{2}a\right)^2 \cdot (-a^2) = \frac{50}{3}a^4,$$

$$I_{zz} = \frac{64}{3}a^4 - 2 \cdot \frac{a^4}{12} + \left(\frac{3}{2}a\right)^2 \cdot (-a^2) + \left(-\frac{3}{2}a\right)^2 \cdot (-a^2) = \frac{50}{3}a^4,$$

$$I_{yz} = \frac{3}{2}a \cdot \left(-\frac{3}{2}a\right) \cdot (-a^2) + \left(-\frac{3}{2}a\right) \cdot \frac{3}{2}a \cdot (-a^2) = \frac{9}{2}a^4.$$

Den Hauptachswinkel φ_0 bestimmen wir wie folgt:

$$\tan 2\varphi_0 = \frac{2I_{yz}}{I_{zz} - I_{yy}} = \frac{2 \cdot \frac{9}{2}a^4}{\frac{127}{6}a^4 - \frac{127}{6}a^4} \to \infty.$$

Damit folgt der Hauptachswinkel φ_0 zu:

$$\underline{\underline{\varphi_0 = 45°.}} \tag{3.36}$$

Wir führen nun die Hauptachsentransformation durch und erhalten:

$$\underline{\underline{I_{\xi\xi}}} = \frac{1}{2}\left(I_{yy} + I_{zz}\right) + \frac{1}{2}\left(I_{yy} - I_{zz}\right)\cos 2\varphi_0 - I_{yz}\sin 2\varphi_0$$

$$= \frac{1}{2}\left(\frac{50}{3}a^4 + \frac{50}{3}a^4\right) + \frac{1}{2}\left(\frac{50}{3}a^4 - \frac{50}{3}a^4\right)\cos 90° - \frac{9}{2}a^4\sin 90°$$

$$= \underline{\underline{\frac{73}{6}a^4}} = I_2,$$

$$\underline{\underline{I_{\eta\eta}}} = \frac{1}{2}\left(I_{yy} + I_{zz}\right) - \frac{1}{2}\left(I_{yy} - I_{zz}\right)\cos 2\varphi_0 + I_{yz}\sin 2\varphi_0$$

$$= \frac{1}{2}\left(\frac{50}{3}a^4 + \frac{50}{3}a^4\right) - \frac{1}{2}\left(\frac{50}{3}a^4 - \frac{50}{3}a^4\right)\cos 90° + \frac{9}{2}a^4\sin 90°$$

$$= \underline{\underline{\frac{127}{6}a^4}} = I_1,$$

$$\underline{\underline{I_{\xi\eta}}} = \frac{1}{2}\left(I_{yy} - I_{zz}\right)\sin 2\varphi_0 + I_{yz}\cos 2\varphi_0 = \underline{\underline{0}}. \tag{3.37}$$

Aufgabe 3.24

Für den in Abb. 3.25 dargestellten Querschnitt werden die Hauptträgheitsmomente gesucht.

Abb. 3.25 Gegebener
Querschnitt

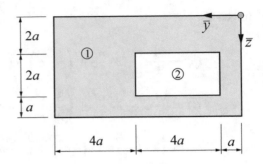

Lösung
Wir ermitteln zunächst die Schwerpunktlage, die sich wie folgt ergibt:

$$\bar{y}_S = \frac{\sum_{i=1}^{2} \bar{y}_{S,i} A_i}{\sum_{i=1}^{2} A_i},$$

$$\bar{z}_S = \frac{\sum_{i=1}^{2} \bar{z}_{S,i} A_i}{\sum_{i=1}^{2} A_i}.$$

Mit $A_1 = 9a \cdot 5a = 45a^2$ und $A_2 = -4a \cdot 2a = -8a^2$ sowie $\bar{z}_{S,1} = \frac{5}{2}a$, $\bar{z}_{S,2} = 3a$, $\bar{y}_{S,1} = \frac{9}{2}a$, $\bar{y}_{S,2} = 3a$ folgt daraus:

$$\bar{y}_S = \frac{\frac{9}{2}a \cdot 45a^2 + 3a \cdot (-8a^2)}{45a^2 - 8a^2} = 4,82a,$$

$$\bar{z}_S = \frac{\frac{5}{2}a \cdot 45a^2 + 3a \cdot (-8a^2)}{45a^2 - 8a^2} = 2,39a.$$

Aus dem Satz von Steiner

$$I_{yy} = \sum_{i=1}^{2} I_{\bar{y}\bar{y},i} + \sum_{i=1}^{2} z_{S,i}^2 A_i,$$

$$I_{zz} = \sum_{i=1}^{2} I_{\bar{z}\bar{z},i} + \sum_{i=1}^{2} y_{S,i}^2 A_i,$$

$$I_{yz} = \sum_{i=1}^{2} I_{\bar{y}\bar{z},i} + \sum_{i=1}^{2} y_{S,i} z_{S,i} A_i$$

sind die Flächenträgheitsmomente I_{yy}, I_{zz} und das Deviationsmoment I_{yz} berechenbar, die mit

$$I_{\bar{y}\bar{y},1} = \frac{9a \cdot (5a)^3}{12} = 93{,}75a^4,$$

$$I_{\bar{y}\bar{y},2} = -\frac{4a \cdot (2a)^3}{12} = -\frac{8}{3}a^4,$$

$$I_{\bar{z}\bar{z},1} = \frac{5a \cdot (9a)^3}{12} = 303{,}75a^4,$$

$$I_{\bar{z}\bar{z},2} = -\frac{2a \cdot (4a)^3}{12} = -\frac{32}{3}a4$$

und

$$z_{S,1} = 0{,}11a,$$

$$z_{S,2} = 0{,}61a,$$

$$y_{S,1} = -0{,}32a,$$

$$y_{S,2} = -1{,}82a,$$

folgen als:

$$I_{yy} = 88{,}65a^4,$$

$$I_{zz} = 271{,}19a^4,$$

$$I_{yz} = 7{,}30a^4.$$

Der Hauptachswinkel φ_0 berechnet sich als:

$$\tan 2\varphi_0 = \frac{2I_{yz}}{I_{zz} - I_{yy}} = \frac{2 \cdot 7{,}30a^4}{271{,}19a^4 - 88{,}65a^4} = 0{,}08.$$

Damit folgt φ_0 zu:

$$\underline{\underline{\varphi_0 = 2{,}29^\circ}}. \tag{3.38}$$

Die Hauptachsentransformation ergibt:

$$\underline{\underline{I_{\xi\xi}}} = \frac{1}{2}\left(I_{yy} + I_{zz}\right) + \frac{1}{2}\left(I_{yy} - I_{zz}\right)\cos 2\varphi_0 - I_{yz}\sin 2\varphi_0$$

$$= \frac{1}{2}\left(88{,}65 + 271{,}19\right) + \frac{1}{2}\left(88{,}65 - 271{,}19\right)\cos 4{,}57^\circ - 7{,}30a^4 \sin 4{,}57^\circ$$

$$= \underline{\underline{88{,}36a^4}} = I_2,$$

$$\underline{\underline{I_{\eta\eta}}} = \frac{1}{2}\left(I_{yy} + I_{zz}\right) - \frac{1}{2}\left(I_{yy} - I_{zz}\right)\cos 2\varphi_0 + I_{yz}\sin 2\varphi_0$$

$$= \frac{1}{2}\left(88{,}65 + 271{,}19\right) - \frac{1}{2}\left(88{,}65 - 271{,}19\right)\cos 4{,}57° + 7{,}30a^4\sin 4{,}57°$$

$$= \underline{\underline{271{,}48a^4}} = I_1,$$

$$\underline{\underline{I_{\xi\eta}}} = \frac{1}{2}\left(I_{yy} - I_{zz}\right)\sin 2\varphi_0 + I_{yz}\cos 2\varphi_0 = \underline{\underline{0}}. \tag{3.39}$$

Aufgabe 3.25

Für den in Abb. 3.26 gegebenen Querschnitt werden der Hauptachswinkel φ_0 und die Hauptträgheitsmomente I_1 und I_2 gesucht.

Lösung

Wir ermitteln zunächst die Schwerpunktlage wie folgt:

$$\bar{y}_S = \frac{\sum_{i=1}^{3} \bar{y}_{S,i}A_i}{\sum_{i=1}^{3} A_i},$$

$$\bar{z}_S = \frac{\sum_{i=1}^{3} \bar{z}_{S,i}A_i}{\sum_{i=1}^{3} A_i}.$$

Hierin sind die Flächeninhalte der Teilflächen:

$$A_1 = 5a^2,$$

$$A_2 = a^2,$$

$$A_3 = 4a^2.$$

Abb. 3.26 Gegebener
Querschnitt (links), Einteilung
in Segmente (rechts)

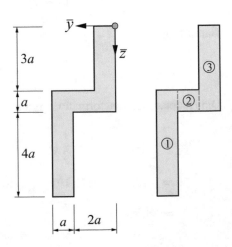

Die Koordinaten der Schwerpunkte der Teilflächen lauten:

$$\bar{z}_{S,1} = \frac{11}{2}a,$$

$$\bar{z}_{S,2} = \frac{7}{2}a,$$

$$\bar{z}_{S,3} = 2a,$$

$$\bar{y}_{S,1} = \frac{5}{2}a,$$

$$\bar{y}_{S,2} = \frac{3}{2}a,$$

$$\bar{y}_{S,3} = \frac{a}{2}.$$

Damit folgt:

$$\bar{y}_S = \frac{8}{5}a,$$

$$\bar{z}_S = \frac{39}{10}a.$$

Aus dem Satz von Steiner

$$I_{yy} = \sum_{i=1}^{3} I_{\bar{y}\bar{y},i} + \sum_{i=1}^{3} z_{S,i}^2 A_i,$$

$$I_{zz} = \sum_{i=1}^{3} I_{\bar{z}\bar{z},i} + \sum_{i=1}^{3} y_{S,i}^2 A_i,$$

$$I_{yz} = \sum_{i=1}^{3} I_{\bar{y}\bar{z},i} + \sum_{i=1}^{3} y_{S,i} z_{S,i} A_i$$

lassen sich die Flächenträgheitsmomente I_{yy}, I_{zz} und das Deviationsmoment I_{yz} ermitteln. Mit

$$I_{\bar{y}\bar{y},1} = \frac{125}{12}a^4,$$

$$I_{\bar{y}\bar{y},2} = \frac{a^4}{12},$$

$$I_{\bar{y}\bar{y},3} = \frac{16}{3}a^4,$$

$$I_{\bar{z}\bar{z},1} = \frac{5}{12}a^4,$$

$$I_{\bar{z}\bar{z},2} = \frac{a^4}{12},$$

$$I_{\bar{z}\bar{z},3} = \frac{1}{3}a^4$$

und

$$z_{S,1} = \frac{8}{5}a,$$

$$z_{S,2} = -\frac{2}{5}a,$$

$$z_{S,3} = -\frac{19}{10}a,$$

$$y_{S,1} = \frac{9}{10}a,$$

$$y_{S,2} = -\frac{1}{10}a,$$

$$y_{S,3} = -\frac{11}{10}a$$

folgt:

$$I_{yy} = \frac{1297}{30}a^4,$$

$$I_{zz} = \frac{292}{30}a^4,$$

$$I_{yz} = \frac{78}{5}a^4.$$

Der Hauptachswinkel ergibt sich aus:

$$\tan 2\varphi_0 = \frac{2I_{yz}}{I_{zz} - I_{yy}} = -0{,}93.$$

Damit lässt sich φ_0 ermitteln als:

$$\underline{\varphi_0 = -21{,}48°}. \tag{3.40}$$

Wir ermitteln die Hauptträgheitsmomente durch Transformation auf das Hauptachsensystem:

$$I_{\xi\xi} = \frac{1}{2}\left(I_{yy} + I_{zz}\right) + \frac{1}{2}\left(I_{yy} - I_{zz}\right)\cos 2\varphi_0 - I_{yz}\sin 2\varphi_0$$

$$\underline{\underline{\phantom{I_{\xi\xi}}}} = 49{,}37a^4 = I_1,$$

$$I_{\eta\eta} = \frac{1}{2}\left(I_{yy} + I_{zz}\right) - \frac{1}{2}\left(I_{yy} - I_{zz}\right)\cos 2\varphi_0 + I_{yz}\sin 2\varphi_0$$

$$\underline{\underline{\phantom{I_{\eta\eta}}}} = 3{,}59a^4 = I_2,$$

$$I_{\xi\eta} = \frac{1}{2}\left(I_{yy} - I_{zz}\right)\sin 2\varphi_0 + I_{yz}\cos 2\varphi_0 = \underline{\underline{0}}. \tag{3.41}$$

Aufgabe 3.26

Für den in Abb. 3.27 gezeigten Querschnitt wird das Flächenträgheitsmoment I_{yy} gesucht. Die Schwerpunktlage ist bekannt mit $\bar{y}_S = 1{,}5a$ und $\bar{z}_S = 0$.

Lösung

Wir verwenden zur Ermittlung von I_{yy} den Satz von Steiner:

$$I_{yy} = \sum_{i=1}^{8} I_{\bar{y}\bar{y},i} + \sum_{i=1}^{8} z_{S,i}^2 A_i.$$

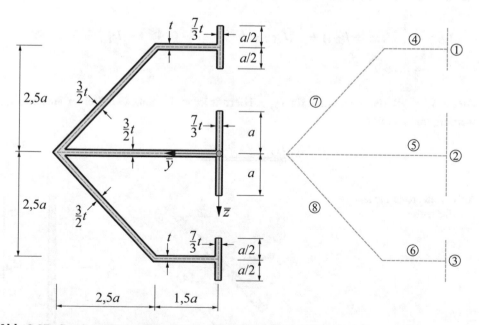

Abb. 3.27 Gegebener Querschnitt (links), Einteilung in Segmente (rechts)

Hierin sind:

$$I_{\bar{y}\bar{y},1} = \frac{7}{36}ta^3,$$

$$I_{\bar{y}\bar{y},2} = \frac{14}{9}ta^3,$$

$$I_{\bar{y}\bar{y},3} = \frac{7}{36}ta^3,$$

$$I_{\bar{y}\bar{y},4} \approx 0,$$

$$I_{\bar{y}\bar{y},5} \approx 0,$$

$$I_{\bar{y}\bar{y},6} \approx 0.$$

Für das Trägheitsmoment $I_{\bar{y}\bar{y},7}$ ist eine Koordinatentransformation durchzuführen (Abb. 3.28). Hierzu berechnen wir zunächst die Flächenträgheitsmomente der ungedrehten Konfiguration (Abb. 3.28, rechts) als:

$$I_{\hat{y}\hat{y},7} = 5{,}55ta^3,$$

$$I_{\hat{z}\hat{z},7} \approx 0,$$

$$I_{\hat{y}\hat{z},7} = 0.$$

Aus der Koordinatentransformation auf die Achsen $\bar{y}_7$ und $\bar{z}_7$ folgt:

$$I_{\bar{y}\bar{y},7} = \frac{1}{2}\left(I_{\hat{y}\hat{y},7} + I_{\hat{z}\hat{z},7}\right) + \frac{1}{2}\left(I_{\hat{y}\hat{y},7} - I_{\hat{z}\hat{z},7}\right)\cos 2\cdot(-45°) - I_{\hat{y}\hat{z},7}\sin 2\cdot(-45°)$$

$$= 2{,}78ta^3.$$

Dieser Wert gilt dann ebenfalls für $I_{\bar{y}\bar{y},8}$. Hiermit kann der Satz von Steiner ausgewertet werden, und es folgt:

$$\underline{\underline{I_{yy} = 71{,}98ta^3}}. \tag{3.42}$$

Abb. 3.28 Koordinatentransformation

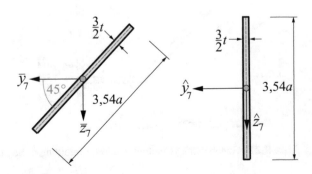

Aufgabe 3.27

Betrachtet werden die Querschnitte aus Aufgabe 3.9 und Aufgabe 3.10 (in Abb. 3.29 erneut dargestellt). Es gelte $a = 20t$. Die beiden Flächenträgheitsmomente sind bekannt als $I_{yy,1} = \frac{2}{3}ta^3 = \frac{16000}{3}t^4$ und $I_{yy,2} = \frac{a^4}{12} = \frac{40000}{3}t^4$. Gegeben sei eine zulässige Normalspannung σ_{zul}, es wirke ein Biegemoment M_y. Wie groß ist das zulässige Biegemoment für die beiden Querschnitte?

Lösung

Für die Spannungsermittlung gilt für den vorliegenden Fall der einachsigen Biegung:

$$\sigma_{xx} = \frac{M_y}{I_{yy}}z,$$

so dass wir das folgende Kriterium zur Ermittlung des zulässigen Biegemoments formulieren können:

$$\frac{M_y}{I_{yy}}|z_{max}| \leq \sigma_{zul}.$$

Dieser Ausdruck lässt sich nach dem Biegemoment M_y umformen:

$$M_y \leq \frac{\sigma_{zul}I_{yy}}{|z_{max}|} = M_{zul}.$$

Für beide hier betrachteten Querschnitte gilt

$$|z_{max}| = \frac{a}{\sqrt{2}} = 10\sqrt{2}t.$$

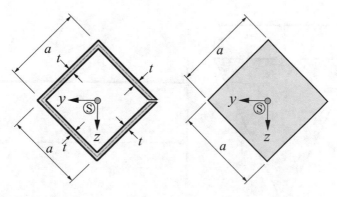

Abb. 3.29 Gegebene Querschnitte

Für Querschnitt 1 erhalten wir:

$$M_y \leq \frac{\sigma_{zul} \cdot \frac{16000}{3}t^4}{10\sqrt{2}t} = \frac{1600}{3\sqrt{2}}\sigma_{zul}t^3 = M_{zul,1}. \tag{3.43}$$

Für Querschnitt 2 folgt:

$$M_y \leq \frac{\sigma_{zul} \cdot \frac{40000}{3}t^4}{10\sqrt{2}t} = \frac{4000}{3\sqrt{2}}\sigma_{zul}t^3 = M_{zul,2}. \tag{3.44}$$

Demnach weist Querschnitt 2 eine höhere Tragfähigkeit auf.

Aufgabe 3.28

Betrachtet werde der Kragarm der Abb. 3.30, rechts, der den Querschnitt aus Aufgabe 3.13 aufweise (in Abb. 3.30 erneut dargestellt). Es gelte $A = bh$ und $I_{yy} = \frac{bh^3}{18}$. Der Kragarm der Länge l werde durch eine exzentrische Druckkraft F_0 (Ausmitte e) belastet. Die sich einstellenden Schnittgrößen sind die Normalkraft $N = -F_0$ und $M_y = F_0 e$. Gesucht wird die Normalspannung am oberen und am unteren Rand des gegebenen Querschnitts. Wie groß muss die Ausmitte e sein, damit am unteren Querschnittsrand die Normalspannung σ_{xx} zu Null wird?

Lösung

Die Normalspannung σ_{xx} ergibt sich für die gegebene Situation (gerade Biegung mit Normalkraft) wie folgt:

$$\sigma_{xx} = \frac{N}{A} + \frac{M_y}{I_{yy}}z = -\frac{F_0}{bh} + \frac{18F_0e}{bh^3}z.$$

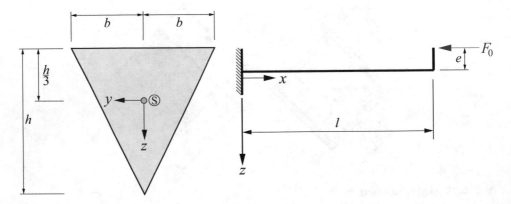

Abb. 3.30 Gegebener Querschnitt (links), statisches System (rechts)

Auswerten an den Querschnittsrändern bei $z = -\frac{h}{3}$ und $z = \frac{2h}{3}$ ergibt die folgenden Spannungswerte:

$$\underline{\underline{\sigma_{xx}\left(z = -\frac{h}{3}\right)}} = -\frac{F_0}{bh} - \frac{18F_0e}{bh^3}\cdot\frac{h}{3} = \underline{\underline{-\frac{F_0}{bh}\left(1 + \frac{6e}{h}\right)}},$$

$$\underline{\underline{\sigma_{xx}\left(z = \frac{2h}{3}\right)}} = -\frac{F_0}{bh} + \frac{18F_0e}{bh^3}\cdot\frac{2h}{3} = \underline{\underline{-\frac{F_0}{bh}\left(1 - \frac{12e}{h}\right)}}. \qquad (3.45)$$

Zur Ermittlung der Ausmitte e so, dass sich am unteren Querschnittsrand die Normalspannung zu Null ergibt, wird der ermittelte Ausdruck für $\sigma_{xx}\left(z = \frac{2h}{3}\right)$ zu Null gesetzt:

$$-\frac{F_0}{bh}\left(1 - \frac{12e}{h}\right) = 0.$$

Dieser Ausdruck kann nach e umgeformt werden, und man erhält:

$$\underline{\underline{e = \frac{h}{12}}}. \qquad (3.46)$$

Aufgabe 3.29

Betrachtet werden die beiden Querschnitte aus Aufgabe 3.5 (in Abb. 3.31 erneut dargestellt). Die beiden Querschnitte werden durch das Biegemoment $M_y = M_0$ beansprucht. Das Flächenträgheitsmoment I_{yy} des Querschnitts der Abb. 3.31, links, ist bekannt als:

$$I_{yy} = \left(2 + \frac{\pi}{2}\right)ta^3.$$

Abb. 3.31 Gegebene Querschnitte

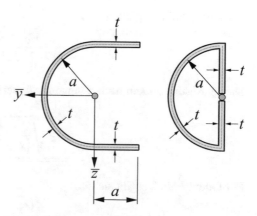

Für den Querschnitt der Abb. 3.31, rechts, lautet das Flächenträgheitsmoment I_{yy}:

$$I_{yy} = \frac{1}{6}\,(4 + 3\pi)\,ta^3.$$

Man bearbeite die folgenden Aufgabenteile:

1) In welchem Querschnitt tritt die maximale Biegespannung auf?
2) Wie groß muss a sein, damit die Biegespannung einen zulässigen Wert σ_{zul} nicht überschreitet?

Lösung
Zu 1): Die maximale Normalspannung ergibt sich für beide Querschnitte als:

$$|\sigma_{max}| = \frac{M_0}{I_{yy}}a.$$

Für Querschnitt 1 folgt:

$$|\sigma_{max}| = \frac{M_0}{\left(2 + \frac{\pi}{2}\right)ta^2} = 0{,}28\frac{M_0}{ta^2}. \tag{3.47}$$

An Querschnitt 2 folgt:

$$|\sigma_{max}| = \frac{6M_0}{(4 + 3\pi)\,ta^2} = 0{,}45\frac{M_0}{ta^2}. \tag{3.48}$$

Querschnitt 2 ist demnach höher als Querschnitt 1 beansprucht.
   Zu 2): Das hier anzusetzende Kriterium lautet:

$$|\sigma_{max}| \le \sigma_{zul}.$$

Für Querschnitt 1 erhalten wir:

$$\frac{M_0}{\left(2 + \frac{\pi}{2}\right)ta^2} \le \sigma_{zul}.$$

Dieser Ausdruck kann nach a umgeformt werden als:

$$a \ge \sqrt{\frac{M_0}{\left(2 + \frac{\pi}{2}\right)t\sigma_{zul}}}. \tag{3.49}$$

Für Querschnitt 2 ergibt sich:

$$\frac{6M_0}{(4 + 3\pi)\,ta^2} \le \sigma_{zul}.$$

Auflösen nach a liefert:

$$a \geq \sqrt{\frac{6M_0}{(4+3\pi)\,t\sigma_{zul}}}.$$ (3.50)

Aufgabe 3.30

Betrachtet wird der Querschnitt aus Aufgabe 3.7 (in Abb. 3.32 erneut dargestellt). Der Querschnitt werde durch die Biegemomente $M_y = 2M_0$ und $M_z = -M_0$ beansprucht. Die Flächenträgheitsmomente I_{yy} und I_{zz} sind bekannt als:

$$I_{yy} = 4th^2\left(\frac{1}{3}h + a\right),$$

$$I_{zz} = 4ta^2\left(\frac{1}{3}a + h\right).$$

Man bestimme die Normalspannungsverteilung und die Spannungsnulllinie und stelle den Spannungsverlauf für den Sonderfall $a = h$ graphisch dar.

Lösung

Für den hier gegebenen Fall der Doppelbiegung ohne Normalkraft ergibt sich die Normalspannung σ_{xx} als:

$$\sigma_{xx} = \frac{M_y}{I_{yy}}z - \frac{M_z}{I_{zz}}y.$$

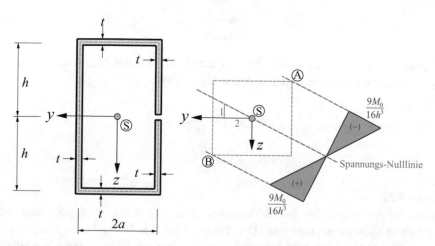

Abb. 3.32 Gegebener Querschnitt (links), Spannungsverteilung für $h = a$ (rechts)

Auswerten mit den gegebenen Werten ergibt:

$$\sigma_{xx} = \frac{M_0}{4t} \left(\frac{2z}{h^2 \left(\frac{1}{3}h + a \right)} + \frac{y}{a^2 \left(\frac{1}{3}a + h \right)} \right). \tag{3.51}$$

Durch Nullsetzen dieses Ausdrucks lässt sich y als Funktion von z darstellen, und die Gleichung der Spannungsnulllinie kann angegeben werden als:

$$y = -2z \frac{a^2 \left(\frac{1}{3}a + h \right)}{h^2 \left(\frac{1}{3}h + a \right)}. \tag{3.52}$$

Der Ausdruck (3.51) für die Normalspannung σ_{xx} wird an den Eckpunkten des Querschnitts ausgewertet:

$$\sigma_{xx} \left(y = \pm a, z = \pm h \right) = \frac{M_0}{4t} \left(\pm \frac{2}{h \left(\frac{1}{3}h + a \right)} \pm \frac{1}{a \left(\frac{1}{3}a + h \right)} \right).$$

Für den Sonderfall $a = h$ lautet die Spannungsverteilung

$$\sigma_{xx} = \frac{3M_0}{16h^4} \left(2z + y \right), \tag{3.53}$$

und die Spannungsnulllinie ergibt sich als:

$$z = -\frac{y}{2}. \tag{3.54}$$

Die Spannungsverteilung ist in Abb. 3.32 dargestellt. Die Maximalwerte der Normalspannung σ_{xx} ergeben sich in den Punkten A und B wie folgt:

$$\sigma_{xx,A} = -\frac{9M_0}{16h^3},$$

$$\sigma_{xx,B} = \frac{9M_0}{16h^3}.$$

Aufgabe 3.31

Gegeben ist der Träger der Abb. 3.33, rechts oben, der den in Abb. 3.33, links oben, dargestellten Querschnitt aufweist. Der Träger wird durch die Normalkraft N_0 und die quer zum Träger wirkende Einzelkraft F_0 belastet, die sich dadurch einstellenden

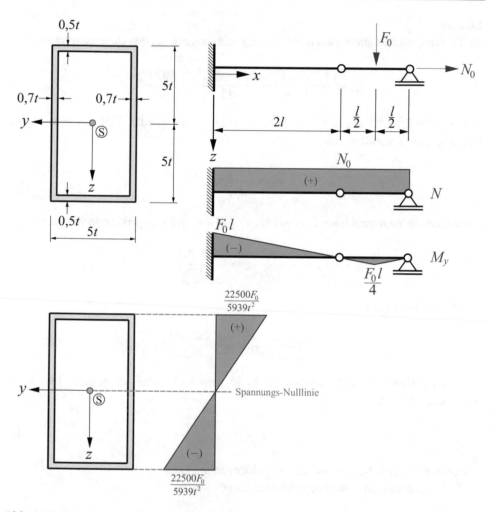

Abb. 3.33 Gegebener Querschnitt (links), statisches System und Zustandslinien (rechts), Spannungsverteilung (unten)

Zustandslinien sind ebenfalls in Abb. 3.33 gezeigt. Es gelte $l = 150t$. Man bearbeite die folgenden Aufgabenteile:

1) Man ermittle den Verlauf der Biegespannung σ_{xx} an der Stelle der höchsten Beanspruchung. Für diesen Aufgabenteil gelte für die Normalkraft $N_0 = 0$.
2) Man bestimme N_0 so, dass im gesamten Querschnitt gerade keine Druckspannungen auftreten.

Lösung

Zu 1): Wir ermitteln zunächst das Flächenträgheitsmoment I_{yy} des Querschnitts:

$$I_{yy} = \frac{5t \cdot (10t)^3}{12} - \frac{3{,}6t \cdot (9t)^3}{12} = \frac{5939}{30}t^4.$$

Die Spannungsverteilung ergibt sich für den hier vorliegenden Fall der einachsigen Biegung ohne Normalkraft als:

$$\sigma_{xx} = \frac{M_y}{I_{yy}}z.$$

Die maximale Beanspruchung liegt mit $M_y = -F_0l$ an der Einspannstelle vor, so dass:

$$\underline{\underline{\sigma_{xx}}} = -\frac{F_0l}{\frac{5939}{30}t^4}z = \underline{\underline{-\frac{4500F_0}{5939t^3}z}}. \tag{3.55}$$

Die Randwerte lauten:

$$\sigma_{xx} = \mp\frac{4500F_0}{5939t^3}5t = \mp\frac{22500F_0}{5939t^2}.$$

Der sich einstellende Spannungsverlauf ist in Abb. 3.33, unten, dargestellt. Die Spannungsnulllinie lautet hier

$$\underline{\underline{z = 0,}} \tag{3.56}$$

wie man sich durch Nullsetzen von (3.55) klarmachen kann.

Zu 2): Das hier anzusetzende Kriterium lautet:

$$\sigma_{xx}(z = 5t) = 0.$$

Zur Spannungsberechnung wird nun auch die Querschnittsfläche A benötigt. Sie ergibt sich als:

$$A = 5t \cdot 10t - 3{,}6t \cdot 9t = 17{,}6t^2.$$

Die Spannungsverteilung lautet an der Stelle der größten Beanspruchung mit vorliegender Normaklkraft N_0:

$$\sigma_{xx} = \frac{N_0}{17{,}6t^2} - \frac{4500F_0}{5939t^3}z. \tag{3.57}$$

An der Stelle $z = 5t$ folgt:

$$\sigma_{xx} = \frac{N_0}{17,6t^2} - \frac{4500F_0}{5939t^3} \cdot 5t = \frac{N_0}{17,6t^2} - \frac{22500F_0}{5939t^2}. \tag{3.58}$$

Nullsetzen dieses Ausdrucks erlaubt es, die Normalkraft N_0 abhängig von der Kraft F_0 so darzustellen, dass gerade keine Druckspannungen im Querschnitt am Einspannpunkt auftreten:

$$N_0 = \frac{396000}{5939} F_0. \tag{3.59}$$

Aufgabe 3.32

Betrachtet werde der Querschnitt der Abb. 3.34, links. Es liege ein unter dem Winkel $\alpha = 30°$ zur y−Achse wirkendes Biegemoment M_0 vor. Gesucht wird die Biegespannungsverteilung.

Lösung

Wir ermitteln zunächst den Schwerpunkt des Querschnitts, gemessen an der $\bar{z}$−Achse (aufgrund der einfachen Symmetrie ist $\bar{y}_S = 0$). Die Schwerpunktberechnung ergibt:

$$\bar{z}_S = \frac{\sum_{i=1}^{3} \bar{z}_{S,i} A_i}{\sum_{i=1}^{3} A_i} = \frac{1,5t \cdot 8,0t \cdot 0,75t + 1,2t \cdot 7,0t \cdot 5,0t + 3,2t \cdot 1,5t \cdot 9,25t}{1,5t \cdot 8,0t + 1,2t \cdot 7,0t + 3,2t \cdot 1,5t} = 3,79t.$$

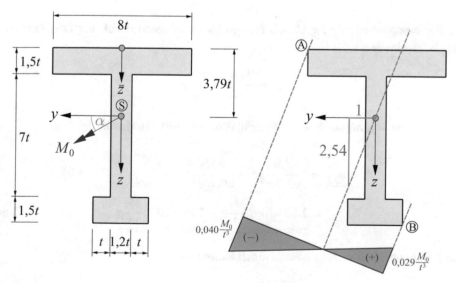

Abb. 3.34 Gegebener Querschnitt (links), Spannungsverteilung (rechts)

Die beiden hier notwendigen Flächenträgheitsmomente ergeben sich als:

$$I_{yy} = \sum_{i=1}^{3} I_{\bar{y}\bar{y},i} + \sum_{i=1}^{3} z_{S,i}^2 A_i$$

$$= \frac{8,0t \cdot (1,5t)^3}{12} + \frac{1,2t \cdot (7,0t^3)}{12} + \frac{3,2t \cdot (1,5t)^3}{12}$$

$$+ (3,79t - 0,75t)^2 \cdot 8,0t \cdot 1,5t + (5,0t - 3,79t)^2 \cdot 1,2t \cdot 7,0t$$

$$+ (9,25t - 3,79t)^2 \cdot 3,2t \cdot 1,5t$$

$$= 303,74t^4,$$

$$I_{zz} = \sum_{i=1}^{3} I_{\bar{z}\bar{z},i} + \sum_{i=1}^{3} y_{S,i}^2 A_i$$

$$= \frac{1,5t \cdot (8,0t)^3}{12} + \frac{7,0t \cdot (1,2t)^3}{12} + \frac{1,5t \cdot (3,2t)^3}{12} = 69,10t^4.$$

Das Biegemoment M_0 wird aufgeteilt in Komponenten bezüglich der y–Achse und der z–Achse:

$$M_y = M_0 \cos 30° = \frac{\sqrt{3}}{2} M_0,$$

$$M_z = M_0 \sin 30° = \frac{1}{2} M_0.$$

Die Spannungsverteilung ergibt sich für den hier vorliegenden Fall der Doppelbiegung ohne Normalkraft als:

$$\sigma_{xx} = \frac{M_y}{I_{yy}} z - \frac{M_z}{I_{zz}} y.$$

Einsetzen von M_y, M_z sowie I_{yy}, I_{zz} ergibt den folgenden Ausdruck:

$$\underline{\sigma_{xx}} = \frac{\frac{\sqrt{3}}{2} M_0}{303,74t^4} z - \frac{\frac{1}{2} M_0}{69,10t^4} y$$

$$= 2,85 \cdot 10^{-3} \frac{M_0}{t^4} z - 7,24 \cdot 10^{-3} \frac{M_0}{t^4} y. \tag{3.60}$$

Die Spannungsnulllinie folgt hieraus durch Nullsetzen:

$$\underline{z = 2,54y.} \tag{3.61}$$

Der Spannungsverlauf ist in Abb. 3.34, rechts, dargestellt. Die maximalen Spannungen ergeben sich in denjenigen Punkten, die am weitesten von der Spannungsnulllinie entfernt sind, hier die Punkte A und B. Die entsprechenden Spannungswerte lauten:

$$\sigma_{xx,A} = 2,85 \cdot 10^{-3} \frac{M_0}{t^4} \cdot (-3,79t) - 7,24 \cdot 10^{-3} \frac{M_0}{t^4} \cdot 4,0t = -0,040 \frac{M_0}{t^3},$$

$$\sigma_{xx,B} = 2,85 \cdot 10^{-3} \frac{M_0}{t^4} \cdot 6,21t - 7,24 \cdot 10^{-3} \frac{M_0}{t^4} \cdot (-1,6t) = 0,029 \frac{M_0}{t^3}.$$

Aufgabe 3.33

Betrachtet werde der in Abb. 3.35 dargestellte Kragarm unter der unter einem Winkel α zur Horizontalen angreifenden Kraft F_0. Der Balken weise den dargestellten t-förmigen Querschnitt auf, es gelte $l = 200t$. Man bearbeite die folgenden Aufgabenteile:

1) Man bestimme den Verlauf der Biegespannung im Querschnitt an der Stelle der maximalen Beanspruchung. Für diesen Aufgabenteil sei $\alpha = 45°$.
2) Man bestimme den Winkel $\alpha = \alpha_0$ so, dass gerade keine Zugspannungen im Querschnitt auftreten.

Lösung

Zu 1): Der gegebene Querschnitt weist die folgende Fläche A auf:

$$A = 8t^2 + 12t^2 = 20t^2.$$

Wir ermitteln nun die Schwerpunktkoordinate $\bar{z}_S$ (die Koordinate $\bar{y}_S$ ist aufgrund der einfachen Symmetrie des Querschnitts Null):

$$\bar{z}_S = \frac{\sum_{i=1}^{2} \bar{z}_{S,i} A_i}{\sum_{i=1}^{2} A_i} = \frac{2t \cdot 6t \cdot t + t \cdot 8t \cdot 6t}{2t \cdot 6t + t \cdot 8t} = 3t.$$

Das Flächenträgheitsmoment I_{yy} lautet:

$$I_{yy} = \frac{6t \cdot (2t)^3}{12} + \frac{t \cdot (8t)^3}{12} + (-2t)^2 \cdot 12t^2 + (3t)^2 \cdot 8t^2$$
$$= \frac{500}{3} t^4.$$

Die unter dem Winkel α angreifende Kraft F_0 kann aufgeteilt werden in ihre horizontale Komponente $F_0 \cos\alpha$ und ihre vertikale Komponente $F_0 \sin\alpha$. Die sich einstellenden Schnittgrößenverläufe N und M_y sind in Abb. 3.35 dargestellt. Demnach ergibt sich die maximale Beanspruchung an der Einspannstelle mit $N = -F_0 \cos\alpha$ und

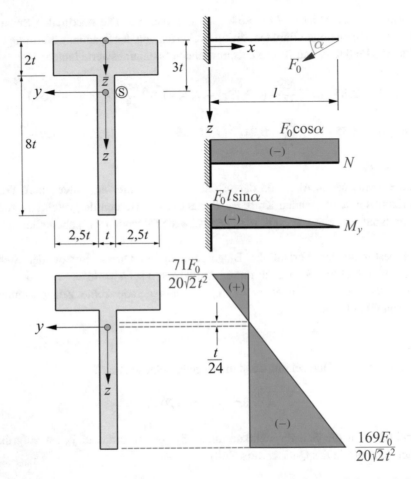

Abb. 3.35 Gegebener Querschnitt (links), statisches System und Zustandslinien (rechts), Spannungsverteilung (unten)

$M_y = -F_0 l \sin \alpha$. Der hier vorliegenden Fall der einachsigen Biegung mit Normalkraft führt auf den folgenden Ausdruck für die Normalspannung σ_{xx}:

$$\sigma_{xx} = \frac{N}{A} + \frac{M_y}{I_{yy}} z.$$

Setzt man die Werte für N, M_y, A und I_{yy} ein, dann erhält man:

$$\underline{\underline{\sigma_{xx}}} = -\frac{F_0 \cos \alpha}{20 t^2} + \frac{-F_0 l \sin \alpha}{\frac{500}{3} t^4} z = \underline{\underline{-\frac{F_0}{20 t^2} \left(\cos \alpha + \frac{24 \sin \alpha}{t} z \right)}}. \tag{3.62}$$

Ausgewertet für $\alpha = 45°$ ergibt sich:

$$\sigma_{xx} = -\frac{F_0}{20\sqrt{2}t^2}\left(1 + \frac{24}{t}z\right). \tag{3.63}$$

Die Spannungsnulllinie folgt hieraus als:

$$z = -\frac{t}{24}. \tag{3.64}$$

Die Randwerte der Normalspannung σ_{xx} folgen zu:

$$\sigma_{xx}\,(z = -3t) = \frac{71 F_0}{20\sqrt{2}t^2},$$

$$\sigma_{xx}\,(z = 7t) = -\frac{169 F_0}{20\sqrt{2}t^2}.$$

Der Verlauf der Biegespannung σ_{xx} über den Querschnitt ist ebenfalls in Abb. 3.35 gezeigt.

Zu 2): Es sei $\alpha = \alpha_0$ derjenige Winkel, bei dem gerade keine Zugspannungen im Querschnitt auftreten. Es gilt dann:

$$\sigma_{xx} = -\frac{F_0\cos\alpha_0}{A} - \frac{F_0 l \sin\alpha_0}{I_{yy}}z_0 = 0,$$

worin $z_0 = -3t$. Umgestellt nach dem Winkel α_0 lautet dieser Ausdruck:

$$\tan\alpha_0 = -\frac{I_{yy}}{A l z_0}.$$

Einsetzen von I_{yy}, A, l und z_0 führt auf den folgenden Winkel α_0:

$$\alpha_0 = 0{,}80°. \tag{3.65}$$

Aufgabe 3.34

Gegeben sei der in Abb. 3.36 dargestellte Balken auf zwei Stützen. Der Balken weise die Länge l und einen rechteckigen Querschnitt der Breite b und der Höhe h auf. Es liegen die beiden Kräfte F_0 und N_0 sowie die Gleichstreckenlast q_0 vor. Gesucht wird der Verlauf der Normalspannung σ_{xx} an der Stelle der maximalen Beanspruchung.

Lösung

Die Querschnittsfläche lautet $A = bh$, und das Flächenträgheitsmoment des gegebenen Querschnitts errechnet sich als $I_{yy} = \frac{bh^3}{12}$. Die anzusetzende Normalkraft beträgt

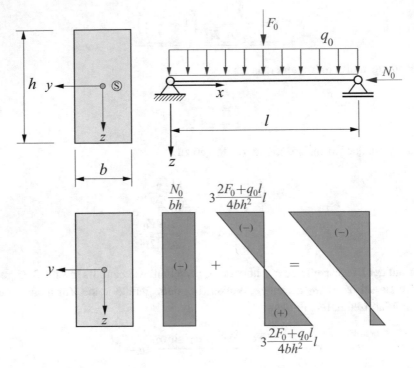

Abb. 3.36 Gegebener Querschnitt (links), statisches System (rechts), Spannungsverteilung (unten)

$N = -N_0$, das maximale auftretende Biegemoment an der Stelle $x = \frac{l}{2}$ lautet $M_y\left(x = \frac{l}{2}\right) = \frac{F_0 l}{4} + \frac{q_0 l^2}{8}$. Die Normalspannung an der Stelle $x = \frac{l}{2}$ ausgewertet ergibt:

$$\underline{\underline{\sigma_{xx}}} = \frac{N}{A} + \frac{M_y}{I_{yy}}z = -\frac{N_0}{bh} + \frac{\frac{F_0 l}{4} + \frac{q_0 l^2}{8}}{\frac{bh^3}{12}}$$

$$= -\frac{N_0}{bh} + \frac{3}{2}\frac{2F_0 + q_0 l}{bh^3}lz. \tag{3.66}$$

Der so definierte Spannungsverlauf ist in Abb. 3.36, unten, dargestellt.

Aufgabe 3.35

Betrachtet werde der in Abb. 3.37 dargestellte Balken auf zwei Stützen, der durch die beiden Gleichstreckenlasten q_y und q_z sowie die Zugkraft F_0 belastet werde. Der Balken weise den Querschnitt aus Aufgabe 3.2 auf, der in Abb. 3.37 erneut dargestellt ist. Man ermittle die Normalspannung σ_{xx} an der Stelle der größten Beanspruchung. Die Querschnittsfläche A lautet $A = 3ta$, die beiden Flächenträgheitsmomente I_{yy} und I_{zz} sind bekannt als $I_{yy} = \frac{1}{3}ta^3$ und $I_{zz} = \frac{7}{12}ta^3$.

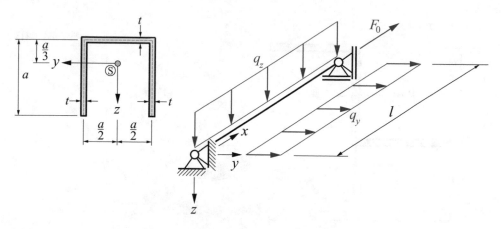

Abb. 3.37 Gegebener Querschnitt (links), statisches System (rechts)

Lösung

Für den hier vorliegenden Fall der Doppelbiegung mit Normalkraft ergibt sich die Normalspannung σ_{xx} als:

$$\sigma_{xx} = \frac{N}{A} + \frac{M_y}{I_{yy}}z - \frac{M_z}{I_{zz}}y.$$

Mit $N = F_0$, $M_y = \frac{q_z l^2}{8}$ und $M_z = -\frac{q_y l^2}{8}$ (der Ort der maximalen Beanspruchung ist in Feldmitte bei $x = \frac{l}{2}$) folgt:

$$\sigma_{xx} = \frac{F_0}{3ta} + \frac{3q_z l^2}{8ta^3}z + \frac{3q_y l^2}{14ta^3}y. \tag{3.67}$$

Aufgabe 3.36

Betrachtet werde der Querschnitt aus Aufgabe 3.19, der in Abb. 3.38 erneut dargestellt ist. Es liege eine Momentenbelastung mit $M_y = M_0$ und $M_z = 4M_0$ vor. Die Querschnittsfläche A beträgt $A = 3at$, die für die vorliegende Aufgabe notwendigen Flächenwerte lauten:

$$I_{yy} = \frac{7}{12}ta^3,$$

$$I_{zz} = \frac{2}{3}ta^3,$$

$$I_{yz} = \frac{1}{2}ta^3.$$

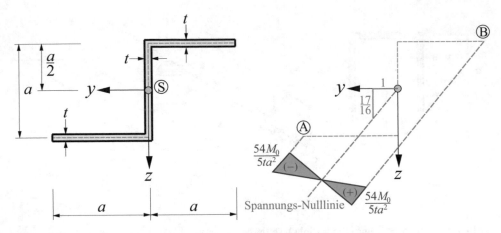

Abb. 3.38 Gegebener Querschnitt (links), Spannungsverteilung (rechts)

Der Hauptachswinkel φ_0 beträgt für den gegebenen Querschnitt $\varphi_0 = 42{,}62°$, die entsprechenden Hauptträgheitsmomente $I_{\xi\xi}$ und $I_{\eta\eta}$ lauten:

$$I_{\xi\xi} = 0{,}12ta^3,$$

$$I_{\eta\eta} = 1{,}13ta^3.$$

Man ermittle die Normalspannungsverteilung über den Querschnitt.

Lösung
Die erste Möglichkeit, die Normalspannungsverteilung zu ermitteln, besteht darin, von dem gegebenen xy–Koordinatensystem auszugehen und den folgenden Ausdruck für die Spannungsberechnung heranzuziehen ($N = 0$):

$$\sigma_{xx} = \frac{I_{zz}M_y + I_{yz}M_z}{I_{yy}I_{zz} - I_{yz}^2} z - \frac{I_{yz}M_y + I_{yy}M_z}{I_{yy}I_{zz} - I_{yz}^2} y.$$

Nach Einsetzen der Flächenwerte und der beiden Biegemomente ergibt sich daraus der folgende Ausdruck:

$$\sigma_{xx} = \frac{6M_0}{5ta^3}(16z - 17y). \tag{3.68}$$

Die Spannungsnulllinie folgt durch Nullsetzen von σ_{xx} und führt auf:

$$z = \frac{17}{16}y. \tag{3.69}$$

Die Spannungen in den beiden am weitesten von der Spannungsnulllinie entfernten Punkten A und B lauten:

$$\sigma_{xx,A} = \frac{6M_0}{5ta^3}\left(16\cdot\frac{a}{2} - 17\cdot a\right) = -\frac{54M_0}{5ta^2},$$

$$\sigma_{xx,B} = \frac{6M_0}{5ta^3}\left(16\cdot\left(-\frac{a}{2}\right) - 17\cdot(-a)\right) = \frac{54M_0}{5ta^2}.$$

Die zweite Möglichkeit, die Berechnung der Biegespannung σ_{xx} durchzuführen, besteht darin, die zweite Querschnittsnormierung durchzuführen und alle Betrachtungen auf die Hauptachsen ξ und η zu beziehen. Die Spannungsberechnung lautet in diesem Fall:

$$\sigma_{xx} = \frac{M_\xi}{I_{\xi\xi}}\eta - \frac{M_\eta}{I_{\eta\eta}}\xi.$$

Die Biegemomente M_ξ und M_η ergeben sich zu:

$$M_\xi = M_y \cos\varphi_0 + M_z \sin\varphi_0 = 3{,}44M_0$$

$$M_\eta = -M_y \sin\varphi_0 + M_z \cos\varphi_0 = 2{,}27M_0.$$

Die Spannungsverteilung ergibt sich dann als:

$$\underline{\underline{\sigma_{xx}}} = \frac{M_0}{ta^3}\left(27{,}94\eta - 2{,}01\xi\right). \tag{3.70}$$

Zur Ermittlung des maßgebenden Randwerte der Spannungen an den Punkten A und B sind die entsprechenden Koordinaten zu ermitteln. Sie ergeben sich als:

$$\xi = y\cos\varphi_0 + z\sin\varphi_0,$$

$$\eta = -y\sin\varphi_0 + z\cos\varphi_0.$$

Hieraus ergeben sich die Koordinaten von Punkt A als:

$$\xi_A = 1{,}07a,$$

$$\eta_A = -0{,}31a.$$

Für Punkt B erhalten wir:

$$\xi_B = -1{,}07a,$$

$$\eta_B = 0{,}31a.$$

Die Randwerte der Normalspannung σ_{xx} erhalten wir dann als:

$$\sigma_{xx,A} = -\frac{54M_0}{5ta^2},$$

$$\sigma_{xx,B} = \frac{54M_0}{5ta^2}.$$

Diese Werte stimmen mit der ersten Vorgehensweise zur Spannungsermittlung überein.

Aufgabe 3.37
Betrachtet werde der Querschnitt aus Aufgabe 3.20, der in Abb. 3.39 erneut dargestellt ist. Es liege eine einachsige Biegebeanspruchung $M_y = M_0$ vor, die Normalkraft N sowie das Biegemoment M_z seien Null. Die für die Bearbeitung dieser Aufgabe notwendigen Flächenwerte lauten:

$$I_{yy} = \frac{5}{24}ta^3,$$

$$I_{zz} = \frac{5}{24}ta^3,$$

$$I_{yz} = -\frac{1}{8}ta^3. \tag{3.71}$$

Der Hauptachswinkel ist gegeben mit $\varphi_0 = 45°$, die beiden Hauptträgheitsmomente lauten:

$$I_{\xi\xi} = \frac{1}{3}ta^3,$$

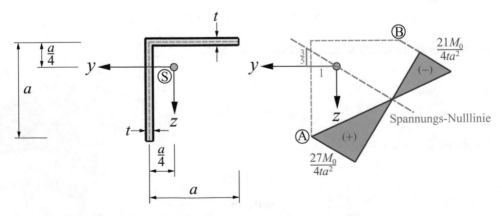

Abb. 3.39 Gegebener Querschnitt (links), Spannungsverteilung (rechts)

$$I_{\eta\eta} = \frac{1}{12} t a^3.$$

Man ermittle den Verlauf der Biegespannung über den Querschnitt.

Lösung

Es bestehen zwei Möglichkeiten, die Normalspannungsverteilung zu bestimmen. Die erste Möglichkeit besteht darin, vom gegebenen $yz-$Koordinatensystem auszugehen und die Spannungsberechnung mit Hilfe des folgenden Ausdrucks durchzuführen ($N = 0$):

$$\sigma_{xx} = \frac{I_{zz} M_y + I_{yz} M_z}{I_{yy} I_{zz} - I_{yz}^2} z - \frac{I_{yz} M_y + I_{yy} M_z}{I_{yy} I_{zz} - I_{yz}^2} y.$$

Einsetzen der Flächenwerte I_{yy}, I_{zz}, I_{yz} und der Biegemomente $M_y = M_0$, $M_z = 0$ ergibt nach kurzer Rechnung:

$$\sigma_{xx} = \frac{3M_0}{2ta^3} (5z + 3y). \tag{3.72}$$

Die Spannungsnulllinie ergibt sich durch Nullsetzen dieses Ausdrucks und führt auf:

$$z = -\frac{3}{5} y. \tag{3.73}$$

Mit den Koordinaten $y_A = \frac{a}{4}$, $z_A = \frac{3}{4}a$ und $y_B = -\frac{3}{4}a$, $z_B = -\frac{a}{4}$ lassen sich die Spannungen in den beiden Punkten A und B angeben als:

$$\sigma_{xx,A} = \frac{3M_0}{2ta^3} \left(5 \cdot \frac{3}{4}a + 3 \cdot \frac{a}{4}\right) = \frac{27 M_0}{4ta^2},$$

$$\sigma_{xx,B} = \frac{3M_0}{2ta^3} \left(5 \cdot \left(-\frac{a}{4}\right) + 3 \cdot \left(-\frac{3}{4}a\right)\right) = -\frac{21 M_0}{4ta^2}.$$

Die Spannungsverteilung ist in Abb. 3.39, rechts, dargestellt.

Die zweite Möglichkeit der Spannungsermittlung besteht darin, zunächst die zweite Querschnittsnormierung durchzuführen und dann im Hauptachsensystem den folgenden Ausdruck heranzuziehen:

$$\sigma_{xx} = \frac{M_\xi}{I_{\xi\xi}} \eta - \frac{M_\eta}{I_{\eta\eta}} \xi.$$

Zur Auswertung sind die beiden transformierten Biegemomente M_ξ und M_η zu ermitteln:

$$M_\xi = M_y \cos\varphi_0 = \frac{M_0}{\sqrt{2}},$$

$$M_\eta = -M_y \sin\varphi_0 = -\frac{M_0}{\sqrt{2}}.$$

Die Normalspannungsverteilung ergibt sich dann als:

$$\underline{\underline{\sigma_{xx}}} = \frac{\frac{M_0}{\sqrt{2}}}{\frac{1}{3}ta^3}\eta - \frac{-\frac{M_0}{\sqrt{2}}}{\frac{1}{12}ta^3}\xi = \underline{\underline{\frac{3M_0}{\sqrt{2}ta^3}(\eta + 4\xi)}}. \tag{3.74}$$

Die Spannungsnulllinie ergibt sich daraus als:

$$\underline{\underline{\eta = -4\xi}}. \tag{3.75}$$

Die Koordinaten der beiden Punkte A und B lauten:

$$\xi_A = \frac{a}{\sqrt{2}},$$

$$\eta_A = \frac{a}{2\sqrt{2}},$$

$$\xi_B = -\frac{a}{\sqrt{2}},$$

$$\eta_B = \frac{a}{2\sqrt{2}}.$$

Damit ergeben sich die beiden Spannungswerte in A und B als:

$$\sigma_{xx,A} = \frac{27M_0}{4ta^2},$$

$$\sigma_{xx,B} = -\frac{21M_0}{4ta^2}.$$

Offenbar stimmen diese Ergebnisse mit den obigen Ergebnissen überein.

Biegelinie

4

Aufgabe 4.1

Betrachtet werde der Balken der Abb. 4.1 unter der linear veränderlichen Streckenlast $q(x) = q_0\frac{x}{l}$. Der Balken weise die Länge l sowie die konstante Biegesteifigkeit EI_{yy} auf und sei an seinem linken Ende fest eingespannt. Am seinem rechten Ende liege eine Parallelführung vor. Die Werte q_0, l, EI_{yy} seien gegeben. Gesucht wird die Biegelinie $w(x)$.

Lösung

Wir gehen von der Balkendifferentialgleichung $EI_{yy}w'''' = q_z$ aus und integrieren viermal:

$$EI_{yy}w'''' = q_0\frac{x}{l},$$

$$EI_{yy}w''' = -Q_z = \frac{q_0}{2}\frac{x^2}{l} + C_1,$$

$$EI_{yy}w'' = -M_y = \frac{q_0}{6}\frac{x^3}{l} + C_1 x + C_2,$$

Abb. 4.1 Statisches System

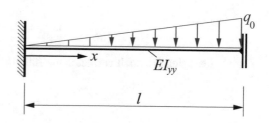

C. Mittelstedt, *Aufgabensammlung Technische Mechanik 2*,
https://doi.org/10.1007/978-3-662-67968-5_4

$$EI_{yy}w' = \frac{q_0}{24}\frac{x^4}{l} + \frac{1}{2}C_1x^2 + C_2x + C_3,$$

$$EI_{yy}w = \frac{q_0}{120}\frac{x^5}{l} + \frac{1}{6}C_1x^3 + \frac{1}{2}C_2x^2 + C_3x + C_4.$$

Die Integrationskonstanten werden aus den folgenden Randbedingungen ermittelt. An der Einspannstelle muss die Durchbiegung $w(x)$ verschwinden:

$$w(x = 0) = 0.$$

Daraus folgt:

$$C_4 = 0.$$

An der Einspannstelle verschwindet außerdem die Neigung $w'(x)$ der Biegelinie:

$$w'(x = 0) = 0.$$

Hieraus folgt die Konstante C_3 als:

$$C_3 = 0.$$

An der Stelle der vertikalen Parallelführung muss die Querkraft $Q_z(x)$ zu Null werden:

$$Q_z(x = l) = -EI_{yy}w'''(x = l) = 0.$$

Dies führt auf die Konstante C_1 als:

$$C_1 = -\frac{1}{2}q_0l.$$

Als letzte Randbedingung wird formuliert, dass an der Stelle der vertikalen Parallelführung die Neigung $w'(x)$ der Biegelinie verschwinden muss:

$$w'(x = l) = 0.$$

Daraus lässt sich die noch verbleibende Integrationskonstante C_2 bestimmen als:

$$C_2 = \frac{5}{24}q_0l^2.$$

Mit den so gefundenen Integrationskonstanten kann die Biegelinie $w(x)$ angegeben werden als:

$$w(x) = \frac{q_0 x^2 l^2}{12 E I_{yy}} \left[\frac{1}{10} \left(\frac{x}{l} \right)^3 - \frac{x}{l} + \frac{5}{4} \right]. \tag{4.1}$$

Aufgabe 4.2

Gegeben sei der Balken der Abb. 4.2. Der Balken sei an seinem linken Ende fest eingespannt und an seinem rechten Ende durch eine linear elastische Wegfeder mit der Federsteifigkeit k unterstützt. Der Balken weise die Länge l und die konstante Biegesteifigkeit $E I_{yy}$ auf. Die Belastung sei gegeben in Form einer Gleichstreckenlast q_0. Gesucht werden die Biegelinie $w(x)$ und die Federkraft F_{Feder}.

Lösung

Wir lösen das gegebene Problem durch vierfache Integration der Balkendifferentialgleichung $E I_{yy} w'''' = q_z$:

$$E I_{yy} w'''' = q_0,$$

$$E I_{yy} w''' = -Q_z = q_0 x + C_1,$$

$$E I_{yy} w'' = -M_y = \frac{1}{2} q_0 x^2 + C_1 x + C_2,$$

$$E I_{yy} w' = \frac{1}{6} q_0 x^3 + \frac{1}{2} C_1 x^2 + C_2 x + C_3,$$

$$E I_{yy} w = \frac{1}{24} q_0 x^4 + \frac{1}{6} C_1 x^3 + \frac{1}{2} C_2 x^2 + C_3 x + C_4.$$

Die hier anzusetzenden Randbedingungen lauten wie folgt. An der Einspannstelle $x = 0$ verschwindet die Durchbiegung $w(x)$:

$$w(x = 0) = 0.$$

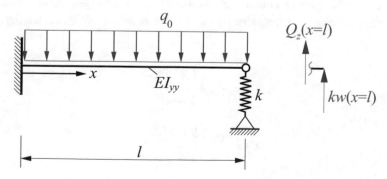

Abb. 4.2 Statisches System (links), Gleichgewicht an der elastischen Auflagerung (rechts)

Daraus folgt die Integrationskonstante C_4 als:

$$C_4 = 0.$$

Außerdem verschwindet an der Einspannstelle die Neigung $w'(x)$ der Biegelinie:

$$w'(x = 0) = 0.$$

Die Integrationskonstante C_3 ergibt sich damit zu:

$$C_3 = 0.$$

Am rechten Ende an der Stelle $x = l$ verschwindet das Biegemoment $M_y(x)$:

$$M_y(x = l) = -EI_{yy}w''(x = l) = 0.$$

Daraus ergibt sich der folgende Ausdruck in C_1 und C_2:

$$\frac{1}{2}q_0l^2 + C_1l + C_2 = 0. \tag{4.2}$$

Außerdem muss am rechten Balkenende Gleichgewicht zwischen der Querkraft Q_z und der Federkraft F_{Feder} herrschen (Abb. 4.2, rechts). Mit der Federkraft $F_{\text{Feder}} = kw(x = l)$ ergibt sich:

$$Q_z(x = l) = -EI_{yy}w'''(x = l) = -F_{\text{Feder}} = -kw(x = l).$$

Daraus folgt der folgende Ausdruck:

$$-q_0l - C_1 = -\frac{k}{EI_{yy}}\left(\frac{1}{24}q_0l^4 + \frac{1}{6}C_1l^3 + \frac{1}{2}C_2l^2\right). \tag{4.3}$$

Die beiden Gleichungen (4.2) und (4.3) stellen zwei Gleichungen für die beiden noch verbleibenden Integrationskonstanten C_1 und C_2 dar. Auflösen dieses Gleichungssystems ergibt:

$$C_1 = -q_0l\frac{1 + \frac{5kl^3}{24EI_{yy}}}{1 + \frac{kl^3}{3EI_{yy}}},$$

$$C_2 = \frac{q_0l^2}{2}\frac{1 + \frac{kl^3}{12EI_{yy}}}{1 + \frac{kl^3}{3EI_{yy}}}.$$

Die Biegelinie kann mit den so bestimmten Integrationskonstanten angegeben werden als:

$$w(x) = \frac{q_0 l^4}{24 E I_{yy}} \left[\left(\frac{x}{l}\right)^4 - 4\left(\frac{x}{l}\right)^3 \frac{1 + \frac{5kl^3}{24E I_{yy}}}{1 + \frac{kl^3}{3E I_{yy}}} + 6\left(\frac{x}{l}\right)^2 \frac{1 + \frac{kl^3}{12E I_{yy}}}{1 + \frac{kl^3}{3E I_{yy}}} \right]. \tag{4.4}$$

Die gesuchte Federkraft F_{Feder} folgt zu:

$$F_{\text{Feder}} = kw(x = l) = k\frac{q_0 l^4}{8 E I_{yy}} \frac{1}{1 + \frac{kl^3}{3E I_{yy}}}. \tag{4.5}$$

Aufgabe 4.3

Gegeben sei der Balken der Abb. 4.3, der unter einer cos $-$-förmigen Streckenlast $q_z(x) = q_0 \cos\left(\frac{\pi x}{2l}\right)$ stehe. Der Balken mit der Länge l und der konstanten Biegesteifigkeit $E I_{yy}$ sei an seinem linke Ende zweiwertig gelagert, wohingegen er an seinem rechten Ende einwertig gelagert sei. Gesucht werden die Biegelinie sowie die Auflagerkräfte.

Lösung

Das gegebene Problem wird durch vierfache Integration der Balkendifferentialgleichung $E I_{yy} w'''' = q_z$ gelöst:

$$E I_{yy} w'''' = q_0 \cos\left(\frac{\pi x}{2l}\right),$$

$$E I_{yy} w''' = -Q_z = \frac{2l}{\pi} q_0 \sin\left(\frac{\pi x}{2l}\right) + C_1,$$

$$E I_{yy} w'' = -M_y = -\frac{4l^2}{\pi^2} q_0 \cos\left(\frac{\pi x}{2l}\right) + C_1 x + C_2,$$

$$E I_{yy} w' = -\frac{8l^3}{\pi^3} q_0 \sin\left(\frac{\pi x}{2l}\right) + \frac{1}{2}C_1 x^2 + C_2 x + C_3,$$

$$E I_{yy} w = \frac{16l^4}{\pi^4} q_0 \cos\left(\frac{\pi x}{2l}\right) + \frac{1}{6}C_1 x^3 + \frac{1}{2}C_2 x^2 + C_3 x + C_4.$$

Abb. 4.3 Statisches System

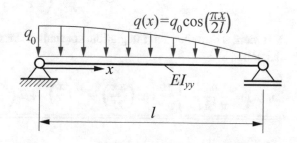

Am linken Balkenende muss die Durchbiegung $w(x)$ verschwinden:

$$w(x = 0) = 0.$$

Daraus ergibt sich die Integrationskonstante C_4 als:

$$C_4 = -\frac{16 q_0 l^4}{\pi^4}.$$

Aus der Forderung

$$M_y(x = 0) = 0$$

folgt

$$C_2 = \frac{4 q_0 l^2}{\pi^2}.$$

Am rechten Balkenende muss das Biegemoment M_y ebenfalls verschwinden:

$$M_y(x = l) = 0.$$

Daraus ergibt sich die Konstante C_1 als:

$$C_1 = -\frac{4 q_0 l}{\pi^2}.$$

Schließlich ist noch zu fordern, dass am rechten Balkenende die Durchbiegung $w(x)$ zu Null wird:

$$w(x = l) = 0.$$

Die noch verbleibende Konstante C_3 folgt daraus als:

$$C_3 = \frac{q_0 l^3}{\pi^2} \left(\frac{16}{\pi^2} - \frac{4}{3} \right).$$

Mit den so ermittelten Integrationskonstanten lässt sich die Biegelinie des Balkens darstellen als:

$$w(x) = \frac{q_0 l^4}{\pi^2 E I_{yy}} \left[\frac{16}{\pi^2} \cos\left(\frac{\pi x}{2l} \right) - \frac{2}{3} \left(\frac{x}{l} \right)^3 + 2 \left(\frac{x}{l} \right)^2 + \left(\frac{16}{\pi^2} - \frac{4}{3} \right) \frac{x}{l} - \frac{16}{\pi^2} \right]. \quad (4.6)$$

Zur Ermittlung der Auflagerkräfte wird der Verlauf der Querkraft Q_z benötigt. Dieser folgt als:

$$Q_z = -\frac{2q_0l}{\pi} \sin\left(\frac{\pi x}{2l}\right) + \frac{4q_0l}{\pi^2}.$$

Die Auflagerkräfte seien als A_V (linkes Auflager) und als B_V (rechtes Auflager) bezeichnet. Dann folgt (beide Auflagerkräfte weisen nach oben):

$$\underline{\underline{A_V = Q_z(x = 0) = \frac{4q_0l}{\pi^2}}},$$

$$\underline{\underline{B_V = -Q_z(x = l) = \frac{2q_0l}{\pi}\left(1 - \frac{2}{\pi}\right)}}. \tag{4.7}$$

Aufgabe 4.4

Gegeben sei das statische System der Abb. 4.4, oben. Es handelt sich hierbei um einen Balken, der an beiden Enden fest eingespannt sei und in seiner Mitte durch ein Gelenk unterbrochen wird. Die Gesamtlänge des Balkens sei $2l$, die Biegesteifigkeit sei gegeben mit dem konstanten Wert EI_{yy}. Die Belastung liege vor in Form einer Gleichstreckenlast q_0 über die gesamte Länge des Balkens. Gesucht wird die Biegelinie.

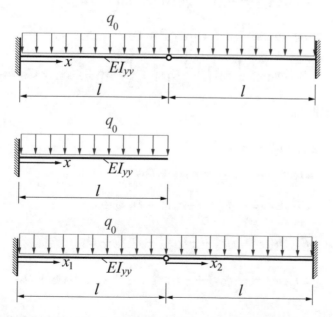

Abb. 4.4 Statisches System (oben), Betrachtung einer Systemhälfte (Mitte), Betrachtung des Vollsystems (unten)

Lösung

Man kann sich bei der Ermittlung der Biegelinie den Umstand zunutze machen, dass es sich hierbei um ein symmetrisches System handelt. Es ist also ausreichend, beispielsweise nur die linke Systemhälfte zu betrachten (Abb. 4.4, Mitte) und hierfür die Biegelinie zu ermitteln. Dabei wird berücksichtigt, dass es sich bei dem Gelenk um ein Momentengelenk handelt, d. h. das Biegemoment M_y ist an dieser Stelle Null. Ebenso tritt aufgrund der Symmetrie des Systems im Gelenk keine Querkraft auf, so dass es als Idealisierung ausreichend ist, einen Kragbalken der Länge l unter der Gleichstreckenlast q_0 zu betrachten, wobei am Kragarmende keine weitere Belastung auftritt. Es handelt sich dabei um einen Standardbiegefall, für den die Biegelinie wie folgt lautet:

$$w(x) = \frac{q_0 l^4}{24 E I_{yy}} \left[6 \left(\frac{x}{l} \right)^2 - 4 \left(\frac{x}{l} \right)^3 + \left(\frac{x}{l} \right)^4 \right]. \tag{4.8}$$

Alternativ kann auch das Gesamtsystem betrachtet werden (Abb. 4.4, unten), und das Problem kann durch Betrachten der Balkendifferentialgleichung $E I_{yy} w'''' = q_z$ gelöst werden. In Bereich 1 erhalten wir:

$$E I_{yy} w_1'''' = q_0,$$

$$E I_{yy} w_1''' = -Q_{z,1} = q_0 x_1 + C_1,$$

$$E I_{yy} w_1'' = -M_{y,1} = \frac{1}{2} q_0 x_1^2 + C_1 x_1 + C_2,$$

$$E I_{yy} w_1' = \frac{1}{6} q_0 x_1^3 + \frac{1}{2} C_1 x_1^2 + C_2 x_1 + C_3,$$

$$E I_{yy} w_1 = \frac{1}{24} q_0 x_1^4 + \frac{1}{6} C_1 x_1^3 + \frac{1}{2} C_2 x_1^2 + C_3 x_1 + C_4.$$

In Bereich 2 ergibt sich:

$$E I_{yy} w_2'''' = q_0,$$

$$E I_{yy} w_2''' = -Q_{z,2} = q_0 x_2 + D_1,$$

$$E I_{yy} w_2'' = -M_{y,2} = \frac{1}{2} q_0 x_2^2 + D_1 x_2 + D_2,$$

$$E I_{yy} w_2' = \frac{1}{6} q_0 x_2^3 + \frac{1}{2} D_1 x_2^2 + D_2 x_2 + D_3,$$

$$E I_{yy} w_2 = \frac{1}{24} q_0 x_2^4 + \frac{1}{6} D_1 x_2^3 + \frac{1}{2} D_2 x_2^2 + D_3 x_2 + D_4.$$

Die hier anzusetzenden Rand- und Übergangsbedingungen lauten:

$$w_1(x_1 = 0) = 0: \quad \rightarrow \quad C_4 = 0,$$

$$w_1'(x_1 = 0) = 0: \quad \rightarrow \quad C_3 = 0,$$

$$Q_{z,1}(x_1 = l) = Q_{z,2}(x_2 = 0): \quad \rightarrow \quad q_0 l + C_1 = D_1,$$

$$M_{y,1}(x_1 = l) = 0: \quad \rightarrow \quad \frac{1}{2} q_0 l^2 + C_1 l + C_2 = 0,$$

$$M_{y,2}(x_2 = 0) = 0: \quad \rightarrow \quad D_2 = 0,$$

$$w_1(x_1 = l) = w_2(x_2 = 0): \quad \rightarrow \quad \frac{1}{24} q_0 l^4 + \frac{1}{6} C_1 l^3 + \frac{1}{2} C_2 l^2 = D_4,$$

$$w_2(x_2 = l) = 0: \quad \rightarrow \quad \frac{1}{24} q_0 l^4 + \frac{1}{6} D_1 l^3 + D_3 l + D_4 = 0,$$

$$w_2'(x_2 = l) = 0: \quad \rightarrow \quad \frac{1}{6} q_0 l^3 + \frac{1}{2} D_1 l^2 + D_3 = 0.$$

Aus den obigen Gleichungen lassen sich durch Elimination die verbleibenden Konstanten ermitteln als:

$$C_1 = -q_0 l,$$

$$C_2 = \frac{1}{2} q_0 l^2,$$

$$D_1 = 0,$$

$$D_3 = -\frac{1}{6} q_0 l^3,$$

$$D_4 = \frac{1}{8} q_0 l^4.$$

Mit den so ermittelten Konstanten lässt sich die Biegelinie für die beiden Bereiche angeben als:

$$w_1(x_1) = \frac{q_0 l^4}{24 E I_{yy}} \left[6 \left(\frac{x_1}{l} \right)^2 - 4 \left(\frac{x_1}{l} \right)^3 + \left(\frac{x_1}{l} \right)^4 \right],$$

$$w_2(x_2) = \frac{q_0 l^4}{24 E I_{yy}} \left[\left(\frac{x_2}{l} \right)^4 - 4 \frac{x_2}{l} + 3 \right]. \tag{4.9}$$

Aufgabe 4.5

Gegeben sei der Kragbalken der Abb. 4.5, der an seinem linken Ende fest eingespannt sei. An seinem freien Ende werde der Balken durch eine linear elastische Drehfeder mit der Steifigkeit k unterstützt. Die Belastung bestehe aus einer Einzelkraft F am

Abb. 4.5 Statisches System

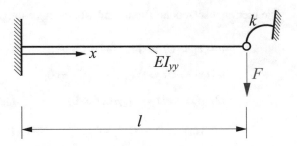

Kragarmende. Gesucht werden die Querkraft Q_z, das Biegemoment M_y, die Neigung $w'(x)$ der Biegelinie, und die Biegelinie $w(x)$.

Lösung
Wir lösen das Problem durch Betrachtung der Balkendifferentialgleichung $EI_{yy}w'''' = q_z$:

$$EI_{yy}w'''' = 0,$$

$$EI_{yy}w''' = -Q_z = C_1,$$

$$EI_{yy}w'' = -M_y = C_1x + C_2,$$

$$EI_{yy}w' = \frac{1}{2}C_1x^2 + C_2x + C_3,$$

$$EI_{yy}w = \frac{1}{6}C_1x^3 + \frac{1}{2}C_2x^2 + C_3x + C_4.$$

Die Integrationskonstanten C_1, C_2, C_3, C_4 werden aus den folgenden Randbedingungen ermittelt. An der Einspannstelle müssen sowohl die Durchbiegung $w(x)$ als auch die Neigung $w'(x)$ verschwinden:

$$w(x = 0) = 0,$$

$$w'(x = 0) = 0.$$

Daraus folgt umgehend:

$$C_3 = 0,$$

$$C_4 = 0.$$

Die Querkraft Q_z entspricht am rechten Ende des Kragbalkens der angreifenden Kraft F:

$$Q_z(x = l) = -EI_{yy}w'''(x = l) = F.$$

Daraus lässt sich die Konstante C_1 beschaffen als:

$$C_1 = -F.$$

Schließlich ist noch zu fordern, dass das Biegemoment M_y an der Stelle $x = l$ dem Einspannmoment der linear elastischen Drehfeder entspricht:

$$M_y(x = l) = -EI_{yy}w''(x = l) = kw'(x = l).$$

Dies führt auf die noch verbleibende Integrationskonstante C_2 wie folgt:

$$C_2 = Fl\frac{1 + \frac{kl}{2EI_{yy}}}{1 + \frac{kl}{EI_{yy}}}.$$

Damit lassen sich die gesuchten Zustandsgrößen angeben als:

$$\underline{\underline{Q_z = F}},$$

$$\underline{\underline{M_y = Fl\left(\frac{x}{l} - \frac{1 + \frac{kl}{2EI_{yy}}}{1 + \frac{kl}{EI_{yy}}}\right)}},$$

$$\underline{\underline{w' = -\frac{Fl^2}{2EI_{yy}}\left[\left(\frac{x}{l}\right)^2 - 2\frac{x}{l}\frac{1 + \frac{kl}{2EI_{yy}}}{1 + \frac{kl}{EI_{yy}}}\right]}},$$

$$\underline{\underline{w = \frac{Fl^3}{6EI_{yy}}\left[-\left(\frac{x}{l}\right)^3 + 3\left(\frac{x}{l}\right)^2\frac{1 + \frac{kl}{2EI_{yy}}}{1 + \frac{kl}{EI_{yy}}}\right]}}. \tag{4.10}$$

Aufgabe 4.6

Für das in Abb. 4.6 dargestellte statische System sind alle Rand- und Übergangsbedingungen zu formulieren.

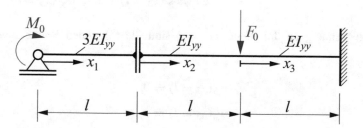

Abb. 4.6 Statisches System

Lösung
Am Auflagerpunkt $x_1 = 0$ liegen die folgenden Randbedingungen vor:

$$w_1(x_1 = 0) = 0,$$

$$M_1(x_1 = 0) = M_0 : \quad \rightarrow \quad -3E_{yy}w_1''(x_1 = 0) = M_0.$$

An der Parallelführung bei $x_1 = l$ bzw. $x_2 = 0$ sind die folgenden Bedingungen zu erheben:

$$Q_{z,1}(x_1 = l) = 0 : \quad \rightarrow \quad -3EI_{yy}w_1'''(x_1 = l) = 0,$$

$$Q_{z,2}(x_2 = 0) = 0 : \quad \rightarrow \quad -EI_{yy}w_2'''(x_2 = 0) = 0,$$

$$M_{y,1}(x_1 = l) = M_{y,2}(x_2 = 0) :$$

$$\rightarrow \quad -3EI_{yy}w_1''(x_1 = l) = -EI_{yy}w_2''(x_2 = 0),$$

$$\rightarrow \quad 3w_1''(x_1 = l) = w_2''(x_2 = 0),$$

$$w_1'(x_1 = l) = w_2'(x_2 = 0).$$

Am Übergangspunkt $x_2 = l$ bzw. $x_3 = 0$ gilt:

$$w_2(x_2 = l) = w_3(x_3 = 0),$$

$$w_2'(x_2 = l) = w_3'(x_3 = 0),$$

$$M_{y,2}(x_2 = l) = M_{y,3}(x_3 = 0) :$$

$$\rightarrow \quad -EI_{yy}w_2''(x_2 = l) = -EI_{yy}w_3''(x_3 = 0),$$

$$\rightarrow \quad w_2''(x_2 = l) = w_3''(x_3 = 0),$$

$$Q_{z,2}(x_2 = l) - Q_{z,3}(x_3 = 0) = F_0 :$$

$$\rightarrow \quad -EI_{yy}w_2'''(x_2 = l) + EI_{yy}w_3'''(x_3 = 0) - F_0 = 0.$$

An der Einspannung an der Stelle $x_3 = l$ sind die folgenden Randbedingungen zu beachten:

$$w_3(x_3 = l) = 0,$$

$$w_3'(x_3 = l) = 0.$$

Aufgabe 4.7
Für das in Abb. 4.7 dargestellte System sind alle Rand- und Übergangsbedingungen zu formuliesen.

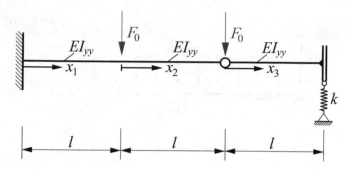

Abb. 4.7 Statisches System

Lösung

An der Einspannstelle $x_1 = 0$ sind die folgenden Bedingungen zu beachten:

$$w_1(x_1 = 0) = 0,$$

$$w_1'(x_1 = 0) = 0.$$

An der Übergangsstelle $x_1 = l$ bzw. $x_2 = 0$ gilt:

$$w_1(x_1 = l) = w_2(x_2 = 0),$$

$$w_1'(x_1 = l) = w_2'(x_2 = 0),$$

$$M_{y,1}(x_1 = l) = M_{y,2}(x_2 = 0):$$

$$\rightarrow \quad -EI_{yy}w_1''(x_1 = l) = -EI_{yy}w_2''(x_2 = 0),$$

$$\rightarrow \quad w_1''(x_1 = l) = w_2''(x_2 = 0),$$

$$Q_{z,1}(x_1 = l) - Q_{z,2}(x_2 = 0) = F_0:$$

$$-EI_{yy}w_1'''(x_1 = l) + EI_{yy}w_2'''(x_2 = 0) = F_0.$$

Für die Übergangsstelle $x_2 = l$ bzw. $x_3 = 0$ sind die folgenden Übergangsbedingungen zu erheben:

$$w_2(x_2 = l) = w_3(x_3 = 0),$$

$$M_{y,2}(x_2 = l) = 0: \quad \rightarrow \quad w_2''(x_2 = l) = 0,$$

$$M_{y,3}(x_3 = 0) = 0: \quad \rightarrow \quad w_3''(x_3 = 0) = 0$$

$$Q_{z,2}(x_2 = l) - Q_{z,3}(x_3 = 0) = F_0:$$

$$-EI_{yy}w_2'''(x_2 = l) + EI_{yy}w_3'''(x_3 = 0) = F_0.$$

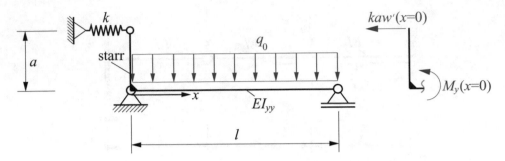

Abb. 4.8 Statisches System (links), Gleichgewicht am linken Auflagerpunkt (rechts)

An der Stelle der vertikalen Parallelführung $x_3 = l$ schließlich gilt:

$$w_3'(x_3 = l) = 0,$$

$$Q_{z,3}(x_3 = l) = -kw_3(x_3 = l) :$$

$$\rightarrow \quad -EI_{yy}w_3'''(x_3 = l) = -kw_3(x_3 = l).$$

Aufgabe 4.8

Gegeben sei der in Abb. 4.8 dargestellte Balken auf zwei Stützen (Länge l, konstante Biegesteifigkeit EI_{yy}), der durch eine Gleichstreckenlast q_0 belastet werde. Am linken Auflager sei der Balken durch einen starren Stab der Länge a verstärkt, der an seinem oberen Ende an eine linear elastische Wegfeder (Steifigkeit k) angeschlossen ist. Gesucht werden die Randbedingungen des Systems.

Lösung

Am linken Auflager verschwindet die Durchbiegung $w(x)$:

$$w(x = 0) = 0.$$

Außerdem muss an der Stelle $x = 0$ das Biegemoment M_y identisch sein mit der Federkraft F_{Feder}, multipliziert mit ihrem Hebelarm a:

$$M_y(x = 0) = -F_{\text{Feder}}a :$$

$$\rightarrow \quad -EI_{yy}w''(x = 0) = -kw'(x = 0)a^2.$$

Am rechten Auflagerpunkt verschwinden sowohl die Durchbiegung $w(x)$ als auch das Biegemoment M_y:

$$w(x = l) = 0,$$

$$M_y(x = l) = 0:$$

$$\rightarrow \quad -EI_{yy}w''(x = l) = 0,$$

$$\rightarrow \quad w''(x = l) = 0.$$

Aufgabe 4.9

Gegeben sei der Kragarm der Abb. 4.9, oben. Der Kragarm weise die Länge $2l$ auf und wird in seiner Mitte und an seinem Ende durch zwei starre Stäbe (Länge a) verstärkt, an denen wie eingezeichnet zwei Einzelkräfte F_0 angreifen. Im linken Balkenabschnitt liege die Biegesteifigkeit EI_{yy} vor, im rechten Balkenabschnitt hingegen die Biegesteifigkeit $2EI_{yy}$. Man formuliere die Rand- und Übergangsbedingungen für dieses System.

Lösung

Wir gehen zur Formulierung der Rand- und Übergangsbedingungen von dem statisch äqui-valenten Ersatzsystem aus, in dem die beiden Einzelkräfte in äquivalente Biegemomente F_0a umgesetzt wurden. An der Stelle $x_1 = 0$ gelten die folgenden Randbedingungen:

$$w_1(x = 0) = 0,$$

$$w_1'(x_1 = 0) = 0.$$

An der Übergangsstelle $x_1 = l$ bzw. $x_2 = 0$ gelte:

$$w_1(x = l) = w_2(x_2 = 0),$$

$$w_1'(x_1 = l) = w_2'(x_2 = 0),$$

Abb. 4.9 Statisches System (oben), Ersatzsystem (unten)

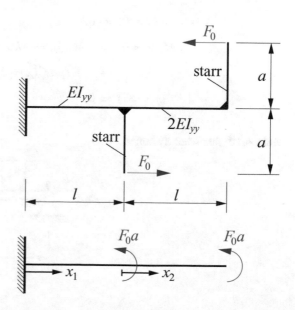

$$M_{y,1}(x_1 = l) - M_{y,2}(x_2 = 0) = F_0 a :$$

$$\rightarrow \quad E I_{yy} w_1''(x_1 = l) - 2E I_{yy} w_2''(x_2 = 0) = -F_0 a,$$

$$Q_{z,1}(x_1 = l) = Q_{z,2}(x_2 = 0) :$$

$$\rightarrow \quad -E I_{yy} w_1'''(x_1 = l) = -2E I_{yy} w_2'''(x_2 = 0),$$

$$\rightarrow \quad w_1'''(x_1 = l) = 2w_2'''(x_2 = 0),$$

$$(4.11)$$

Schließlich sind am Kragarmende $x_2 = l$ die folgenden Randbedingungen zu beachten:

$$M_{y,2}(x_2 = l) = F_0 a :$$

$$\rightarrow \quad 2E I_{yy} w_2''(x_2 = l) = -F_0 a,$$

$$Q_{z,2}(x_2 = l) = 0 :$$

$$\rightarrow \quad -2E I_{yy} w_2'''(x_2 = l) = 0,$$

$$\rightarrow \quad w_2'''(x_2 = l) = 0.$$

Aufgabe 4.10
Der in Abb. 4.10 dargestellte Balken auf zwei Stützen wird an seinem linken Auflager durch eine linear elastische Drehfeder mit der Steifigkeit k verstärkt. Gesucht werden die Randbedingungen des Systems.

Lösung
Für dieses System gelten die folgenden Randbedingungen:

$$w(x = 0) = 0,$$

$$M_y(x = 0) = -M_{\text{Feder}} = -kw'(x = 0) :$$

$$\rightarrow \quad E I_{yy} w''(x = 0) = kw'(x = 0),$$

$$w(x = l) = 0,$$

Abb. 4.10 Statisches System

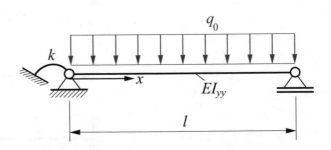

$$M_y(x = l) = 0:$$

$$\rightarrow \quad -EI_{yy}w''(x = l) = 0,$$

$$\rightarrow \quad w''(x = l) = 0.$$

Aufgabe 4.11

Für das in Abb. 4.11 gegebene statische System sind alle Rand- und Übergangsbedingungen anzugeben.

Lösung

An der Einspannstelle $x_1 = 0$ gilt:

$$w_1(x_1 = 0) = 0,$$

$$w_1'(x_1 = 0) = 0.$$

Am Gelenkpunkt $x_1 = l$ bzw. $x_2 = 0$ liegen die folgenden Übergangsbedingungen vor:

$$w_1(x_1 = l) = w_2(x_2 = 0),$$

$$Q_{z,1}(x_1 = l) = Q_{z,2}(x_2 = 0):$$

$$\rightarrow \quad -EI_{yy}w_1'''(x_1 = l) = -2EI_{yy}w_2'''(x_2 = 0),$$

$$\rightarrow \quad w_1'''(x_1 = l) = 2w_2'''(x_2 = 0),$$

$$M_{y,1}(x_1 = l) = 0,$$

$$\rightarrow \quad -EI_{yy}w_1''(x_1 = l) = 0,$$

$$\rightarrow \quad w_1''(x_1 = l) = 0,$$

$$M_{y,2}(x_2 = 0) = 0,$$

$$\rightarrow \quad -2EI_{yy}w_2''(x_2 = 0) = 0,$$

$$\rightarrow \quad w_2''(x_2 = 0) = 0.$$

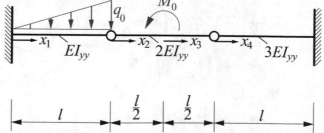

Abb. 4.11 Statisches System

Am Momentenangriffspunkt $x_2 = \frac{l}{2}$ bzw. $x_3 = 0$ gilt:

$$w_2 \left(x_2 = \frac{l}{2} \right) = w_3(x_3 = 0),$$

$$w_2' \left(x_2 = \frac{l}{2} \right) = w_3'(x_3 = 0),$$

$$Q_{z,2} \left(x_2 = \frac{l}{2} \right) = Q_{z,3}(x_3 = 0),$$

$$\rightarrow \quad -2EI_{yy}w_2''' \left(x_2 = \frac{l}{2} \right) = -2EI_{yy}w_3'''(x_3 = 0),$$

$$\rightarrow \quad w_2''' \left(x_2 = \frac{l}{2} \right) = w_3'''(x_3 = 0),$$

$$M_{y,2} \left(x_2 = \frac{l}{2} \right) = M_{y,3}(x_3 = 0) + M_0,$$

$$\rightarrow \quad -2EI_{yy}w_2'' \left(x_2 = \frac{l}{2} \right) + 2EI_{yy}w_3''(x_3 = 0) - M_0 = 0.$$

Im Gelenkpunkt $x_3 = \frac{l}{2}$ bzw. $x_4 = 0$ liegen die folgenden Bedingungen vor:

$$w_3 \left(x_3 = \frac{l}{2} \right) = w_4(x_4 = 0),$$

$$Q_{z,3} \left(x_3 = \frac{l}{2} \right) = Q_{z,4}(x_4 = 0):$$

$$\rightarrow \quad -2EI_{yy}w_3''' \left(x_3 = \frac{l}{2} \right) = -3EI_{yy}w_4'''(x_4 = 0),$$

$$\rightarrow \quad 2w_3''' \left(x_3 = \frac{l}{2} \right) = 3w_4'''(x_4 = 0),$$

$$M_{y,3} \left(x_3 = \frac{l}{2} \right) = 0,$$

$$\rightarrow \quad -2EI_{yy}w_3'' \left(x_3 = \frac{l}{2} \right) = 0,$$

$$\rightarrow \quad w_3'' \left(x_3 = \frac{l}{2} \right) = 0,$$

$$M_{y,4}(x_4 = 0) = 0,$$

$$\rightarrow \quad -3EI_{yy}w_4''(x_4 = 0) = 0,$$

$$\rightarrow \quad w_4''(x_4 = 0) = 0.$$

Schließlich sind an der rechten Einspannung bei $x_4 = l$ die folgenden Bedingungen zu befriedigen:

$$w_4(x_4 = l) = 0,$$
$$w_4'(x_4 = l) = 0.$$

Aufgabe 4.12

Für den in Abb. 4.12 gezeigten statisch unbestimmt gelagerten Träger sind die Querkraft Q_z, das Biegemoment M_y, die Neigung w' der Biegelinie, und die Biegelinie w zu bestimmen. Gesucht werden außerdem die Auflagerreaktionen.

Lösung

Wir lösen das Problem durch bereichsweise Integration der Balkendifferentialgleichung $EI_{yy}w'''' = q_z$. In Bereich 1 gilt:

$$EI_{yy}w_1'''' = 0,$$
$$EI_{yy}w_1''' = -Q_{z,1} = C_1,$$
$$EI_{yy}w_1'' = -M_{y,1} = C_1x_1 + C_2,$$
$$EI_{yy}w_1' = \frac{1}{2}C_1x_1^2 + C_2x_1 + C_3,$$
$$EI_{yy}w_1 = \frac{1}{6}C_1x_1^3 + \frac{1}{2}C_2x_1^2 + C_3x_1 + C_4.$$

In Bereich 2 erhalten wir:

$$EI_{yy}w_2'''' = 0,$$
$$EI_{yy}w_2''' = -Q_{z,2} = D_1,$$
$$EI_{yy}w_2'' = -M_{y,2} = D_1x_2 + D_2,$$

Abb. 4.12 Statisches System

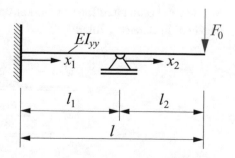

$$EI_{yy}w_2' = \frac{1}{2}D_1x_2^2 + D_2x_2 + D_3,$$

$$EI_{yy}w_2 = \frac{1}{6}D_1x_2^3 + \frac{1}{2}D_2x_2^2 + D_3x_2 + D_4.$$

Für das gegebene System sind die folgenden Rand- und Übergangsbedingungen zu erfüllen:

$$w_1(x_1 = 0) = 0 \quad \rightarrow \quad C_4 = 0,$$

$$w_1'(x_1 = 0) = 0 \quad \rightarrow \quad C_3 = 0,$$

$$w_2(x_2 = 0) = 0 \quad \rightarrow \quad D_4 = 0,$$

$$Q_{y,2}(x_2 = l_2) = F_0, \quad \rightarrow \quad D_1 = -F_0,$$

$$M_{y,2}(x_2 = l_2) = 0 \quad \rightarrow \quad D_2 = F_0l_2,$$

$$w_1(x_1 = l_1) = 0 \quad \rightarrow \quad \frac{1}{3}C_1l_1 + C_2 = 0,$$

$$M_{y,1}(x_1 = l_1) = M_{y,2}(x_2 = 0) \quad \rightarrow \quad C_1l_1 + C_2 = F_0l_2,$$

$$w_1'(x_1 = l_1) = w_2'(x_2 = 0) \quad \rightarrow \quad \frac{1}{2}C_1l_1^2 + C_2l_1 = D_3.$$

Während sich die Konstanten C_3, C_4, D_1, D_2 und D_4 direkt angeben lassen, muss für die Konstanten C_1, C_2 und D_3 ein lineares Gleichungssystem gelöst werden, das sich aus den letzten drei obigen Gleichungen zusammensetzt. Auflösen liefert nach kurzer Rechnung:

$$C_1 = \frac{3}{2}F_0\frac{l_2}{l_1},$$

$$C_2 = -\frac{1}{2}F_0l_2,$$

$$D_3 = \frac{1}{4}F_0l_1l_2.$$

Mit den so bestimmten Integrationskonstanten lassen sich die gesuchten Zustandsgrößen angeben. In Bereich 1 folgt:

$$\underline{\underline{Q_{z,1} = -\frac{3}{2}F_0\frac{l_2}{l_1},}}$$

$$\underline{\underline{M_{y,1} = -\frac{F_0l_2}{4}\left(6\frac{x_1}{l_1} - 2\right),}}$$

$$w_1' = \frac{F_0 l_1 l_2}{4 E I_{yy}} \left[3 \left(\frac{x_1}{l_1} \right)^2 - 2 \frac{x_1}{l_1} \right],$$

$$w_1 = \frac{F_0 l_1^2 l_2}{4 E I_{yy}} \left[\left(\frac{x_1}{l_1} \right)^3 - \left(\frac{x_1}{l_1} \right)^2 \right]. \tag{4.12}$$

Für Bereich 2 gilt:

$$Q_{z,2} = F_0,$$

$$M_{y,2} = F_0 l_2 \left[\frac{x_2}{l_2} - 1 \right],$$

$$w_2' = \frac{F_0 l_2^2}{2 E I_{yy}} \left[- \left(\frac{x_2}{l_2} \right)^2 + 2 \frac{x_2}{l_2} + \frac{1}{2} \frac{l_1}{l_2} \right],$$

$$w_2 = \frac{F_0 l_2^3}{2 E I_{yy}} \left[-\frac{1}{3} \left(\frac{x_2}{l_2} \right)^3 + \left(\frac{x_2}{l_2} \right)^2 + \frac{1}{2} \frac{l_1}{l_2} \frac{x_2}{l_2} \right]. \tag{4.13}$$

Der Einspannpunkt sei als Punkt A bezeichnet, wohingegen wir den Auflagerpunkt an der Stelle $x_1 = l_1$ als B bezeichnen wollen. Die Auflagerkraft B (nach oben weisend) ergibt sich dann als:

$$B = Q_{z,2}(x_2 = 0) - Q_{z,1}(x_1 = l_1) = F_0 + \frac{3}{2} F_0 \frac{l_2}{l_1} = F_0 \left(1 + \frac{3}{2} \frac{l_2}{l_1} \right). \tag{4.14}$$

Für die Auflagerkraft A (ebenfalls nach oben weisend) erhalten wir:

$$A = Q_{z,1}(x_1 = 0) = -\frac{3}{2} F_0 \frac{l_2}{l_1}. \tag{4.15}$$

Für das Einspannmoment M_A schließlich (positiv als im Uhrzeigersinn drehend angenommen) ergibt sich:

$$M_A = M_{y,1}(x_1 = 0) = \frac{F_0 l_2}{2}. \tag{4.16}$$

Aufgabe 4.13

Für den in Abb. 4.13 dargestellten Kragarm ist die Biegelinie zu ermitteln. Es gelte $l_1 = l$, $l_2 = 1,2 l_1$, $q_1 = q_0$, $q_2 = 2 q_1$, $F_0 = q_1 l_1$, $M_0 = \frac{1}{2} q_1 l_1^2$.

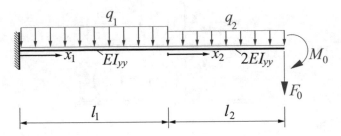

Abb. 4.13 Statisches System

Lösung
Wir lösen das Problem durch bereichsweise Integration der Balkendifferentialgleichung $EI_{yy}w'''' = q_z$. In Bereich 1 erhalten wir:

$$EI_{yy}w_1'''' = q_0,$$

$$EI_{yy}w_1''' = -Q_{z,1} = q_0x_1 + C_1,$$

$$EI_{yy}w_1'' = -M_{y,1} = \frac{1}{2}q_0x_1^2 + C_1x_1 + C_2,$$

$$EI_{yy}w_1' = \frac{1}{6}q_0x_1^3 + \frac{1}{2}C_1x_1^2 + C_2x_1 + C_3,$$

$$EI_{yy}w_1 = \frac{1}{24}q_0x_1^4 + \frac{1}{6}C_1x_1^3 + \frac{1}{2}C_2x_1^2 + C_3x_1 + C_4.$$

In Bereich 2 ergibt sich:

$$2EI_{yy}w_2'''' = 2q_0,$$

$$2EI_{yy}w_2''' = -Q_{z,2} = 2q_0x_2 + D_1,$$

$$2EI_{yy}w_2'' = -M_{y,2} = q_0x_2^2 + D_1x_2 + D_2,$$

$$2EI_{yy}w_2' = \frac{1}{3}q_0x_2^3 + \frac{1}{2}D_1x_2^2 + D_2x_2 + D_3,$$

$$2EI_{yy}w_2 = \frac{1}{12}q_0x_2^4 + \frac{1}{6}D_1x_2^3 + \frac{1}{2}D_2x_2^2 + D_3x_2 + D_4.$$

Die hier zu erfüllenden Rand- und Übergangsbedingungen lauten:

$$w_1(x_1 = 0) = 0: \quad \rightarrow \quad C_4 = 0,$$

$$w_1'(x_1 = 0) = 0: \quad \rightarrow \quad C_3 = 0,$$

$$Q_{z,2}(x_2 = 1, 2l) = F_0 = q_0l: \quad \rightarrow \quad D_1 = -3, 4q_0l,$$

$$M_{y,2}(x_2 = 1, 2l) = -M_0 = -\frac{1}{2}q_0 l^2 : \quad \rightarrow \quad D_2 = 3,14q_0 l^2,$$

$$Q_{z,1}(x_1 = l) = Q_{z,2}(x_2 = 0) : \quad \rightarrow \quad C_1 = -4,4q_0 l,$$

$$M_{y,1}(x_1 = l) = M_{y,2}(x_2 = 0) : \quad \rightarrow \quad C_2 = 7,04q_0 l^2,$$

$$w_1(x_1 = l) = w_2(x_2 = 0) : \quad \rightarrow \quad D_4 = 5,66q_0 l^4,$$

$$w_1'(x_1 = l) = w_2'(x_2 = 0) : \quad \rightarrow \quad D_3 = 10,01q_0 l^3.$$

Mit den so ermittelten Integrationskonstanten lässt sich die Biegelinie in den beiden Bereichen 1 und 2 angeben als:

$$w_1 = \frac{q_0 l^4}{EI_{yy}} \left[\frac{1}{24} \left(\frac{x_1}{l} \right)^4 - 0,73 \left(\frac{x_1}{l} \right)^3 + 3,52 \left(\frac{x_1}{l} \right)^2 \right],$$

$$w_2 = \frac{q_0 l^4}{2EI_{yy}} \left[\frac{1}{12} \left(\frac{x_2}{l} \right)^4 - 0,57 \left(\frac{x_2}{l} \right)^3 + 1,57 \left(\frac{x_2}{l} \right)^2 + 10,01 \frac{x_2}{l} + 5,66 \right]. \quad (4.17)$$

Aufgabe 4.14

Gegeben sei der in Abb. 4.14 dargestellte Balken. Man bearbeite die folgenden Aufgabenteile:

1) Man formuliere alle Rand- und Übergangsbedingungen.
2) Man ermittle die Biegelinie sowie die Auflagerreaktionen.
3) Man bestimme M_0 so, dass die Durchbiegung im Gelenkpunkt verschwindet.

Lösung

Zu 1): Die hier zu erfüllenden Rand- und Übergangsbedingungen lauten:

$$w_1(x_1 = 0) = 0,$$

$$w_1'(x_1 = 0) = 0,$$

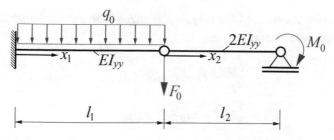

Abb. 4.14 Statisches System

$$M_{y,1}(x_1 = l_1) = 0,$$

$$Q_{z,1}(x_1 = l_1) = Q_{z,2}(x_2 = 0) + F_0,$$

$$w_1(x_1 = l_1) = w_2(x_2 = 0),$$

$$M_{y,2}(x_2 = 0) = 0,$$

$$w_2(x_2 = l_2) = 0,$$

$$M_{y,2}(x_2 = l_2) = -M_0.$$

Zu 2): Die Aufgabe wird durch bereichsweise Integration der Balkendifferentialgleichung $EI_{yy}w'''' = q_z$ gelöst. In Bereich 1 gilt:

$$EI_{yy}w_1'''' = q_0,$$

$$EI_{yy}w_1''' = -Q_{z,1} = q_0x_1 + C_1,$$

$$EI_{yy}w_1'' = -M_{y,1} = \frac{1}{2}q_0x_1^2 + C_1x_1 + C_2,$$

$$EI_{yy}w_1' = \frac{1}{6}q_0x_1^3 + \frac{1}{2}C_1x_1^2 + C_2x_1 + C_3,$$

$$EI_{yy}w_1 = \frac{1}{24}q_0x_1^4 + \frac{1}{6}C_1x_1^3 + \frac{1}{2}C_2x_1^2 + C_3x_1 + C_4.$$

Für Bereich 2 erhalten wir:

$$2EI_{yy}w_2'''' = 0,$$

$$2EI_{yy}w_2''' = -Q_{z,2} = D_1,$$

$$2EI_{yy}w_2'' = -M_{y,2} = D_1x_2 + D_2,$$

$$2EI_{yy}w_2' = \frac{1}{2}D_1x_2^2 + D_2x_2 + D_3,$$

$$2EI_{yy}w_2 = \frac{1}{6}D_1x_2^3 + \frac{1}{2}D_2x_2^2 + D_3x_2 + D_4.$$

Das Auswerten der Rand- und Übergangsbedingungen führt auf die folgenden Ausdrücke für die Integrationskonstanten:

$$C_1 = \frac{M_0}{l_2} - F_0 - q_0l_1,$$

$$C_2 = \frac{1}{2}q_0l_1^2 - M_0\frac{l_1}{l_2} + F_0l_1,$$

$$C_3 = 0,$$

$$C_4 = 0,$$

$$D_1 = \frac{M_0}{l_2},$$

$$D_2 = 0,$$

$$D_3 = \frac{M_0}{3}\left(2\frac{l_1^3}{l_2^2} - \frac{l_2}{2}\right) - \frac{q_0 l_1^4}{4l_2} - \frac{2F_0 l_1^3}{3l_2},$$

$$D_4 = \frac{1}{4}q_0 l_1^4 - \frac{2}{3}M_0\frac{l_1^3}{l_2} + \frac{2}{3}F_0 l_1^3.$$

Mit den so bestimmten Integrationskonstanten kann die Biegelinie in beiden Bereichen 1 und 2 angegeben werden:

$$w_1 = \frac{1}{EI_{yy}}\left[\frac{1}{24}q_0 x_1^4 + \frac{1}{6}\left(\frac{M_0}{l_2} - F_0 - q_0 l_1\right)x_1^3 + \frac{1}{2}\left(\frac{1}{2}q_0 l_1^2 - M_0\frac{l_1}{l_2} + F_0 l_1\right)x_1^2\right],$$

$$w_2 = \frac{1}{2EI_{yy}}\left[\frac{M_0}{6l_2}x_2^3 + \left[\frac{M_0}{3}\left(\frac{2l_1^3}{l_2^2} - \frac{l_2}{2}\right) - \frac{q_0 l_1^4}{4l_2} - \frac{2F_0 l_1^3}{3l_2}\right]x_2 + \frac{q_0 l_1^4}{4} - \frac{2M_0 l_1^3}{3l_2} + \frac{2F_0 l_1^3}{3}\right].$$

$$(4.18)$$

Zur Bestimmung der Auflagerreaktionen werden die Momentenlinie $M_{y,1}$ und die Querkraftlinien $Q_{z,1}$ und $Q_{z,2}$ benötigt. Sie ergeben sich als:

$$Q_{z,1} = q_0\left(l_1 - x_1\right) - \frac{M_0}{l_2} + F_0,$$

$$Q_{z,2} = -\frac{M_0}{l_2},$$

$$M_{y,1} = -\frac{1}{2}q_0\left(x_1^2 + l_1^2\right) - \left(\frac{M_0}{l_2} - F_0 - q_0 l_1\right)x_1 + \frac{M_0 l_1}{l_2} - F_0 l_1.$$

Der Einspannpunkt sei als A bezeichnet. Das Einspannmoment M_A (angenommen als im Uhrzeigersinn drehend) ergibt sich dann als:

$$\underline{\underline{M_A = M_{y,1}(x_1 = 0)}} = -\frac{1}{2}q_0 l_1^2 + M_0\frac{l_1}{l_2} - F_0 l_1. \qquad (4.19)$$

Die vertikale Auflagerkraft A_V am Einspannpunkt A ergibt sich unter der Annahme, dass ihre Wirkrichtung nach oben weist, als:

$$\underline{\underline{A_V = Q_{z,1}(x_1 = 0)}} = -\frac{M_0}{l_2} + F_0 + q_0 l_1. \qquad (4.20)$$

Schließlich ist die vertikale Auflagerkraft am rechten Auflagerpunkt zu ermitteln, den wir als B bezeichnen wollen. Die Auflagerkraft B_V, angenommen als nach oben weisend, ergibt sich dann als:

$$\underline{\underline{B_V}} = -Q_{z,2}(x_2 = l_2) = \frac{M_0}{l_2}. \tag{4.21}$$

Zu 3): Zur Ermittlung des Biegemoments M_0 setzen wir die Durchbiegung im Gelenkpunkt zu Null:

$$w_2(x_2 = 0) = \frac{1}{4}q_0 l_1^4 - \frac{2}{3}M_0 \frac{l_1^3}{l_2} + \frac{2}{3}F_0 l_1^3 = 0.$$

Dieser Ausdruck lässt sich nach M_0 auflösen, und es folgt:

$$\underline{\underline{M_0 = \frac{3l_2}{2}\left(\frac{q_0 l_1}{4} + \frac{2F_0}{3}\right).}} \tag{4.22}$$

Aufgabe 4.15
Für den in Abb. 4.15 gezeigten Träger wird die Biegelinie gesucht. Man integriere hierzu die Momentenlinien der beiden Teilbereiche.

Lösung
Ohne weitere Herleitung werden nachfolgend die Gleichungen für die beiden Momentenlinien angegeben:

$$M_{y,1} = -\frac{1}{4}q_0 l x_1,$$

$$M_{y,2} = -\frac{1}{2}q_0 x_2^2 + q_0 l x_2 - \frac{1}{2}q_0 l^2.$$

Abb. 4.15 Statisches System

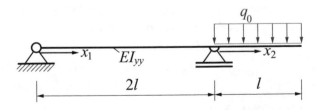

Die Integration der Momentenlinie in Bereich 1 ergibt:

$$EI_{yy}w_1'' = -M_{y,1} = \frac{1}{4}q_0lx_1,$$

$$EI_{yy}w_1' = \frac{1}{8}q_0lx_1^2 + C_1,$$

$$EI_{yy}w_1 = \frac{1}{24}q_0lx_1^3 + C_1x_1 + C_2.$$

In Bereich 2 erhalten wir:

$$EI_{yy}w_2'' = -M_{y,2} = \frac{1}{2}q_0x_2^2 - q_0lx_2 + \frac{1}{2}q_0l^2,$$

$$EI_{yy}w_2' = \frac{1}{6}q_0x_2^3 - \frac{1}{2}q_0lx_2^2 + \frac{1}{2}q_0l^2x_2 + D_1,$$

$$EI_{yy}w_2 = \frac{1}{24}q_0x_2^4 - \frac{1}{6}q_0lx_2^3 + \frac{1}{4}q_0l^2x_2^2 + D_1x_2 + D_2.$$

Die hier anzusetzenden Rand- und Übergangsbedingungen lauten:

$$w_1(x_1 = 0) = 0: \quad \rightarrow \quad C_2 = 0,$$

$$w_2(x_2 = 0) = 0: \quad \rightarrow \quad D_2 = 0,$$

$$w_1(x_1 = 2l) = 0: \quad \rightarrow \quad C_1 = -\frac{1}{6}q_0l^3,$$

$$w_1'(x_1 = 2l) = w_2'(x_2 = 0): \quad \rightarrow \quad D_1 = \frac{1}{3}q_0l^3.$$

Mit den so ermittelten Integrationskonstanten lassen sich die Biegelinien in den beiden Bereichen 1 und 2 angeben als:

$$w_1 = \frac{q_0l^4}{24EI_{yy}}\left[\left(\frac{x_1}{l}\right)^3 - 4\frac{x_1}{l}\right],$$

$$w_2 = \frac{q_0l^4}{24EI_{yy}}\left[\left(\frac{x_2}{l}\right)^4 - 4\left(\frac{x_1}{l}\right)^3 + 6\left(\frac{x_2}{l}\right)^2 + 8\frac{x_2}{l}\right]. \tag{4.23}$$

Aufgabe 4.16

Für den in Abb. 4.16 gezeigten Träger werden die Querkraft Q_z, das Biegemoment M_y, die Biegelinie w und die Neigung w' der Biegelinie gesucht.

Abb. 4.16 Statisches System

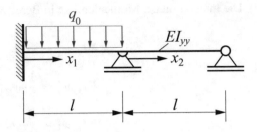

Lösung

Das Problem wird durch bereichsweise Integration der Balkendifferentialgleichung $EI_{yy}w'''' = q_z$ gelöst. Für Bereich 1 erhalten wir:

$$EI_{yy}w_1'''' = q_0,$$

$$EI_{yy}w_1''' = -Q_{z,1} = q_0x_1 + C_1,$$

$$EI_{yy}w_1'' = -M_{y,1} = \frac{1}{2}q_0x_1^2 + C_1x_1 + C_2,$$

$$EI_{yy}w_1' = \frac{1}{6}q_0x_1^3 + \frac{1}{2}C_1x_1^2 + C_2x_1 + C_3,$$

$$EI_{yy}w_1 = \frac{1}{24}q_0x_1^4 + \frac{1}{6}C_1x_1^3 + \frac{1}{2}C_2x_1^2 + C_3x_1 + C_4.$$

Für Bereich 2 gilt:

$$EI_{yy}w_2'''' = 0,$$

$$EI_{yy}w_2''' = -Q_{z,2} = D_1,$$

$$EI_{yy}w_2'' = -M_{y,2} = D_1x_2 + D_2,$$

$$EI_{yy}w_2' = \frac{1}{2}D_1x_2^2 + D_2x_2 + D_3,$$

$$EI_{yy}w_2 = \frac{1}{6}D_1x_2^3 + \frac{1}{2}D_2x_2^2 + D_3x_2 + D_4.$$

Aus den Rand- und Übergangsbedingungen lassen sich die folgenden Ausdrücke ermitteln:

$$w_1(x_1 = 0) = 0: \quad \rightarrow \quad C_4 = 0,$$

$$w_1'(x_1 = 0) = 0: \quad \rightarrow \quad C_3 = 0,$$

$$w_2(x_2 = 0) = 0: \quad \rightarrow \quad D_4 = 0,$$

$$w_1'(x_1 = l) = w_2'(x_2 = 0): \quad \rightarrow \quad \frac{1}{6}q_0l^3 + \frac{1}{2}C_1l^2 + C_2l = D_3,$$

$$w_1(x_1 = l) = 0: \quad \rightarrow \quad \frac{1}{24}q_0l^4 + \frac{1}{6}C_1l^3 + \frac{1}{2}C_2l^2 = 0,$$

$$M_{y,1}(x_1 = l) = M_{y,2}(x_2 = 0): \quad \rightarrow \quad \frac{1}{2}q_0l^2 + C_1l + C_2 = D_2,$$

$$M_{y,2}(x_2 = l) = 0: \quad \rightarrow \quad D_1l + D_2 = 0,$$

$$w_2(x_2 = l) = 0: \quad \rightarrow \quad \frac{1}{6}D_1l^3 + \frac{1}{2}D_2l^2 + D_3l = 0.$$

Während sich also die Konstanten C_3, C_4 und D_4 direkt ermitteln lassen, erfordert die Berechnung der verbleibenden fünf Konstanten die Lösung eines linearen Gleichungssystems. Es ergeben sich schließlich die folgenden Ausdrücke:

$$C_1 = -\frac{4}{7}q_0l,$$

$$C_2 = \frac{3}{28}q_0l^2,$$

$$D_1 = -\frac{1}{28}q_0l,$$

$$D_2 = \frac{1}{28}q_0l^2,$$

$$D_3 = -\frac{1}{84}q_0l^3.$$

Mit den so ermittelten Integrationskonstanten lassen sich die gesuchten Zustandsgrößen eindeutig angeben. In Bereich 1 erhalten wir:

$$Q_{z,1} = -q_0l\left(\frac{x_1}{l} - \frac{4}{7}\right),$$

$$M_{y,1} = -q_0l^2\left[\frac{1}{2}\left(\frac{x_1}{l}\right)^2 - \frac{4}{7}\frac{x_1}{l} + \frac{3}{28}\right],$$

$$w_1' = \frac{q_0l^3}{24EI_{yy}}\left[4\left(\frac{x_1}{l}\right)^3 - \frac{48}{7}\left(\frac{x_1}{l}\right)^2 + \frac{18}{7}\frac{x_1}{l}\right],$$

$$w_1 = \frac{q_0l^4}{24EI_{yy}}\left[\left(\frac{x_1}{l}\right)^4 - \frac{16}{7}\left(\frac{x_1}{l}\right)^3 + \frac{9}{7}\left(\frac{x_1}{l}\right)^2\right]. \tag{4.24}$$

In Bereich 2 ergibt sich:

$$Q_{z,2} = \frac{1}{28}q_0 l,$$

$$M_{y,2} = \frac{q_0 l^2}{28}\left(\frac{x_2}{l} - 1\right),$$

$$w_2' = \frac{q_0 l^3}{168 E I_{yy}}\left[-3\left(\frac{x_2}{l}\right)^2 + 6\frac{x_2}{l} - 2\right],$$

$$w_2 = \frac{q_0 l^4}{168 E I_{yy}}\left[-\left(\frac{x_2}{l}\right)^3 + 3\left(\frac{x_2}{l}\right)^2 - 2\frac{x_2}{l}\right]. \tag{4.25}$$

Die Auflagerreaktionen ergeben sich aus den oben ermittelten Schnittgrößen wie folgt. Wenn der Einspannpunkt $x_1 = 0$ als A bezeichnet wird, dann ergibt sich das Einspannmoment als

$$M_A = \frac{3q_0 l^2}{28}. \tag{4.26}$$

Sein Drehsinn ist entgegen dem Uhrzeigersinn. Die vertikale Auflagerkraft A_V ergibt sich nach oben weisend als

$$A_V = \frac{4}{7}q_0 l. \tag{4.27}$$

Die vertikale Auflagerkraft B_V im mittleren Auflagerpunkt ergibt sich nach oben weisend als:

$$B_V = \frac{13}{28}q_0 l. \tag{4.28}$$

Schließlich verbleibt noch die vertikale Auflagerkraft C_V im rechten Auflagerpunkt, die sich nach unten weisend ergibt als:

$$C_V = \frac{1}{28}q_0 l. \tag{4.29}$$

Aufgabe 4.17

Betrachtet werde erneut das statische System aus Aufgabe 4.16. Man ermittle die Auflagerreaktionen B_V (Auflagerkraft am mittleren Auflagerpunkt) und C_V (Auflagerkraft am rechten Auflagerpunkt) durch Verwendung von Standardbiegefällen.

Abb. 4.17 Statisches System (oben), Teilsysteme (unten)

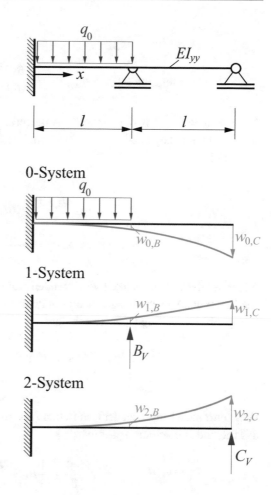

0-System

1-System

2-System

Lösung

Wir machen den betrachteten statisch unbestimmten Balken gedanklich statisch bestimmt, indem wir die beiden statisch überzähligen Auflager entfernen. Dies ist das sog. 0-System, es ist in Abb. 4.17 dargestellt. Hier ergeben sich an den beiden Auflagerpunkten B und C die eingezeichneten Verschiebungen $w_{0,B}$ und $w_{0,C}$, die sich wie folgt ermitteln lassen:

$$w_{0,B} = \frac{q_0 l^4}{8EI_{yy}},$$

$$w_{0,C} = w_{0,B} + w'_{0,B} l = \frac{q_0 l^4}{8EI_{yy}} + \frac{q_0 l^4}{6EI_{yy}} = \frac{7q_0 l^4}{24EI_{yy}}.$$

Wir bringen nun am statisch bestimmten Balken die gesuchte Auflagerkraft B_V an wie dargestellt (sog. 1-System). Dabei ergeben sich die beiden Verschiebungen $w_{1,B}$ und $w_{1,C}$ wie folgt:

$$w_{1,B} = -\frac{B_V l^3}{3EI_{yy}},$$

$$w_{1,C} = w_{1,B} + w'_{1,B}l = -\frac{B_V l^3}{3EI_{yy}} - \frac{B_V l^3}{2EI_{yy}} = -\frac{5B_V l^3}{6EI_{yy}}.$$

Außerdem wird noch die gesuchte Auflagerkraft C_V am statisch bestimmten Balken angebracht wie dargestellt (sog. 2-System). Hierbei entstehen die beiden Verschiebungen $w_{2,B}$ und $w_{2,C}$:

$$w_{2,B} = -\frac{5C_V l^3}{6EI_{yy}},$$

$$w_{2,C} = -\frac{8C_V l^3}{3EI_{yy}}.$$

Aufgrund der in Wirklichkeit vorliegenden Auflager in den Punkten B und C müssen die resultierenden Verschiebungen in diesen Punkten verschwinden. Es sind also die folgenden Kompatibilitätsbedingungen zu erfüllen:

$$w_{0,B} + w_{1,B} + w_{2,B} = 0,$$

$$w_{0,C} + w_{1,C} + w_{2,C} = 0.$$

Dies führt nach Einsetzen der ermittelten Ausdrücke für die einzelnen Verschiebungen auf das folgende Gleichungssystem:

$$\frac{q_0 l}{8} - \frac{1}{3}B_V - \frac{5}{6}C_V = 0,$$

$$\frac{7}{24}q_0 l - \frac{5}{6}B_V - \frac{8}{3}C_V = 0.$$

Hieraus lassen sich die gesuchten Auflagerkräfte ermitteln als:

$$\underline{\underline{B_V = \frac{13}{28}q_0 l,}}$$

$$\underline{\underline{C_V = -\frac{q_0 l}{28}.}} \tag{4.30}$$

Diese Ergebnisse stimmen mit den bereits in der vorherigen Aufgabe ermittelten Auflagerkräften überein.

Aufgabe 4.18

Betrachtet werde erneut das statische System aus Aufgabe 4.1 (s. Abb. 4.18). Man ermittle das Auflagermoment an der Parallelführung durch Verwendung von Standardbiegefällen.

Lösung

Wir machen den gegebenen Balken statisch bestimmt, indem wir die Paralellführung gedanklich entfernen (0-System). Dadurch ergibt sich an dieser Stelle die Verdrehung w_0' wie folgt:

$$w_0' = \frac{q_0 l^3}{8 E I_{yy}}.$$

Wir bringen nun außerdem an dieser Stelle das Auflagermoment M_B auf (1-System) wie dargestellt. Daraus ergibt sich die Verdrehung w_1':

$$w_1' = -\frac{M_B l}{E I_{yy}}.$$

Aufgrund der in Wirklichkeit vorliegenden Parallelführung können diese Verdrehungen nicht auftreten, so dass wir Kompatibilität fordern wie folgt:

$$w_0' + w_1' = 0.$$

Abb. 4.18 Statisches System (oben), Teilsysteme (unten)

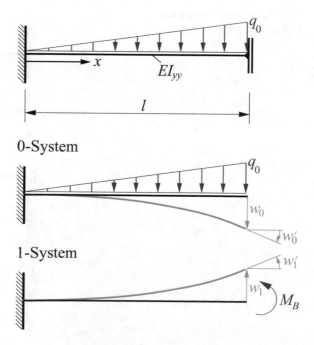

0-System

1-System

Dies ergibt folgenden Ausdruck:

$$\frac{q_0 l^3}{8EI_{yy}} - \frac{M_B l}{EI_{yy}} = 0.$$

Daraus lässt sich das gesuchte Auflagermoment M_B bestimmen als:

$$M_B = \frac{q_0 l^2}{8}. \qquad (4.31)$$

Aufgabe 4.19

Betrachtet werde erneut das statische System aus Aufgabe 4.12 (s. Abb. 4.19). Gesucht wird die vertikale Auflagerkraft B_V am einwertigen Auflager. Man verwende dazu Standardbiegefälle.

Lösung

Wir machen das gegebene statische System statisch bestimmt, indem wir gedanklich das Auflager B entfernen (0-System). Dadurch ergibt sich am betrachteten Auflagerpunkt die Verschiebung w_0, die sich wie folgt berechnen lässt:

$$w_0 = \frac{F_0}{6EI_{yy}} \left[3l_1^2 \left(l_1 + l_2 \right) - l_1^3 \right]. \qquad (4.32)$$

Abb. 4.19 Statisches System
(oben), Teilsysteme (unten)

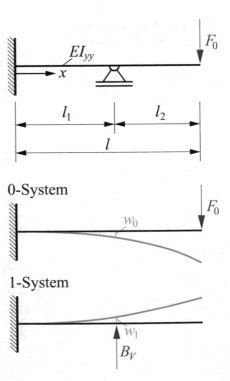

Wir bringen im nächsten Schritt die noch unbekannte Auflagerkraft B_V am Auflagerpunkt an wie dargestellt. Dadurch ergibt sich die Verschiebung w_1 als:

$$w_1 = -\frac{B_V l_1^3}{3EI_{yy}}. \tag{4.33}$$

Wir erheben nun die folgende Kompatibilitätsbedingung:

$$w_0 + w_1 = 0, \tag{4.34}$$

was auf den folgenden Ausdruck führt:

$$\frac{F_0}{6EI_{yy}}\left[3l_1^2\,(l_1+l_2)-l_1^3\right]-\frac{B_V l_1^3}{3EI_{yy}}=0. \tag{4.35}$$

Dies lässt sich nach der gesuchten Auflagerkraft B_V umformen, und es ergibt sich:

$$B_V = F_0\left(1+\frac{3}{2}\frac{l_2}{l_1}\right). \tag{4.36}$$

Aufgabe 4.20

Für den statisch unbestimmten Balken der Abb. 4.20 wird die Auflagerkraft B_V im rechten Auflager gesucht. Man verwende zur Berechnung Standardbiegefälle.

Abb. 4.20 Statisches System (oben), Teilsysteme (unten)

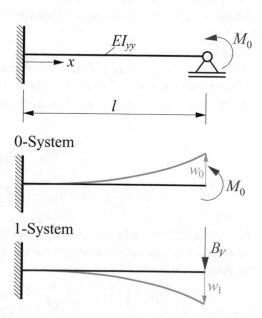

Lösung

Wir machen den gegebenen Träger gedanklich statisch bestimmt, indem wir das Auflager B entfernen (0-System). Dadurch wird an diesem Punkt die Durchbiegung w_0 ermöglicht, die sich wie folgt ermitteln lässt:

$$w_0 = -\frac{M_0 l^2}{2EI_{yy}}.$$

Im nächsten Schritt bringen wir im Auflagerpunkt B die zu ermittelnde Auflagerkraft B_V an (1-System), wodurch sich die folgende Verschiebung w_1 einstellt:

$$w_1 = \frac{B_V l^3}{3EI_{yy}}.$$

Als Kompatibilitätsforderung erheben wir:

$$w_0 + w_1 = 0.$$

Einsetzen der ermittelten Durchbiegungen w_0 und w_1 ergibt nach Auflösen nach B_V:

$$B_V = \frac{3M_0}{2l}. \tag{4.37}$$

Aufgabe 4.21

Für den Durchlaufträger der Abb. 4.21 werden die Auflagerreaktionen gesucht. Zur Ermittlung sollen Standardbiegefälle herangezogen werden.

Lösung

Wir machen das System gedanklich statisch bestimmt (0-System), indem wir am mittleren Auflagerpunkt B ein Vollgelenk einführen. Dadurch werden die beiden dargestellten Verdrehungen $w'_{0,L}$ und $w'_{0,R}$ ermöglicht, die sich wie folgt ermitteln lassen:

$$w'_{0,L} = -\frac{q_0 l^3}{24EI_{yy}},$$

$$w'_{0,R} = \frac{q_0 l^3}{12EI_{yy}}.$$

Im nächsten Schritt wird das statisch unbestimmte Biegemoment M_B auf den statisch bestimmten Träger aufgebracht (1-System). Daraus ergeben sich die beiden folgenden Verdrehungen:

$$w'_{1,L} = \frac{M_B l}{3EI_{yy}},$$

Abb. 4.21 Statisches System
(oben), Teilsysteme (Mitte),
Auflagerkräfte (unten)

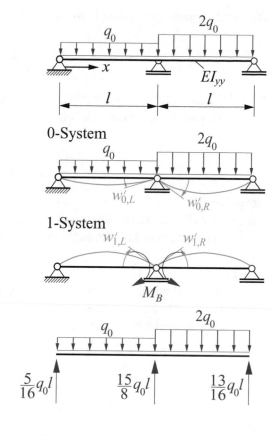

$$w'_{1,R} = -\frac{M_B l}{3EI_{yy}}.$$

Als Kompatibilitätsforderung erheben wir:

$$w'_{0,L} + w'_{1,L} = w'_{0,R} + w'_{1,R}.$$

Der daraus entstehende Ausdruck kann unmittelbar nach dem statisch unbestimmten Moment M_B aufgelöst werden, und man erhält:

$$M_B = \frac{3}{16} q_0 l^2.$$

Mit dem so vorliegenden Biegemoment lassen sich die Auflagerreaktionen ermitteln wie folgt. Im linken Auflager A ergibt sich die folgende vertikale nach oben weisende Auflagerkraft A_V:

$$A_V = \frac{5}{16} q_0 l. \tag{4.38}$$

Die vertikale nach oben weisende Auflagerkraft B_V folgt zu:

$$B_V = \frac{15}{8} q_0 l. \tag{4.39}$$

Schließlich ist noch die vertikale Auflagerkraft C_V am Auflagerpunkt rechts zu ermitteln, die sich als nach oben weisend wie folgt ergibt:

$$C_V = \frac{13}{16} q_0 l. \tag{4.40}$$

Aufgabe 4.22

Für das in Abb. 4.22 dargestellt statische System ist die angedeutete Durchbiegung w im Punkt C zu bestimmen. Man verwende dazu Standardbiegefälle.

Lösung

Das System wird zweckmäßig in drei Teilsysteme zerlegt, die separat betrachtet werden können (Abb. 4.23). An diesen Teilsystemen ergeben sich die folgenden Formänderungen. In Bereich 3 liegen die Verschiebung w_C und die Verdrehung w_C' vor, die sich ergeben wie folgt:

$$w_C = \frac{F_0 l^3}{3 E I_{yy}},$$

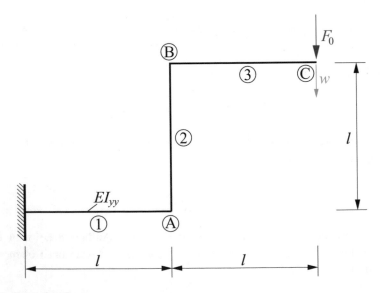

Abb. 4.22 Statisches System

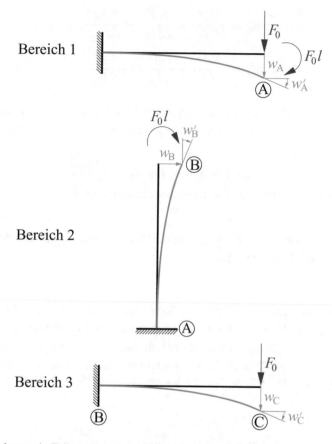

Abb. 4.23 Zerlegung in Teilsysteme

$$w'_C = \frac{F_0 l^2}{2EI_{yy}}.$$

Für das Teilsystem für Bereich 2, an dem das statisch äquivalente Biegemoment $F_0 l$ wirke, liegen die Verschiebung w_B und die Verdrehung w'_B vor:

$$w_B = \frac{F_0 l^3}{2EI_{yy}},$$

$$w'_B = \frac{F_0 l^2}{EI_{yy}}.$$

Das Teilsystem für Bereich 1, das unter der vertikalen Kraft F_0 und dem Biegemoment $F_0 l$ steht, weist die beiden Formänderungen w_A und w'_A auf:

$$w_A = \frac{F_0 l^3}{3 E I_{yy}} + \frac{F_0 l^3}{2 E I_{yy}} = \frac{5 F_0 l^3}{6 E I_{yy}},$$

$$w_A' = \frac{F_0 l^2}{2 E I_{yy}} + \frac{F_0 l^2}{E I_{yy}} = \frac{3 F_0 l^2}{2 E I_{yy}}.$$

Die durchzuführende Überlagerung der einzelnen Verschiebungen und Verdrehungen zur gesuchten Verschiebung w ist in Abb. 4.24 dargestellt. Es ergibt sich schließlich:

$$w = w_A + w_A' l + w_B' l + w_C = \frac{11 F_0 l^3}{3 E I_{yy}}. \tag{4.41}$$

Aufgabe 4.23
Für das statische System der Abb. 4.25 wird die Durchbiegung w gesucht. Man verwende für deren Ermittlung Standardbiegefälle.

Lösung
Es ergeben sich durch Betrachtung von Teilsystemen die folgenden Teilverschiebungen und -verdrehungen (Abb. 4.26). Aufgrund der anliegenden Streckenlast q_0 sowie dem aus der Einzelkraft $F_0 = q_0 l$ resultierenden statisch äquivalenten Biegemoment $M_0 = \frac{q_0 l^2}{2}$ ergibt sich am rechten Auflagerpunkt die Verdrehung w_A', die sich nach oben hin fortsetzt und am freien Ende des Trägers für die Verschiebung $w_A' \frac{l}{2}$ sorgt. Die Verdrehung w_A' ergibt sich als:

$$w_A' = -\frac{q_0 l^3}{24 E I_{yy}} - \frac{q_0 l^3}{6 E I_{yy}} = -\frac{5 q_0 l^3}{24 E I_{yy}}.$$

Aufgrund des im Punkt B wirkenden statisch äquivalenten Biegemoments $M_0 = \frac{q_0 l^2}{2}$ ergibt sich am oberen Ende des Abschnitts zwischen den Punkten A und B die Verdrehung w_B', die sich in den Bereich zwischen den B und C fortsetzt und am Punkt C für die Durchbiegung $w_B' \frac{l}{2}$ sorgt:

$$w_B' = -\frac{q_0 l^3}{4 E I_{yy}}.$$

Schließlich ist noch der Bereich zwischen den Punkten B und C zu betrachten, in dem sich am freien Ende die Durchbiegung w_C ergibt als:

$$w_C = -\frac{q_0 l^4}{24 E I_{yy}}.$$

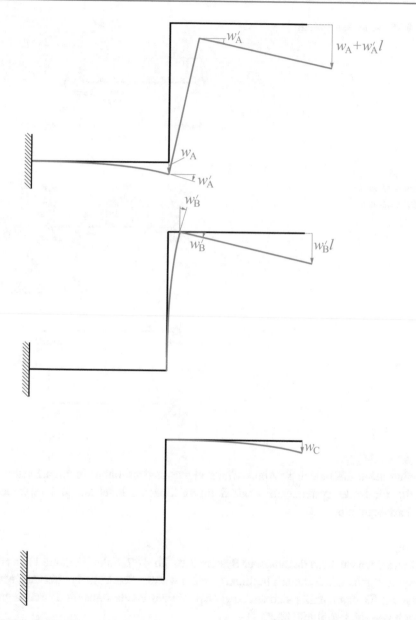

Abb. 4.24 Superposition

Die gesuchte Durchbiegung w folgt dann zu:

$$w = w'_A \frac{l}{2} + w'_B \frac{l}{2} + w_C = -\frac{13 q_0 l^4}{48 E I_{yy}}. \tag{4.42}$$

Abb. 4.25 Statisches System

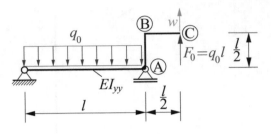

Abb. 4.26 Teilver-
schiebungen und
-verdrehungen

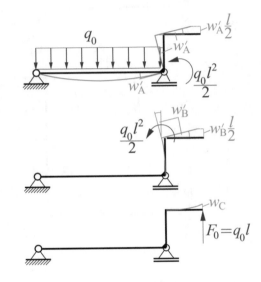

Aufgabe 4.24

Gegeben seien die beiden in Abb. 4.27 gezeigten statisch unbestimmten Systeme. Man ermittle für beide Systeme die Kraft S im vertikalen Pendelstab und verwende dazu Standardbiegefälle.

Lösung

Wir betrachten zunächst das statische System der Abb. 4.27, links (Variante 1) und machen das System gedanklich statisch bestimmt, indem wir den Pendelstab entfernen (Abb. 4.28, 0-System). Dadurch ergibt sich am Angriffspunkt des Pendelstabs die Durchbiegung w_0, die sich wie folgt ermitteln lässt:

$$w_0 = \frac{q_0 l^4}{8 E I_{yy}}.$$

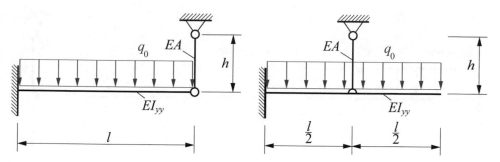

Abb. 4.27 Statische Systeme

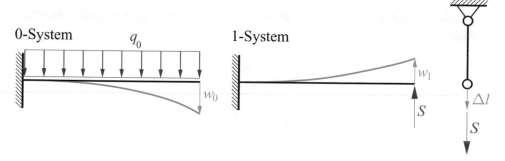

Abb. 4.28 Variante 1

Wir bringen nun im nächsten Schritt die statisch unbestimmte Pendelstabkraft S an (1-System), die sowohl für die Durchbiegung w_1 des Balkens als auch für die Längenänderung Δl des Pendelstabs sorgt:

$$w_1 = -\frac{Sl^3}{3EI_{yy}},$$

$$\Delta l = \frac{Sh}{EA}.$$

Die Forderung nach Kompatibilität der Verschiebungen ergibt folgenden Ausdruck:

$$w_0 + w_1 = \Delta l.$$

Mit den zuvor ermittelten Ausdrücken lässt sich daraus die Stabkraft S ermitteln als:

$$S = \frac{3q_0 l}{8} \frac{1}{1 + \frac{3hEI_{yy}}{EAl^3}}. \tag{4.43}$$

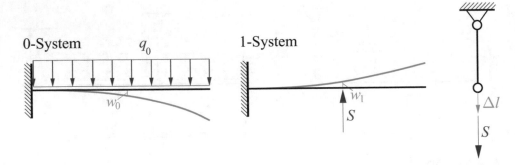

Abb. 4.29 Variante 2

Für Variante 2 mit mittigem Pendelstab (Abb. 4.29) ergeben sich die folgenden Verschiebungsgrößen:

$$w_0 = \frac{17q_0l^4}{384EI_{yy}},$$

$$w_1 = -\frac{Sl^3}{24EI_{yy}},$$

$$\Delta l = \frac{Sh}{EA}.$$

Aus der Kompatibilitätsforderung

$$w_0 + w_1 = \Delta l$$

folgt die gesuchte Stabkraft S zu:

$$S = \frac{17q_0l}{16}\frac{1}{1 + \frac{24hEI_{yy}}{EAl^3}}. \tag{4.44}$$

Aufgabe 4.25

Für das gegebene statische System der Abb. 4.30 wird die statisch unbestimmte Stabkraft S in der horizontalen Pendelstütze gesucht. Man verwende zu deren Ermittlung Standardbiegefälle.

Lösung

Wir machen das gegebene System gedanklich statisch bestimmt, indem wir den Pendelstab entfernen (0-System). Hierbei entsteht das Verformungsbild wie in Abb. 4.31, oben, gezeigt. Aufgrund der Verdrehung $w'_{A,q}$ in Höhe von

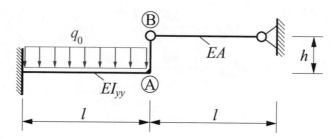

Abb. 4.30 Statisches System

0-System

1-System

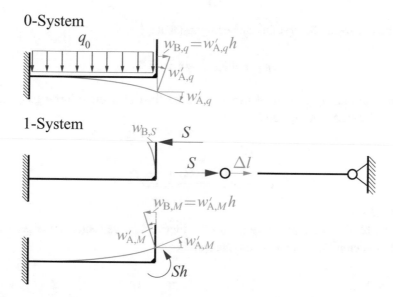

Abb. 4.31 Teilsysteme

$$w'_{A,q} = \frac{q_0 l^3}{6EI_{yy}}$$

ergibt sich am Anschlusspunkt des Pendelstabs die Verschiebung $w_{B,q}$ als:

$$w_{B,q} = w'_{A,q} h = \frac{q_0 l^3 h}{6EI_{yy}}.$$

Im nächsten Schritt bringen wir die gesuchte Stabkraft S auf das System auf (1-System). Hierdurch ergibt sich am Anschlusspunkt der Pendelstütze sowohl die Verschiebung $w_{B,S}$ aufgrund der Stabkraft als auch die Verschiebung $w_{B,M}$, die sich aus der aus dem statisch äquivalenten Moment resultierenden Verdrehung $w'_{A,M}$, multipliziert mit dem Hebelarm h, ergibt. Außerdem erleidet die Pendelstütze die Längenänderung Δl. Es folgt:

$$w_{B,S} = -\frac{Sh^3}{3EI_{yy}},$$

$$w'_{A,M} = -\frac{Shl}{EI_{yy}},$$

$$w_{B,M} = w'_{A,M}h = -\frac{Sh^2l}{EI_{yy}},$$

$$\Delta l = \frac{Sl}{EA}.$$

Die hier zu erhebende Kompatibilitätsbedingung lautet:

$$w_{B,q} + w_{B,S} + w_{B,M} = \Delta l.$$

Nach Einsetzen der oben gefundenen Ausdrücke lässt sich diese Bedingung nach der gesuchten Stabkraft auflösen, und es folgt:

$$S = \frac{q_0 l^3}{2} \frac{1}{h(h + 3l) + \frac{3lEI_{yy}}{hEA}}. \tag{4.45}$$

Aufgabe 4.26

Für das in Abb. 4.32 gezeigte System wird die angedeutete Verschiebung w gesucht. Man verwende zu deren Ermittlung Standardbiegefälle.

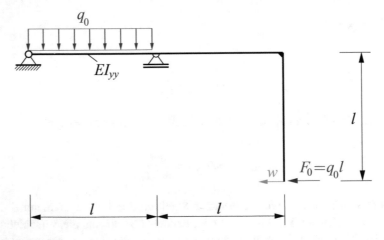

Abb. 4.32 Statisches System

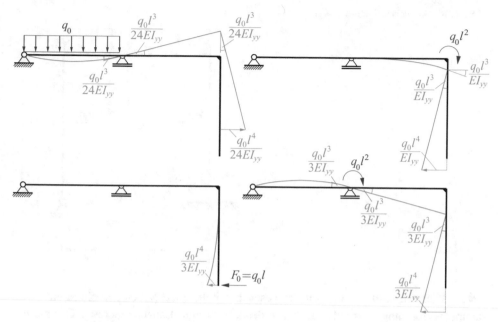

Abb. 4.33 Teilsysteme

Lösung

Zur Lösung des Problems wird das System gedanklich in Teilsysteme aufgeteilt, an denen sich das in Abb. 4.33 dargestellte Verformungsgeschehen infolge der Streckenlast q_0 und der Einzelkraft $F_0 = q_0l$ einstellt. Die gesuchte Durchbiegung w folgt daraus als:

$$\underline{\underline{w}} = -\frac{q_0l^4}{24EI_{yy}} + \frac{q_0l^4}{3EI_{yy}} + \frac{q_0l^4}{EI_{yy}} + \frac{q_0l^4}{3EI_{yy}} = \underline{\underline{\frac{13q_0l^4}{8EI_{yy}}}}. \tag{4.46}$$

Aufgabe 4.27

Betrachtet werde der Rahmen der Abb. 4.34 (Biegesteifigkeit EI_{yy}, Dehnsteifigkeit $EA \to \infty$), der an seinem rechten Ende durch einen Pendelstab (Dehnsteifigkeit EA) abgestützt wird. Gesucht wird die Stabkraft in der Pendelstütze. Man verwende zur Lösung des Problems Standardbiegefälle.

Lösung

Der Rahmen wird zunächst gedanklich statisch bestimmt gemacht, indem der Pendelstab aus dem System entfernt wird (0-System, s. Abb. 4.35, oben). An diesem statisch bestimmten System ergeben sich am Anschlusspunkt des Pendelstabs die eingezeichneten Verschiebungen infolge der Streckenlast q_0 und des statisch äquivalenten Biegemoments $\frac{q_0l^2}{2}$. Im nächsten Schritt wird die Stabkraft S auf das System aufgebracht (1-System, s.

Abb. 4.34 Statisches System

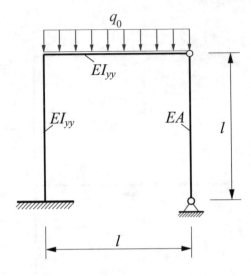

Abb. 4.35, unten) und das Verformungsgeschehen betrachtet. Neben den eingezeichneten Rahmenverformungen erleidet auch der Pendelstab eine Längenänderung. Die hier zu erhebende Forderung nach Kompatibilität lautet:

$$\frac{q_0 l^4}{8EI_{yy}} + \frac{q_0 l^4}{2EI_{yy}} + \frac{Sl^3}{3EI_{yy}} + \frac{Sl^3}{EI_{yy}} = -\frac{Sl}{EA}.$$

Dieser Ausdruck lässt sich nach der gesuchten Stabkraft S auflösen als:

$$S = -\frac{5q_0 l^4}{8EI_{yy}} \frac{1}{\frac{4l^3}{3EI_{yy}} + \frac{l}{EA}}. \tag{4.47}$$

Aufgabe 4.28

Gegeben sei der Balken auf zwei Stützen der Abb. 4.36, der den Querschnitt aus Aufgabe 3.20 aufweise. Gesucht wird die Balkendurchbiegung. Die für die Berechnung notwendigen Flächenwerte lauten:

$$I_{yy} = \frac{5}{24}ta^3,$$

$$I_{zz} = \frac{5}{24}ta^3,$$

$$I_{yz} = -\frac{1}{8}ta^3.$$

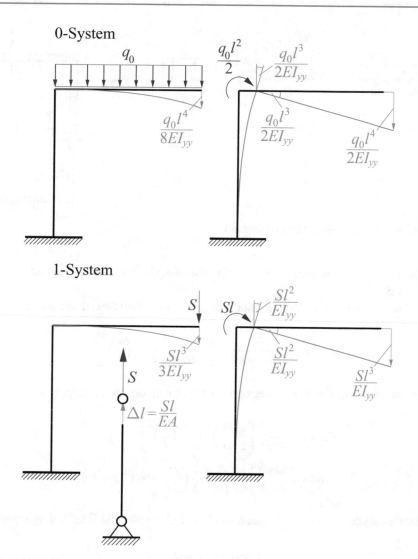

Abb. 4.35 Teilsysteme

Lösung

Für die gegebene Balkensituation ist das Biegemoment $M_z = 0$. Für das Biegemoment M_y hingegen lässt sich der folgende Verlauf ermitteln:

$$M_y = \frac{q_0 l^2}{2} \left[\frac{x}{l} - \left(\frac{x}{l} \right)^2 \right].$$

Es handelt sich bei dem eingezeichneten Koordinatensystem y, z nicht um ein Hauptachsensystem, so dass sich auch bei vorliegender einachsiger Momentenbeanspruchung

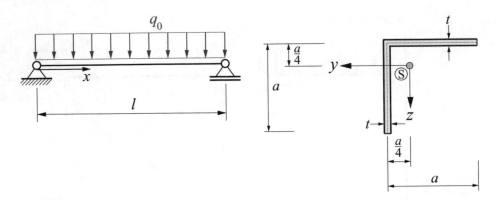

Abb. 4.36 Statisches System und Querschnitt

M_y Doppelbiegung einstellen wird, mithin also die Verschiebungen $v(x)$ und $w(x)$ zu ermitteln sind.

Die Durchbiegung $v(x)$ in $y-$Richtung ergibt sich aus dem Konstitutivgesetz wie folgt:

$$Ev'' = \frac{I_{yz}M_y}{I_{yy}I_{zz} - I_{yz}^2} = -\frac{9q_0l^2}{4ta^3}\left[\frac{x}{l} - \left(\frac{x}{l}\right)^2\right].$$

Dieser Ausdruck wird zweimal integriert zur Ermittlung der Durchbiegung $v(x)$:

$$Ev' = -\frac{9q_0l^3}{4ta^3}\left[\frac{1}{2}\left(\frac{x}{l}\right)^2 - \frac{1}{3}\left(\frac{x}{l}\right)^3\right] + C_1,$$

$$Ev = -\frac{3q_0l^4}{8ta^3}\left[\left(\frac{x}{l}\right)^3 - \frac{1}{2}\left(\frac{x}{l}\right)^4\right] + C_1 x + C_2.$$

Zur Ermittlung der Integrationskonstanten C_1 und C_2 werden die Randbedingungen

$$v(x = 0) = 0,$$
$$v(x = l) = 0$$

herangezogen, und es folgt:

$$C_1 = \frac{3q_0l^3}{16ta^3},$$
$$C_2 = 0. \tag{4.48}$$

Damit lässt sich die Durchbiegung $v(x)$ des Balkens darstellen als:

$$v(x) = \frac{3q_0 l^4}{16Eta^3}\left[\left(\frac{x}{l}\right)^4 - 2\left(\frac{x}{l}\right)^3 + \frac{x}{l}\right]. \tag{4.49}$$

Analog kann man für die Ermittlung der Durchbiegung $w(x)$ vorgehen. Aus dem Konstitutivgesetz

$$Ew'' = -\frac{I_{zz}M_y}{I_{yy}I_{zz} - I_{yz}^2}$$

folgt nach zweifacher Integration:

$$Ew'' = -\frac{15q_0 l^2}{4ta^3}\left[\frac{x}{l} - \left(\frac{x}{l}\right)^2\right],$$

$$Ew' = -\frac{15q_0 l^3}{4ta^3}\left[\frac{1}{2}\left(\frac{x}{l}\right)^2 - \frac{1}{3}\left(\frac{x}{l}\right)^3\right] + C_3,$$

$$Ew = -\frac{5q_0 l^4}{8ta^3}\left[\left(\frac{x}{l}\right)^3 - \frac{1}{2}\left(\frac{x}{l}\right)^4\right] + C_3 x + C_4.$$

Die beiden Integrationskonstanten C_3 und C_4 folgen aus den Randbedingungen

$$w(x = 0) = 0,$$

$$w(x = l) = 0$$

als

$$C_3 = \frac{5q_0 l^3}{16ta^3},$$

$$C_4 = 0. \tag{4.50}$$

Damit lässt sich die Balkendurchbiegung $w(x)$ darstellen als:

$$w = \frac{5q_0 l^4}{16ta^3}\left[\left(\frac{x}{l}\right)^4 - 2\left(\frac{x}{l}\right)^3 + \frac{x}{l}\right]. \tag{4.51}$$

Querkraftschub

5

Aufgabe 5.1

Gegeben sei der Querschnitt aus Aufgabe 3.11 (Abb. 5.1, links oben), der durch die Querkraft Q_z beansprucht werde. Gesucht wird der Verlauf der Schubspannung über diesen als dickwandig zu behandelnden Querschnitt.

Lösung

Wir ermitteln zunächst den Verlauf des statischen Moments S_y und teilen den Querschnitt dazu in die beiden Teilbereiche 1 und 2 ein. Zur Berechnung werden die beiden lokalen Achsen s_1 und s_2 eingeführt.

Wir untersuchen zunächst Bereich 1, wobei wir ein Teilelement der Dicke s_1 betrachten (in Abb. 5.1, rechts oben, in Dunkelgrau hervorgehoben). Das statische Moment dieser Teilfläche ergibt sich als:

$$S_y(s_1) = z_{S,1}(s_1)A(s_1),$$

worin $z_{S,1} = -\frac{3}{2}a + \frac{s_1}{2}$ die Schwerpunktkoordinate der betrachteten Teilfläche $A(s_1)$ ist. Es folgt:

$$S_y(s_1) = \left(-\frac{3}{2}a + \frac{s_1}{2}\right) \cdot 3as_1 = -\frac{9}{2}a^2s_1 + \frac{3as_1^2}{2}.$$

Das statische Moment verschwindet für $s_1 = 0$ und nimmt für $s_1 = a$ den Wert $S_y(s_1 = a) = -3a^3$ an.

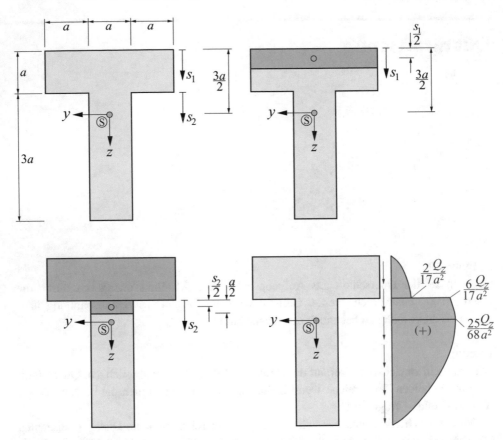

Abb. 5.1 Gegebener Querschnitt, bereichsweise Betrachtung und Schubspannungsverlauf

In Teilbereich 2 lautet die Schwerpunktkoordinate der Teilfläche 2 $z_{S,2} = -\frac{a}{2} + \frac{s_2}{2}$. Die Teilfläche 2 hat den Flächeninhalt $A(s_2) = as_2$. Es ergibt sich daher für das statische Moment der in Abb. 5.1, links unten, hervorgehobenen Fläche:

$$S_y(s_2) = z_{S,2}(s_2)A(s_2) + S_y(s_1 = a),$$

wobei hier noch der Randwert $S_y(s_1 = a)$ der oberen Teilfläche 1 hinzuzuaddieren ist. Es folgt:

$$S_y(s_2) = \left(-\frac{a}{2} + \frac{s_2}{2}\right)as_2 - 3a^3 = -\frac{a^2 s_2}{2} + \frac{as_2^2}{2} - 3a^3.$$

Es ergeben sich hier die folgenden ausgezeichneten Werte:

$$S_y(s_2 = 0) = -3a^3,$$

$$S_y\left(s_2 = \frac{a}{2}\right) = -\frac{25a^3}{8},$$

$$S_y(s_2 = 3a) = 0.$$

Die Schubspannung τ_{xz} ergibt sich aus

$$\tau_{xz} = -\frac{Q_z S_y}{I_{yy} b}.$$

Mit den oben ermittelten Werten für das statische Moment S_y ergeben sich die Spannungswerte der Abb. 5.1, rechts unten. Die maximale Schubspannung τ_{max} liegt auf Höhe des Schwerpunkts des Querschnitts vor in Höhe von

$$\underline{\underline{\tau_{max}}} = -\frac{Q_z \cdot \left(-\frac{25}{8} a^3\right)}{\frac{17}{2} a^4 \cdot a} = \underline{\underline{\frac{25 Q_z}{68 a^2}}}. \tag{5.1}$$

Am Übergangspunkt zwischen Teilbereich 1 und Teilbereich 2 an der Stelle $s_1 = a$ ergibt sich die Schubspannung als:

$$\underline{\underline{\tau_{xz}(s_1 = a)}} = -\frac{Q_z \cdot \left(-3a^3\right)}{\frac{17}{2} a^4 \cdot 3a} = \underline{\underline{\frac{2 Q_z}{17 a^2}}}. \tag{5.2}$$

An der Stelle $s_2 = 0$ ergibt sich in Teilbereich 2 der folgende Spannungswert:

$$\underline{\underline{\tau_{xz}(s_2 = 0)}} = -\frac{Q_z \cdot \left(-3a^3\right)}{\frac{17}{2} a^4 \cdot a} = \underline{\underline{\frac{6 Q_z}{17 a^2}}}. \tag{5.3}$$

Der Spannungsverlauf ist in beiden Teilbereichen parabelförmig.

Aufgabe 5.2
Betrachtet werde der Querschnitt aus Aufgabe 3.12 (Abb. 5.2), der durch eine gegebene Querkraft Q_z beansprucht werde. Gesucht wird die Schubspannung τ_{xz} auf Höhe des Schwerpunktes S des Querschnitts. Das Flächenträgheitsmoment des Querschnitts ist gegeben als $I_{yy} = \frac{52}{27} a^4$.

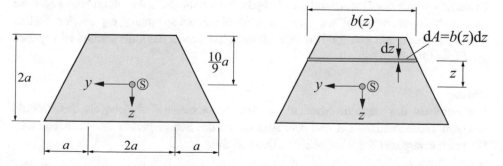

Abb. 5.2 Gegebener Querschnitt (links), infinitesimales Schnittelement (rechts)

Lösung

Wir ermitteln zunächst das statische Moment des Teilquerschnitts für eine beliebige Stelle z. Es gilt:

$$S_y(z) = \int\limits_{-\frac{10}{9}a}^{z} \hat{z}b(\hat{z})\mathrm{d}\hat{z}.$$

Die Breite $b(\hat{z})$ eines infinitesimalen Elements $\mathrm{d}A$ beträgt

$$b(\hat{z}) = \hat{z} + \frac{28}{9}a.$$

Damit folgt:

$$S_y(z) = \int\limits_{-\frac{10}{9}a}^{z} \hat{z}\left(\hat{z} + \frac{28}{9}a\right)\mathrm{d}\hat{z}$$

$$= \left(\frac{1}{3}\hat{z}^3 + \frac{14}{9}a\hat{z}^2\right)\Bigg|_{-\frac{10}{9}a}^{z}$$

$$= \frac{1}{3}z^3 + \frac{14}{9}az^2 + \frac{1000}{2187}a^3 - \frac{1400}{729}a^3.$$

Das statische Moment auf Höhe des Schwerpunkts $z = 0$ ergibt sich als:

$$S_y(z = 0) = -\frac{3200}{2187}a^3.$$

Damit kann die gesuchte Schubspannung an der Stelle $z = 0$ ermittelt werden als:

$$\underline{\underline{\tau_{xz}(z=0)}} = -\frac{Q_z S_y(z=0)}{I_{yy}b(z=0)} = -\frac{Q_z \cdot \left(-\frac{3200}{2187}a^3\right)}{\frac{52}{27}a^4 \cdot \frac{28}{9}a} = \underline{\underline{\frac{200}{819}\frac{Q_z}{a^2}}}. \tag{5.4}$$

Aufgabe 5.3

Betrachtet werde der Querschnitt aus Aufgabe 3.15 (Abb. 5.3), der durch eine gegebene Querkraft Q_z beansprucht sei. Gesucht wird die Schubspannung τ_{xz} an den Stellen $z = -3a$, $z = 0$ und $z = 3a$. Das Flächenträgheitsmoment des Querschnitts ist gegeben als $I_{yy} = 1269a^4$.

Lösung

Wir ermitteln das statische Moment S_y einer betrachteten Teilfläche als das Produkt aus dem Teilflächeninhalt A und dem Abstand z_S des Schwerpunkts der Teilfläche zum Gesamtschwerpunkt S des betrachteten Querschnitts:

$$S_y = z_S A.$$

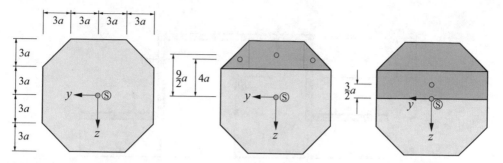

Abb. 5.3 Gegebener Querschnitt und bereichsweise Betrachtung

An der Stelle $z = -3a$ ergibt sich (Abb. 5.3, Mitte):

$$S_y(z = -3a) = 2 \cdot (-4a) \cdot \frac{9}{2}a^2 + \left(-\frac{9}{2}a\right) \cdot 18a^2 = -117a^3.$$

Zur Ermittlung des statische Moments auf Höhe des Schwerpunktes (Abb. 5.3, rechts) wird die gesamte in Dunkelgrau hervorgehobene Teilfläche betrachtet. Es folgt:

$$S_y(z = 0) = -117a^3 - \frac{3}{2}a \cdot 36a^2 = -171a^3.$$

Aus Symmetriegründen ergibt sich das statische Moment an der Stelle $z = 3a$ als:

$$S_y(z = 3a) = -117a^3.$$

Die Spannungsermittlung erfolgt gemäß

$$\tau_{xz}(z) = -\frac{Q_z S_y(z)}{I_{yy} b(z)}$$

und ergibt:

$$\underline{\underline{\tau_{xz}(z = \pm 3a)}} = -\frac{Q_z \cdot (-117a^3)}{1269a^4 \cdot 12a} = \underline{\underline{\frac{13}{1692} \frac{Q_z}{a^2}}},$$

$$\underline{\underline{\tau_{xz}(z = 0)}} = -\frac{Q_z \cdot (-171a^3)}{1269a^4 \cdot 12a} = \underline{\underline{\frac{19}{1692} \frac{Q_z}{a^2}}}. \tag{5.5}$$

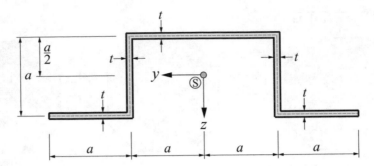

Abb. 5.4 Gegebener Querschnitt

Aufgabe 5.4

Betrachtet werde der Querschnitt aus Aufgabe 3.1 (Abb. 5.4), der durch eine gegebene Querkraft Q_z beansprucht werde. Gesucht wird der Verlauf der Schubspannung $\tau_s(s)$ über den als dünnwandig zu klassifizierenden Querschnitt. Es sei $t \ll a$.

Lösung

Wir ermitteln zunächst das Flächenträgheitsmoment I_{yy}:

$$I_{yy} = 2 \cdot \frac{ta^3}{12} + 2 \cdot at \left(\frac{a}{2}\right)^2 + 2 \cdot at \cdot \left(-\frac{a}{2}\right)^2 = \frac{7}{6}ta^3.$$

Zur Ermittlung des statischen Moments S_y, des Schubflusses $T_s(s)$ und der Schubspannung $\tau_s(s)$ nutzen wir die Symmetrie des Querschnitts und betrachten nur die linke Hälfte (Abb. 5.5, links oben), wobei wir annehmen dürfen, dass an der Symmetriestelle S_y, T_s und τ_s zu Null werden. Zur Berechnung führen wir die lokalen Umlaufachsen s_1, s_2, s_3 ein wie dargestellt.

Die Ermittlung des statischen Moments wird gemäß der folgenden Rechenvorschrift durchgeführt:

$$S_y(s) = \int\limits_{s_A}^{s} tz\,d\hat{s}.$$

In Bereich 1 (Abb. 5.5, rechts oben) erhalten wir:

$$S_y(s_1) = \int\limits_{0}^{s_1} t \cdot \frac{a}{2}\,d\hat{s}_1 = \frac{1}{2}tas_1,$$

mit den Randwerten

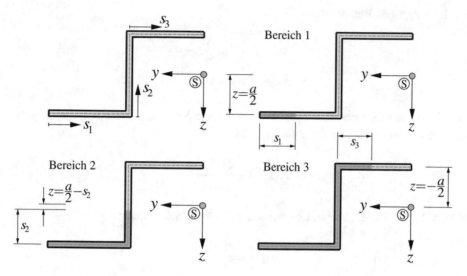

Abb. 5.5 Bereichsweise Betrachtung

$$S_y(s_1 = 0) = 0,$$

$$S_y(s_1 = a) = \frac{1}{2}ta^2.$$

In Bereich 2 (Abb. 5.5, links unten) erhalten wir:

$$S_y(s_2) = \int_0^{s_2} t \cdot \left(\frac{a}{2} - \hat{s}_2\right) d\hat{s}_2 + S_y(s_1 = a) = \frac{1}{2}t \left(as_2 - s_2^2 + a^2\right),$$

mit den folgenden ausgezeichneten Werten:

$$S_y(s_2 = 0) = \frac{1}{2}ta^2,$$

$$S_y\left(s_2 = \frac{a}{2}\right) = \frac{5}{8}ta^2,$$

$$s_y(s_2 = a) = \frac{1}{2}ta^2.$$

In Teilbereich 3 (Abb. 5.5, rechts unten) schließlich erhalten wir:

$$S_y(s_3) = \int_0^{s_3} t \cdot \left(-\frac{a}{2}\right) d\hat{s}_3 + S_y(s_2 = a) = -\frac{1}{2}tas_3 + \frac{1}{2}ta^2,$$

mit den folgenden Randwerten:

$$S_y(s_3 = 0) = \frac{1}{2}ta^2,$$

$$S_y(s_3 = a) = 0.$$

Der Verlauf des statische Moments über den Querschnitt ist in Abb. 5.6, links, dargestellt. Der sich daraus ergebende Schubfluss gemäß

$$T_s(s) = -\frac{Q_z S_y(s)}{I_{yy}}$$

ist in Abb. 5.6, Mitte, gezeigt. Die daraus ermittelbare Schubspannung

$$\tau_s(s) = \frac{T_s(s)}{t(s)}$$

ist in Abb. 5.6, rechts, dargestellt. Abb. 5.7 zeigt den Verlauf der Schubspannung $\tau_s(s)$ am Gesamtquerschnitt.

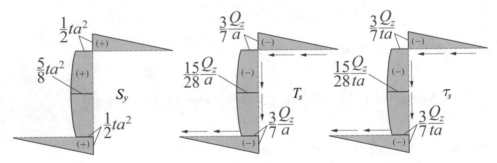

Abb. 5.6 Statisches Moment (links), Schubfluss (Mitte) und Schubspannung (rechts) am Halbquerschnitt

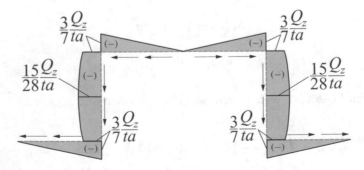

Abb. 5.7 Schubspannung am Gesamtquerschnitt

Als Rechenprobe kann man zwei Dinge überprüfen. Einerseits müssen sich die Schubflüsse in den horizontal verlaufenden Segmenten des Querschnitts gegenseitig aufheben. Man kann sich davon überzeugen, dass das hier der Fall ist. Andererseits muss die Resultierende des Schubflusses der vertikalen Segmente genau der wirkenden Querkraft Q_z entsprechen. Hierzu betrachten wir den Schubfluss in Teilbereich 2, der sich formulieren lässt als:

$$T_s(s_2) = -\frac{Q_z S_y(s_2)}{I_{yy}} = -\frac{Q_z \cdot \frac{1}{2} t \cdot \left(as_2 - s_2^2 + a^2\right)}{\frac{7}{6} t a^3} = -\frac{3}{7} \frac{Q_z}{a^3} \left(as_2 - s_2^2 + a^2\right).$$

Die resultierende Kraft F_2 erhalten wir durch Integration von $T_s(s_2)$ über den Teilbereich 2:

$$F_2 = \int_0^a T_s(s_2) \mathrm{d}s_2 = -\frac{3}{7} \frac{Q_z}{a^3} \int_0^a \left(as_2 - s_2^2 + a^2\right) \mathrm{d}s_2 = -\frac{1}{2} Q_z.$$

Das Minuszeichen deutet dabei an, dass diese Kraft entgegen der Bezugsachse s_2 weist, also nach unten. Die gleiche resultierende Kraft ergibt sich auch im vertikal verlaufenden Querschnittsabschnitt auf der rechten Seite des Querschnitts. Demnach ergibt sich also als gesamte resultierende vertikale Kraft der Wert Q_z, was genau der angreifenden Querkraft Q_z entspricht. Dies ist ein zwingendes Ergebnis.

Aufgabe 5.5
Betrachtet werde der Querschnitt aus Aufgabe 3.2 (Abb. 5.8, links), der nun durch eine Querkraft Q_z beansprucht sei. Gesucht wird die Schubspannungsverteilung über den Querschnitt. Das Flächenträgheitsmoment I_{yy} sei gegeben als $I_{yy} = \frac{1}{3} t a^3$. Es sei $t << a$.

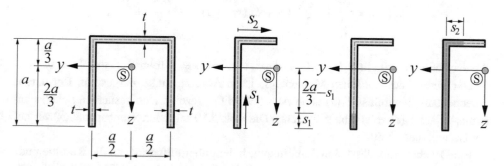

Abb. 5.8 Gegebener Querschnitt (links), bereichsweise Betrachtung (rechts)

Lösung

Aufgrund der Symmetrie des Querschnitts ist es ausreichend, nur eine Hälfte des Querschnitts, hier die linke Hälfte, zu betrachten (Abb. 5.8, Mitte). Wir führen die beiden Umlaufachsen s_1 und s_2 ein wie angedeutet.

Die Ermittlung des statischen Moments einer abgeschnittenen Teilfläche geschieht durch Integration eines infinitesimalen Flächenelements $dA = t ds$, multipliziert mit dem Abstand z vom Gesamtschwerpunkt S des Querschnitts:

$$S_y(s) = \int\limits_{s_A}^{s} tz d\hat{s}.$$

Für Bereich 1 (Abb. 5.8, rechts) ist der Abstand

$$z_1 = \frac{2}{3}a - s_1.$$

Für das statische Moment $S_y(s_1)$ folgt:

$$S_y(s_1) = t \int\limits_{0}^{s_1} \left(\frac{2}{3}a - \hat{s}_1\right) d\hat{s}_1 = \frac{2}{3}ats_1 - \frac{1}{2}ts_1^2.$$

An der Stelle $s_1 = 0$ verschwindet das statische Moment, und an der Stelle $s_1 = a$ nimmt es den Wert $s_y(s_1 = a) = \frac{1}{6}ta^2$ an. Auf Höhe des Schwerpunkts des Querschnitts ergibt sich der Wert $S_y\left(s_1 = \frac{2}{3}a\right) = \frac{2}{9}ta^2$.

In Bereich 2 (Abb. 5.8, rechts) gilt $z_2 = -\frac{a}{3}$. Damit folgt:

$$S_y(s_2) = t \int\limits_{0}^{s_2} \left(-\frac{a}{3}\right) d\hat{s}_2 + S_y(s_1 = a) = -\frac{tas_2}{3} + \frac{ta^2}{6}.$$

An der Stelle $s_2 = 0$ gilt $S_y(s_2 = 0) = \frac{1}{6}ta^2$, und bei $s_2 = \frac{a}{2}$ folgt $S_y\left(s_2 = \frac{a}{2}\right) = 0$.

Der Verlauf des statischen Moments S_y ist in Abb. 5.9, links, dargestellt. Der daraus berechenbare Schubfluss $T_s(s)$ ist in Abb. 5.9, Mitte, gezeigt. Den gesuchten Schubspannungsverlauf $\tau_s(s)$ zeigt Abb. 5.9, rechts. Die Abb. 5.10 zeigt den Schubspannungsverlauf am Gesamtquerschnitt.

Eine Rechenprobe lässt sich durchführen, indem überprüft wird, ob die Resultierende des am Querschnitt wirkenden vertikalen Schubflusses der wirkenden Querkraft entspricht. Hierzu wird die Resultierende berechnet als:

$$F_1 = -\frac{Q_z}{\frac{1}{3}ta^3} \int\limits_{0}^{a} \left(\frac{2}{3}ats_1 - \frac{1}{2}ts_1^2\right) ds_1 = -\frac{1}{2}Q_z.$$

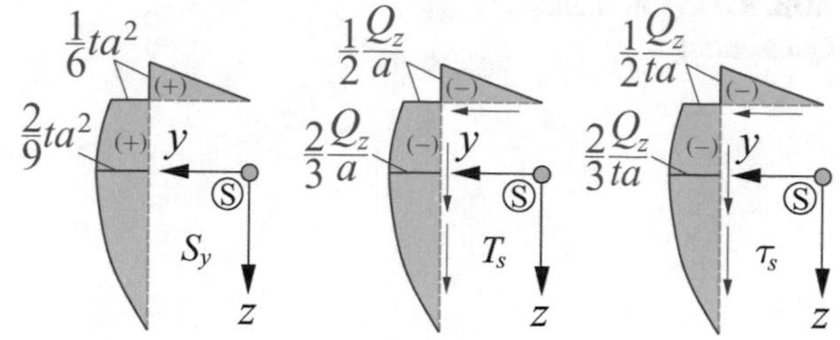

Abb. 5.9 Statisches Moment (links), Schubfluss (Mitte) und Schubspannung (rechts) am Halbquerschnitt

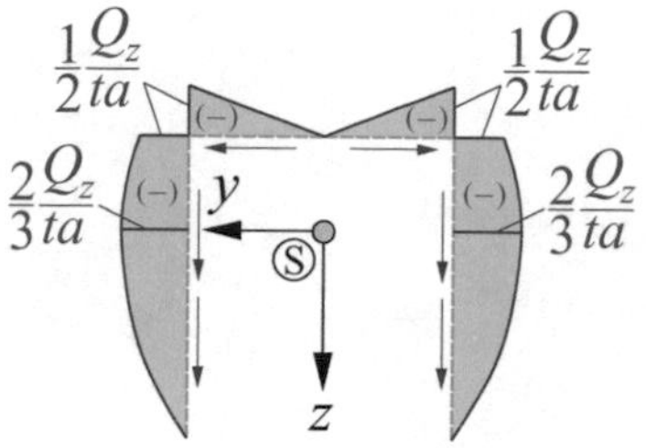

Abb. 5.10 Schubspannung am Gesamtquerschnitt

Das negative Vorzeichen zeigt dabei an, dass die resultierende Kraft F_1 entgegen der Achse s_1, also nach unten weist. Die gleiche Kraft ergibt sich im vertikalen Steg der rechten Querschnittsseite, so dass sich als gesamte resultierende Kraft Q_z ergibt, was ein zwingendes Ergebnis ist.

Aufgabe 5.6

Betrachtet werde der Querschnitt der Abb. 5.11, der durch eine gegebene Querkraft Q_z beansprucht werde. Gesucht wird die Schubspannungsverteilung infolge der Querkraft Q_z über den Querschnitt. An welcher Stelle befindet sich der Schubmittelpunkt? Das Flächenträgheitsmoment I_{yy} des Querschnitts ist gegeben mit $I_{yy} = \frac{22}{3}ta^3$. Es sei $t << a$.

Lösung

Zur Berechnung werden die lokalen Umlaufachsen eingeführt wie in Abb. 5.11 gezeigt. Die Berechnung des statischen Moments $S_y(s)$ geschieht bereichsweise gemäß

$$S_y(s) = \int_{s_A}^{s} tz\,d\hat{s}.$$

In Bereich 1 gilt:

$$z_1 = -2a + s_1.$$

Abb. 5.11 Gegebener
Querschnitt

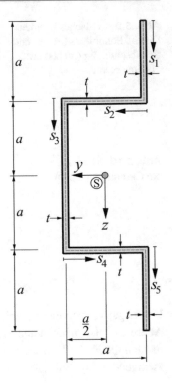

Das statische Moment $S_y(s_1)$ folgt dann zu:

$$S_y(s_1) = t \int_0^{s_1} (-2a + \hat{s}_1)\, d\hat{s}_1 = t\left(-2as_1 + \frac{1}{2}s_1^2\right).$$

In Bereich 2 lautet die z−Koordinate:

$$z_2 = -a.$$

Dann folgt:

$$S_y(s_2) = t \int_0^{s_2} (-a)\, d\hat{s}_2 + S_y(s_1 = a) = -tas_2 - \frac{3}{2}ta^2.$$

Für die Bereiche 3–5 folgt das statische Moment S_y zu:

$$S_y(s_3) = t \int_0^{s_3} (-a + \hat{s}_3)\, d\hat{s}_3 + S_y(s_2 = a) = t\left(-as_3 + \frac{1}{2}s_3^2\right) - \frac{5}{2}ta^2,$$

$$S_y(s_4) = t \int_0^{s_4} a\, d\hat{s}_4 + S_y(s_3 = 2a) = tas_4 - \frac{5}{2}ta^2,$$

$$S_y(s_5) = t \int_0^{s_5} \left(a + \hat{s}_5\right) d\hat{s}_5 + S_y(s_4 = a) = t\left(as_5 + \frac{1}{2}s_5^2\right) - \frac{3}{2}ta^2.$$

Der Verlauf des statischen Moments S_y über den Querschnitt ist in Abb. 5.12, links, gezeigt. Der damit ermittelbare Schubfluss $T_s(s)$ sowie der Verlauf der Schubspannung $\tau_s(s)$ sind in Abb. 5.12, Mitte und rechts, dargestellt. Der Schubfluss in den einzelnen Bereichen ergibt sich als:

$$T_s(s_1) = -\frac{3Q_z}{22a^3}\left(-2as_1 + \frac{1}{2}s_1^2\right),$$

$$T_s(s_2) = -\frac{3Q_z}{22a^3}\left(-s_2 - \frac{3}{2}a\right),$$

$$T_s(s_3) = -\frac{3Q_z}{22a^3}\left(-as_3 + \frac{1}{2}s_3^2 - \frac{5}{2}a^2\right),$$

$$T_s(s_4) = -\frac{3Q_z}{22a^3}\left(s_4 - \frac{5}{2}a\right),$$

$$T_s(s_5) = -\frac{3Q_z}{22a^3}\left(as_5 + \frac{1}{2}s_5^2 - \frac{3}{2}a^2\right).$$

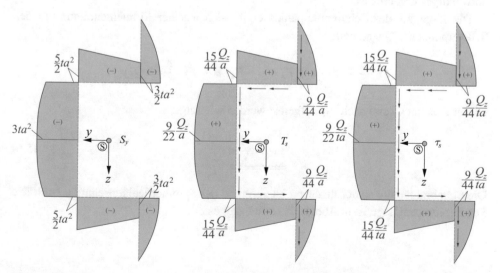

Abb. 5.12 Statisches Moment (links), Schubfluss (Mitte) und Schubspannung (rechts)

Zur Ermittlung des Schubmittelpunkts M wird der Schubfluss $T_s(s)$ in resultierende Kräfte umgerechnet:

$$F_1 = -\frac{3Q_z}{22a^3} \int_0^a \left(-2as_1 + \frac{1}{2}s_1^2\right) ds_1 = \frac{5}{44}Q_z,$$

$$F_2 = -\frac{3Q_z}{22a^3} \int_0^a \left(-s_2 - \frac{3}{2}a\right) ds_2 = \frac{3}{11}Q_z,$$

$$F_3 = -\frac{3Q_z}{22a^3} \int_0^{2a} \left(-as_3 + \frac{1}{2}s_3^2 - \frac{5}{2}a^2\right) ds_3 = \frac{17}{22}Q_z,$$

$$F_4 = -\frac{3Q_z}{22a^3} \int_0^a \left(s_4 - \frac{5}{2}a\right) ds_4 = \frac{3}{11}Q_z,$$

$$F_5 = -\frac{3Q_z}{22a^3} \int_0^a \left(as_5 + \frac{1}{2}s_5^2 - \frac{3}{2}a^2\right) ds_5 = \frac{5}{44}Q_z.$$

Die resultierenden Kräfte sind in Abb. 5.13, links, dargestellt. Als Rechenprobe lässt sich zeigen, dass sich die beiden horizontal wirkenden Kräfte F_2 und F_4 gegenseitig genau aufheben, was ein notwendiges Ergebnis ist, da in der vorliegenden Aufgabe keinerlei Querkraft in y-Richtung wirkt. Außerdem entspricht die Summe der vertikalen Kräfte F_1, F_3 und F_5 genau der wirkenden Querkraft Q_z, was ein ebenso einsichtiges und notwendiges Ergebnis ist.

Die Lage y_M des Schubmittelpunkts ergibt sich aus der Momentenbilanz um den Schwerpunkt des Querschnitts:

$$-F_1 \cdot \frac{a}{2} + F_s \cdot a + F_3 \cdot \frac{a}{2} + F_4 \cdot a - F_5 \cdot \frac{a}{2} = Q_z y_M.$$

Dieser Ausdruck kann nach y_M aufgelöst werden wie folgt:

$$\underline{\underline{y_M = \frac{9}{11}a.}} \tag{5.6}$$

Die Schubmittelpunktskoordinate z_M ist aufgrund der Symmetrieeigenschaften Null. Die Schubmittelpunktlage ist in Abb. 5.13, rechts, dargestellt.

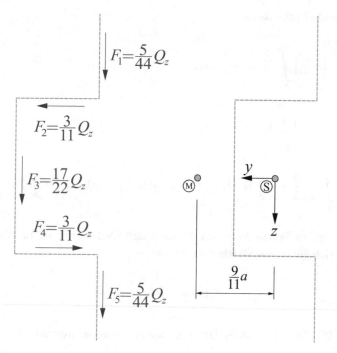

Abb. 5.13 Resultierende Kräfte (links), Schubmittelpunkt (rechts)

Abb. 5.14 Gegebener Querschnitt (links), lokale Bezugsachsen (rechts)

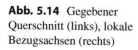
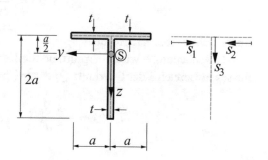

Aufgabe 5.7

Gegeben sei der Querschnitt aus Aufgabe 3.3 (Abb. 5.14), der nun durch eine Querkraft Q_z beansprucht werde. Gesucht wird der Verlauf der Schubspannung $\tau_s(s)$ über den Querschnitt. Das Flächenträgheitsmoment I_{yy} ist bekannt als $I_{yy} = \frac{5}{3}ta^3$. Es sei $t \ll a$.

Lösung

Zur Berechnung werden die lokalen Achsen s_1, s_2, s_3 wie in Abb. 5.14, rechts, gezeigt eingeführt. Wir ermitteln zunächst das statische Moment gemäß

$$S_y(s) = \int\limits_{s_A}^{s} tz\,d\hat{s}.$$

In den Bereich 1–3 folgt damit:

$$S_y(s_1) = t \cdot \left(-\frac{a}{2}\right) \int_0^{s_1} d\hat{s}_1 = -\frac{1}{2} t a s_1,$$

$$S_y(s_2) = t \cdot \left(-\frac{a}{2}\right) \int_0^{s_2} d\hat{s}_2 = -\frac{1}{2} t a s_2,$$

$$S_y(s_3) = t \int_0^{s_3} \left(-\frac{a}{2} + \hat{s}_3\right) d\hat{s}_3 + S_y(s_1 = a) + S_y(s_2 = a) = t \left(-\frac{a}{2} s_3 + \frac{1}{2} s_3^2\right) - t a^2.$$

Der Verlauf des statischen Moments S_y über den Querschnitt ist in Abb. 5.15, links, gezeigt. Der sich daraus ergebende Schubfluss

$$T_s(s) = -\frac{Q_z S_y(s)}{I_{yy}}$$

ist in Abb. 5.15, Mitte, dargestellt. Der gesuchte Schubspannungsverlauf

$$\tau_s(s) = \frac{T_s(s)}{t(s)}$$

findet sich in Abb. 5.15, rechts.

Als Rechenprobe wird überprüft, ob die Resultierende des vertikal wirkenden Schubflusses in Bereich 3 der Querkraft Q_z entspricht. Der Schubfluss in Bereich 3 lautet:

$$T_s(s_3) = -\frac{3}{5} \frac{Q_z}{a^3} \left(-\frac{a}{2} s_3 + \frac{1}{2} s_3^2 - a^2\right).$$

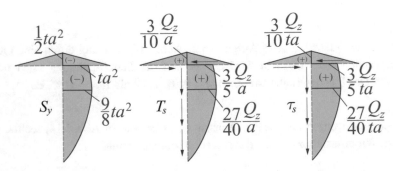

Abb. 5.15 Statisches Moment (links), Schubfluss (Mitte) und Schubspannung (rechts)

Es folgt:

$$F_3 = -\frac{3}{5}\frac{Q_z}{a^3}\int\limits_0^{2a}\left(-\frac{a}{2}s_3 + \frac{1}{2}s_3^2 - a^2\right)ds_3 = Q_z.$$

Offenbar ist diese notwendige Forderung hier erfüllt.

Aufgabe 5.8

Es werde der Querschnitt aus Aufgabe 3.4 betrachtet (Abb. 5.16, links), der durch eine gegebene Querkraft Q_z beansprucht werde. Gesucht wird der Verlauf der Schubspannung $\tau_s(s)$ über den Querschnitt. Das Flächenträgheitsmoment I_{yy} ist bekannt als $I_{yy} = \frac{7}{6}ta^3$, es sei $t << a$.

Lösung

Für die Berechnung ist es aufgrund der Symmetrie des Querschnitts ausreichend, nur eine Hälfte des Querschnitts zu betrachten, hier die linke Hälfte (Abb. 5.16, rechts). Am Symmetriepunkt sind dann die für die Berechnung notwendigen Größen $S_y(s)$, $T_s(s)$ und $\tau_s(s)$ identisch Null. Es werden die gezeigten lokalen Achsen s_1, s_2, s_3 eingeführt.

Wir ermitteln zunächst das statische Moment wie folgt:

$$S_y(s) = \int\limits_{s_A}^{s} t z d\hat{s}.$$

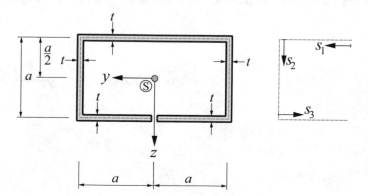

Abb. 5.16 Gegebener Querschnitt (links), lokale Bezugsachsen (rechts)

Es folgt in den Bereichen 1–3:

$$S_y(s_1) = t \cdot \left(-\frac{a}{2}\right) \int_0^{s_1} \mathrm{d}\hat{s}_1 = -\frac{1}{2}tas_1,$$

$$S_y(s_2) = t \int_0^{s_2} \left(-\frac{a}{2} + \hat{s}_2\right) \mathrm{d}\hat{s}_2 + S_y(s_1 = a) = t\left(-\frac{1}{2}as_2 + \frac{1}{2}s_2^2\right) - \frac{1}{2}ta^2,$$

$$S_y(s_3) = t \cdot \frac{a}{2} \int_0^{s_3} \mathrm{d}\hat{s}_3 + S_y(s_2 = a) = \frac{1}{2}tas_3 - \frac{1}{2}ta^2.$$

Der Verlauf des statischen Moments über den Querschnitt ist in Abb. 5.17, links, darge-stellt. Der daraus berechenbare Schubfluss

$$T_s(s) = -\frac{Q_z S_y(s)}{I_{yy}}$$

ist in Abb. 5.17, Mitte, gezeigt. Der Schubspannungsverlauf

$$\tau_s(s) = \frac{T_s(s)}{t(s)}$$

schließlich findet sich in Abb. 5.17, rechts. Der Schubspannungsverlauf am Gesamtquer-schnitt ist in Abb. 5.18 gezeigt.

Als Rechenprobe ziehen wir den Umstand heran, dass der Schubfluss in den vertikalen Segmenten des Querschnitts in Summe der wirkenden Querkraft Q_z entsprechen muss.

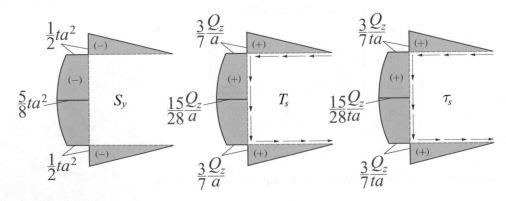

Abb. 5.17 Statisches Moment (links), Schubfluss (Mitte) und Schubspannung (rechts) am Halb-querschnitt

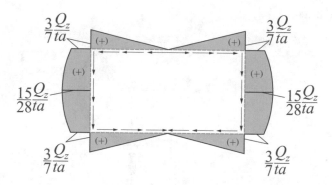

Abb. 5.18 Schubspannung am Gesamtquerschnitt

Wir ermitteln zunächst den Schubfluss $T_s(s_2)$ in Bereich 2:

$$T_s(s_2) = -\frac{Q_z S_y(s_2)}{I_{yy}} = \frac{3}{7}\frac{Q_z}{a^3}\left(as_2 - s_2^2 + a^2\right).$$

Die resultierende Kraft F_2 lässt sich dann wie folgt berechnen:

$$F_2 = \int_0^a T_s(s_2)\mathrm{d}s_2 = \frac{3}{7}\frac{Q_z}{a^3}\int_0^a \left(as_2 - s_2^2 + a^2\right)\mathrm{d}s_2 = \frac{1}{2}Q_z.$$

Da diese Kraft ebenso auf der rechten Querschnittshälfte auftritt, ist damit die Gleichgewichtsforderung erfüllt, dass die vertikale Resultierende des Schubflusses genau der wirkenden Querkraft Q_z entspricht.

Aufgabe 5.9

Betrachtet werden die beiden Querschnitte aus Aufgabe 3.5 (Abb. 5.19), die nun durch eine Querkraft Q_z beansprucht werden. Gesucht wird der Verlauf von S_y, T_s, τ_s sowie die Lage des Schubmittelpunkts M. Es gelte $t \ll a$ für beide Querschnitte. Für den Querschnitt der Abb. 5.19, links, gilt $I_{yy} = \left(2 + \frac{\pi}{2}\right)ta^3$, für den Querschnitt der Abb. 5.19, rechts, gilt $I_{yy} = \frac{1}{6}\left(4 + 3\pi\right)ta^3$.

Lösung

Wir betrachten zunächst den Querschnitt der Abb. 5.19, links. Für Bereich 1 ergibt sich das statische Moment als:

$$S_y(s_1) = t \cdot (-a)\int_0^{s_1} \mathrm{d}\hat{s}_1 = -tas_1.$$

Abb. 5.19 Gegebene
Querschnitte

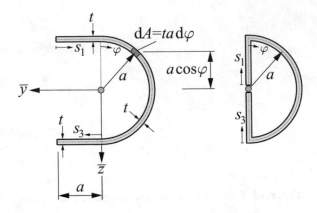

In gekrümmten Bereich 2, der zweckmäßig durch den Winkel φ beschrieben wird, wird das Flächenelement $\mathrm{d}A = ta\,\mathrm{d}\varphi$ betrachtet. Mit dem Abstand $\bar{z} = -a\cos\varphi$ ergibt sich:

$$S_y(\varphi) = \int_0^{\varphi} (-a\cos\hat{\varphi})\,ta\,\mathrm{d}\hat{\varphi} + S_y(s_1 = a) = -ta^2\,(1 + \sin\varphi).$$

Im unteren geraden Bereich 3 erhalten wir für das statische Moment:

$$S_y(s_3) = t \cdot a \int_0^{s_3} \mathrm{d}\hat{s}_3 + S_y(\varphi = \pi) = tas_3 - ta^2.$$

Der Verlauf des statischen Moments S_y ist in Abb. 5.20, links, dargestellt. Der daraus ermittelbare Schubfluss T und die Schubspannung τ sind in 5.20, Mitte und rechts, gezeigt.

Wir ermitteln nun den Schubmittelpunkt dieses Querschnitts und berechnen dazu das aus dem Schubfluss resultierende Torsionsmoment M_x bezüglich des Schwerpunkts. Hierzu werden die Schubflüsse in den einzelnen Bereichen benötigt:

$$T_s(s_1) = \frac{Q_z}{I_{yy}}tas_1,$$

$$T_s(\varphi) = \frac{Q_z}{I_{yy}}ta^2\,(1 + \sin\varphi),$$

$$T_s(s_3) = \frac{Q_z}{I_{yy}}ta(a - s_3).$$

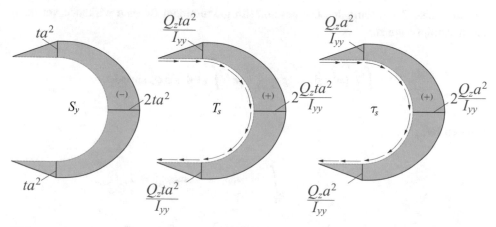

Abb. 5.20 Statisches Moment (links), Schubfluss (Mitte) und Schubspannung (rechts) für Querschnitt 1

Das sich daraus ergebende Torsionsmoment M_x folgt zu:

$$M_x = -\int_0^a T_s(s_1)a\,\mathrm{d}s_1 - \int_0^\pi T_s(\varphi)a^2\mathrm{d}\varphi - \int_0^a T_s(s_3)a\,\mathrm{d}s_3$$

$$= -\frac{Q_z}{I_{yy}}ta^2\int_0^a s_1\mathrm{d}s_1 - \frac{Q_z}{I_{yy}}ta^4\int_0^\pi (1+\sin\varphi)\,\mathrm{d}\varphi - \frac{Q_z}{I_{yy}}ta^2\int_0^a (a-s_3)\,\mathrm{d}s_3,$$

$$= -\frac{Q_z}{I_{yy}}ta^4\,(3+\pi)\,.$$

Zur Findung der Schubmittelpunktkoordinate $\bar{y}_M$ wird die Gleichheit der Momente um die $x-$Achse gefordert:

$$Q_z\bar{y}_M = M_x.$$

Dieser Ausdruck kann nach $\bar{y}_M$ aufgelöst werden:

$$\bar{y}_M = -\frac{ta^4}{I_{yy}}\,(3+\pi) = -2a\frac{3+\pi}{4+\pi}. \tag{5.7}$$

Es wird noch überprüft, ob der sich einstellende Schubflussverlauf T_s der wirkenden Querkraft Q_z entspricht. Hierzu wird im gekrümmten Bereich die vertikale resultierende Kraft V ermittelt. An einem infinitesimalen Schnittelement der Länge $a\mathrm{d}\varphi$ ergibt sich die resultierende Kraft als $\mathrm{d}F = T_s(\varphi)a\mathrm{d}\varphi$. Diese Kraft hat die vertikale Komponente

$dF \sin \varphi$, also $T_s(\varphi) a \sin \varphi d\varphi$. Die gesamte im gekrümmten Bereich wirkende vertikale Kraft V folgt dann zu:

$$V = \int_0^\pi T_s(\varphi) a \sin \varphi d\varphi = \frac{Q_z}{I_{yy}} t a^3 \int_0^\pi (1 + \sin \varphi) \sin \varphi d\varphi.$$

Mit den Integralen

$$\int_0^\pi \sin \varphi d\varphi = -\cos \varphi |_0^\pi = 2,$$

$$\int_0^\pi \sin^2 \varphi d\varphi = -\frac{\sin \varphi \cos \varphi}{2} \Big|_0^\pi + \frac{1}{2} \int_0^\pi d\varphi = \frac{\pi}{2}$$

folgt die resultierende Kraft V als

$$V = \frac{Q_z}{I_{yy}} t a^3 \left(2 + \frac{\pi}{2}\right).$$

Mit $I_{yy} = \left(2 + \frac{\pi}{2}\right) t a^3$ folgt:

$$V = Q_z.$$

Wir betrachten nun den Querschnitt der Abb. 5.19, rechts. Für das statische Moment in Bereich 1 folgt:

$$S_y(s_1) = -t \int_0^{s_1} \hat{s}_1 d\hat{s}_1 = -\frac{1}{2} t s_1^2.$$

Im gekrümmten Bereich 2 erhalten wir:

$$S_y(\varphi) = \int_0^\varphi (-a \cos \hat{\varphi}) t a d\hat{\varphi} + s_y(s_1 = a) = -t a^2 \left(\sin \varphi + \frac{1}{2}\right).$$

Im Bereich 3 folgt:

$$S_y(s_3) = t \int_0^{s_1} (a - \hat{s}_3) d\hat{s}_3 + S_y(\varphi = \pi) = t \left(a s_3 - \frac{1}{2} s_3^2\right) - \frac{1}{2} t a^2.$$

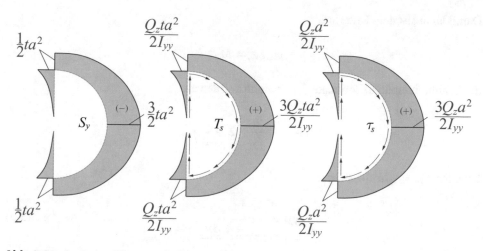

Abb. 5.21 Statisches Moment (links), Schubfluss (Mitte) und Schubspannung (rechts) für Querschnitt 2

Das so ermittelte statische Moment ist in Abb. 5.21, links, dargestellt. Der sich daraus ergebende Schubfluss T_s ist in 5.21, Mitte, gezeigt. Abb. 5.21, rechts, zeigt den sich einstellenden Verlauf der Schubspannung τ_s.

Auch für diesen Querschnitt wird die Schubmittelpunktkoordinate $\bar{y}_M$ gesucht. Hierfür werden die Schubflussverläufe in den einzelnen Bereichen benötigt. Hierbei ist zu beachten, dass der Schubfluss in den beiden geraden Segmenten des Querschnitts keinen Hebelarm auf das zugrundeliegende Koordinatensystem $\bar{y}, \bar{z}$ hat, so dass wir an dieser Stelle nur das resultierende Torsionsmoment als Folge des Schubflusses im gekrümmten Bereich benötigen. Der Schubfluss im gekrümmten Bereich lautet:

$$T_s(\varphi) = -\frac{Q_z}{I_{yy}} S_y(\varphi) = \frac{Q_z}{I_{yy}} t a^2 \left(\sin \varphi + \frac{1}{2} \right). \tag{5.8}$$

Das daraus resultierende Torsionsmoment lautet dann:

$$M_x = -\int_0^\pi T_s(\varphi) a^2 \mathrm{d}\varphi$$

$$= -\frac{Q_z}{I_{yy}} t a^4 \int_0^\pi \left(\sin \varphi + \frac{1}{2} \right)$$

$$= -\frac{Q_z}{I_{yy}} t a^4 \left(-\cos \varphi + \frac{1}{2} \varphi \right) \Big|_0^\pi$$

$$= -\frac{Q_z t a^4}{I_{yy}} \left(2 + \frac{\pi}{2} \right).$$

Damit kann aus dem Kriterium

$$Q_z \bar{y}_M = M_x$$

die Schubmittelpunktkoordinate $\bar{y}_M$ ermittelt werden als:

$$\bar{y}_M = -\frac{ta^4}{I_{yy}}\left(2 + \frac{\pi}{2}\right),$$

bzw. mit $I_{yy} = \frac{1}{6}ta^3\,(4 + 3\pi)$:

$$\bar{y}_M = -a\frac{12 + 3\pi}{4 + 3\pi}. \tag{5.9}$$

Aufgabe 5.10
Wir betrachten den Querschnitt aus Aufgabe 3.6 (Abb. 5.22, links), der nun durch eine gegebene Querkraft Q_z beansprucht werde. Gesucht wird der Verlauf der Schubspannung $\tau_s(s)$ über den Querschnitt. Es gelte $t << a$. Das Flächenträgheitsmoment I_{yy} sei gegeben mit dem Wert $I_{yy} = \frac{13}{15}ta^3$.

Lösung
Wir ermitteln zunächst den Verlauf des statischen Moments $S_y(s)$ und betrachten aufgrund der gegebenen Symmetrie des Querschnitts nur die linke Hälfte, wobei am Symmetriepunkt sowohl das statische Moment $S_y(s)$ als auch der Schubfluss $T_s(s)$ und die Schubspannung $\tau_s(s)$ zu Null werden. Wir beziehen unsere Betrachtungen auf die in Abb. 5.22, rechts, eingezeichneten lokalen Achsen s_1, s_2, s_3, s_4. Das statische Moment ergibt sich als:

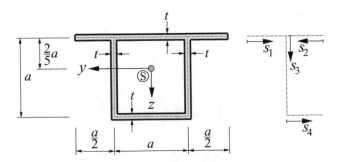

Abb. 5.22 Gegebener Querschnitt (links), lokale Bezugsachsen (rechts)

$$S_y(s) = \int\limits_{s_A}^{s} tz d\hat{s}.$$

In Bereich 1 folgt mit $z = -\frac{2}{5}a$:

$$S_y(s_1) = -\frac{2}{5}ta \int\limits_{0}^{s_1} d\hat{s}_1 = -\frac{2}{5}tas_1,$$

mit den Randwerten

$$S_y(s_1 = 0) = 0,$$

$$S_y\left(s_1 = \frac{a}{2}\right) = -\frac{1}{5}ta^2.$$

Ganz analog folgt in Bereich 2:

$$S_y(s_2) = -\frac{2}{5}ta \int\limits_{0}^{s_2} d\hat{s}_2 = -\frac{2}{5}tas_2,$$

mit den Randwerten

$$S_y(s_2 = 0) = 0,$$

$$S_y\left(s_2 = \frac{a}{2}\right) = -\frac{1}{5}ta^2.$$

In Bereich 3 ergibt sich mit $z = -\frac{2}{5}a + s_3$:

$$S_y(s_3) = t \int\limits_{0}^{s_2} \left(-\frac{2}{5}a + \hat{s}_3\right) d\hat{s}_3 + S_y\left(s_1 = \frac{a}{2}\right) + S_y\left(s_2 = \frac{a}{2}\right)$$

$$= t\left(-\frac{2}{5}as_3 + \frac{1}{2}s_3^2 - \frac{2}{5}a^2\right).$$

Ausgezeichnete Werte sind hier:

$$S_y(s_3 = 0) = -\frac{2}{5}ta^2,$$

$$S_y\left(s_3 = \frac{2}{5}a\right) = -\frac{12}{25}ta^2,$$

$$S_y(s_3 = a) = -\frac{3}{10}ta^2. \tag{5.10}$$

Für Bereich 4 erhalten wir mit $z = \frac{3}{5}a$:

$$S_y(s_4) = \frac{3}{5}ta \int_0^{s_4} d\hat{s}_4 + S_y(s_3 = a) = \frac{3}{5}tas_4 - \frac{3}{10}ta^2,$$

mit den Randwerten

$$S_y(s_4 = 0) = -\frac{3}{10}ta^2,$$

$$S_y\left(s_4 = \frac{a}{2}\right) = 0.$$

Der Verlauf des statischen Moments über den Querschnitt ist in Abb. 5.23, links, gezeigt. Der daraus mittels

$$T_s(s) = -\frac{Q_z S_y(s)}{I_{yy}}$$

ermittelbare Schubfluss ist in Abb. 5.23, Mitte, dargestellt. Schließlich findet sich in Abb. 5.23, rechts, die mittels

$$\tau_s(s) = \frac{T_s(s)}{t(s)}$$

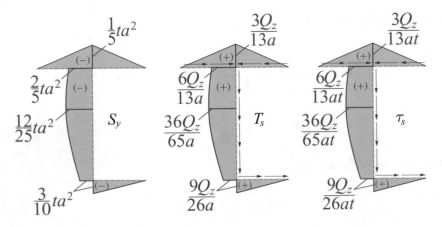

Abb. 5.23 Statisches Moment (links), Schubfluss (Mitte) und Schubspannung (rechts)

berechenbare Schubspannung $\tau_s(s)$.

Als Rechenprobe wird noch überprüft, ob die aus $T_s(s_3)$ ermittelbare vertikale Kraft F_3 der wirkenden Querkraft Q_z entspricht. Hierfür wird der Schubfluss in Bereich 3 benötigt:

$$T_s(s_3) = \frac{Q_z}{I_{yy}} t \left(\frac{2}{5} a s_3 - \frac{1}{2} s_3^2 + \frac{2}{5} a^2 \right).$$

Die daraus resultierende Kraft F_3 lässt sich wie folgt ermitteln:

$$F_3 = \int_0^a T_s(s_3) \mathrm{d}s_3 = \frac{13}{30} \frac{Q_z}{I_{yy}} t a^3. \tag{5.11}$$

Mit $I_{yy} = \frac{13}{15} t a^3$ ergibt sich:

$$F_3 = \frac{1}{2} Q_z. \tag{5.12}$$

Die gleiche Kraft wirkt auch auf der rechten, nicht betrachteten Seite des Querschnitts, so dass die Summe dieser beiden Kräfte Q_z ergibt.

Aufgabe 5.11

Betrachtet werde der Querschnitt aus Aufgabe 3.7 (Abb. 5.24, links), der nun durch eine gegebene Querkraft Q_z beansprucht werde. Es gelte $t << a$. Das Flächenträgheitsmoment I_{yy} sei gegeben mit $I_{yy} = 4th^2 \left(\frac{1}{3}h + a \right)$. Gesucht wird der Verlauf der Schubspannung $\tau_s(s)$.

Abb. 5.24 Gegebener Querschnitt (links), lokale Bezugsachsen (rechts)

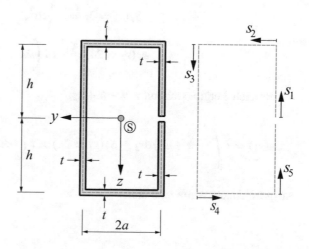

Lösung

Wir führen die lokalen Bezugsachsen $s_1, \ldots, s_5$ ein wie in Abb. 5.24, rechts, gezeigt und ermitteln das statische Moment $S_y(s)$:

$$S_y(s) = \int\limits_{s_A}^{s} tz\,\mathrm{d}\hat{s}.$$

In Bereich 1 ergibt sich mit $z = -s_1$:

$$S_y(s_1) = t \int\limits_{0}^{s_1} (-\hat{s}_1)\,\mathrm{d}\hat{s}_1 = -\frac{1}{2}ts_1^2,$$

mit den Randwerten

$$S_y(s_1 = 0) = 0,$$

$$S_y(s_1 = h) = -\frac{1}{2}th^2.$$

In Bereich 2 folgt mit $z = -h$:

$$S_y(s_2) = -th \int\limits_{0}^{s_2} \mathrm{d}\hat{s}_2 + S_y(s_1 = h) = -ths_2 - \frac{1}{2}th^2.$$

Die Randwerte lauten hier:

$$S_y(s_2 = 0) = -\frac{1}{2}th^2,$$

$$s_y(s_2 = 2a) = -th\left(2a + \frac{1}{2}h\right).$$

Für Bereich 3 ergibt sich mit $z = -h + s_3$:

$$S_y(s_3) = t \int\limits_{0}^{s_3} \left(-h + \hat{s}_3\right) \mathrm{d}\hat{s}_3 + S_y(s_2 = 2a) = t\left(-hs_3 + \frac{1}{2}s_3^2\right) - th\left(2a + \frac{1}{2}h\right).$$

Ausgezeichnete Werte sind hier:

$$S_y(s_3 = 0) = -th\left(2a + \frac{1}{2}h\right),$$

$$S_y(s_3 = h) = -th\left(2a + h\right),$$

$$S_y(s_3 = 2h) = -th\left(2a + \frac{1}{2}h\right).$$

In Bereich 4 folgt mit $z = h$:

$$S_y(s_4) = th\int_0^{s_4} d\hat{s}_4 + S_y(s_3 = 2h) = ths_4 - th\left(2a + \frac{1}{2}h\right).$$

Die Randwerte lauten hier:

$$S_y(s_4 = 0) = -th\left(2a + \frac{1}{2}h\right),$$

$$S_y(s_4 = 2a) = -\frac{1}{2}th^2.$$

In Bereich 5 schließlich folgt mit $z = h - s_5$:

$$S_y(s_5) = t\int_0^{s_5}\left(h - \hat{s}_5\right)d\hat{s}_5 + S_y(s_4 = 2a) = ths_5 - \frac{1}{2}ts_5^2 - \frac{1}{2}th^2.$$

Die hier interessierenden Randwerte lauten:

$$S_y(s_5 = 0) = -\frac{1}{2}th^2,$$

$$S_y(s_5 = h) = 0.$$

Das so ermittelte statische Moment $S_y(s)$ ist in Abb. 5.25, oben links, dargestellt. Der als

$$T_s(s) = -\frac{Q_z S_y(s)}{I_{yy}}$$

ermittelbare Schubfluss $T_s(s)$ ist in Abb. 5.25, oben rechts, gezeigt. Die Schubspannung

$$\tau_s(s) = \frac{T_s(s)}{t(s)}$$

findet sich schließlich in Abb. 5.25, unten.

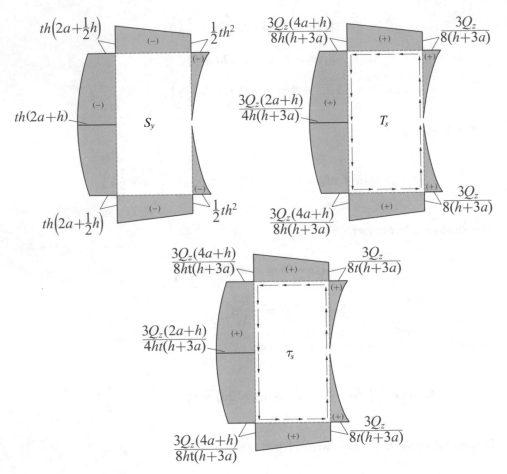

Abb. 5.25 Statisches Moment (oben links), Schubfluss (oben rechts) und Schubspannung (unten)

Zur Ermittlung des Schubmittelpunkts M des Querschnitts werden die in den einzelnen Segmenten des Querschnitts wirkenden resultierenden Kräfte $F_1, \ldots, F_5$ (Abb. 5.26) benötigt. Sie berechnen sich als:

$$F_1 = \int_0^h T_s(s_1)\mathrm{d}s_1 = -\frac{Q_z}{I_{yy}}\left(-\frac{1}{2}t\right)\int_0^h s_1^2\mathrm{d}s_1 = \frac{Q_z}{6I_{yy}}th^3,$$

$$F_2 = \int_0^{2a} T_s(s_2)\mathrm{d}s_2 = \frac{Q_z}{I_{yy}}th\int_0^{2a}\left(s_2+\frac{1}{2}h\right)\mathrm{d}s_2 = \frac{Q_z tha}{I_{yy}}(2a+h),$$

Abb. 5.26 Resultierende Kräfte

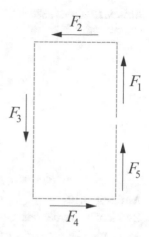

$$F_3 = \int_0^{2h} T_s(s_3)\mathrm{d}s_3 = -\frac{Q_z}{I_{yy}}t \int_0^{2h} \left(-hs_3 + \frac{1}{2}s_3^2 - h\left(2a + \frac{1}{2}h\right)\right)\mathrm{d}s_3$$

$$= \frac{Q_z}{I_{yy}}th^2\left(\frac{5}{3}h + 4a\right),$$

$$F_4 = F_2 = \frac{Q_z tha}{I_{yy}}(2a + h),$$

$$F_5 = F_1 = \frac{Q_z}{6I_{yy}}th^3.$$

Als Rechenprobe wird überprüft, ob die Summe der vertikalen Kräfte mit der wirkenden Querkraft Q_z übereinstimmt. Man kann sich leicht davon überzeugen, dass

$$F_3 - F_1 - F_5 = Q_z$$

gilt.

Zur Ermittlung des Schubmittelpunkts M wird die folgende Momentenäquivalenz genutzt:

$$M_x = (F_1 + F_5 + F_3)\,a + (F_2 + F_4)\,h = Q_z y_M.$$

Dieser Ausdruck kann nach der Schubmittelpunktkoordinate aufgelöst werden, und es folgt:

$$y_M = 3a\frac{h + 2a}{h + 3a}. \tag{5.13}$$

Abb. 5.27 Gegebener
Querschnitt

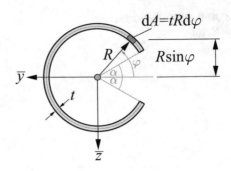

Aufgabe 5.12

Betrachtet werde der Querschnitt aus Aufgabe 3.8 (Abb. 5.27), der nun durch eine gegebene Querkraft Q_z beansprucht werde. Das Flächenträgheitsmoment $I_{\bar{y}\bar{y}}$ ist bekannt als $I_{\bar{y}\bar{y}} = tR^3 \left(\pi - \alpha + \frac{1}{2} \sin 2\alpha \right)$. Es gelte $t \ll R$. Gesucht wird der Verlauf der Schubspannung τ_s. Außerdem ist die Position des Schubmittelpunkts zu bestimmen.

Lösung

Wir ermitteln zunächst das statische Moment S_y des Querschnitts gemäß:

$$S_{\bar{y}} = \int_{\alpha}^{\varphi} t \bar{z} R \mathrm{d}\hat{\varphi}.$$

Mit $z = -R \sin \varphi$ folgt:

$$S_{\bar{y}}(\varphi) = -tR^2 \int_{\alpha}^{\varphi} \sin \hat{\varphi} \mathrm{d}\hat{\varphi} = tR^2 (\cos \varphi - \cos \alpha),$$

worin:

$$S_{\bar{y}}(\varphi = \alpha) = 0,$$

$$S_{\bar{y}}\left(\varphi = \frac{1}{2}\pi\right) = -tR^2 \cos \alpha,$$

$$S_{\bar{y}}(\varphi = \pi) = -tR^2 (1 + \cos \alpha),$$

$$S_{\bar{y}}\left(\varphi = \frac{3}{2}\pi\right) = -tR^2 \cos \alpha,$$

$$S_{\bar{y}}(\varphi = 2\pi - \alpha) = 0.$$

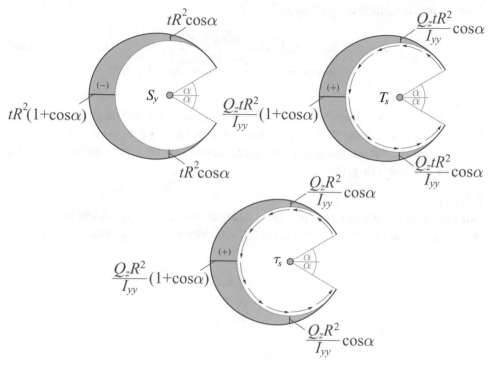

Abb. 5.28 Statisches Moment (links), Schubfluss (rechts) und Schubspannung (unten)

Das so ermittelt statische Moment $S_{\bar{y}}\,(\varphi)$ sowie der Schubfluss T_s und die Schubspannung τ_s sind in Abb. 5.28 dargestellt.

Gesucht wird nun abschließend noch die Schubmittelpunktkoordinate $\bar{y}_M$. Diese folgt aus der Momentenäquivalenz

$$Q_{\bar{z}}\bar{y}_M = M_x.$$

Das Torsionsmoment M_x resultiert aus dem Schubfluss T_s wie folgt:

$$M_x = \int\limits_{\alpha}^{2\pi-\alpha} T_s\,(\varphi)\,R^2\mathrm{d}\varphi$$

$$= \frac{Q_{\bar{z}}t\,R^4}{I_{\bar{y}\bar{y}}} \int\limits_{\alpha}^{2\pi-\alpha} (\cos\alpha - \cos\varphi)\,\mathrm{d}\varphi$$

$$= \frac{2Q_{\bar{z}}t\,R^4}{I_{\bar{y}\bar{y}}}\,[(\pi-\alpha)\cos\alpha + \sin\alpha].$$

Damit folgt die Schubmittelpunktkoordinate $\bar{y}_M$ als:

$$\bar{y}_M = 2R \frac{(\pi - \alpha)\cos\alpha + \sin\alpha}{\pi - \alpha + \frac{1}{2}\sin 2\alpha}. \tag{5.14}$$

Aufgabe 5.13

Betrachtet werde der Querschnitt aus Aufgabe 3.9 (Abb. 5.29), der durch eine gegebene Querkraft Q_z beansprucht werde. Gesucht wird der Verlauf der Schubspannung $\tau_s(s)$. Wo befindet sich der Schubmittelpunkt des Querschnitts? Das Flächenträgheitsmoment I_{yy} beträgt $I_{yy} = \frac{2}{3}ta^3$. Es gelte $t << a$.

Lösung

Wir führen für die Berechnung die lokalen Bezugsachsen $s_1, \ldots, s_4$ ein wie in Abb. 5.29, rechts, gezeigt und ermitteln zunächst das statische Moment $S_y(s)$ gemäß

$$S_y(s) = \int_{s_A}^{s} tz\,\mathrm{d}\hat{s}.$$

In Bereich 1 folgt mit $z = -\frac{s_1}{\sqrt{2}}$:

$$S_y(s_1) = -\frac{t}{\sqrt{2}} \int_0^{s_1} \hat{s}_1\,\mathrm{d}\hat{s}_1 = -\frac{ts_1^2}{2\sqrt{2}},$$

mit den Randwerten

$$S_y(s_1 = 0) = 0,$$

$$S_y(s_1 = a) = -\frac{ta^2}{2\sqrt{2}}.$$

Abb. 5.29 Gegebener Querschnitt (links), lokale Bezugsachsen (rechts)

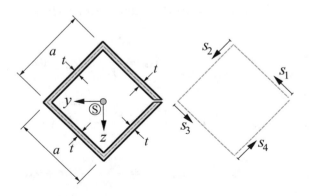

In Bereich 2 ergibt sich mit $z = -\frac{a}{\sqrt{2}} + \frac{s_2}{\sqrt{2}}$:

$$S_y(s_2) = t \int_0^{s_2} \left(-\frac{a}{\sqrt{2}} + \frac{\hat{s}_2}{\sqrt{2}} \right) d\hat{s}_2 + S_y(s_1 = a)$$

$$= \frac{t}{\sqrt{2}} \left(-a s_2 + \frac{1}{2} s_2^2 - \frac{a^2}{2} \right).$$

Die Randwerte lauten hier:

$$S_y(s_2 = 0) = -\frac{t a^2}{2\sqrt{2}},$$

$$S_y(s_2 = a) = -\frac{t a^2}{\sqrt{2}}.$$

In Bereich 3 folgt mit $z = \frac{s_3}{\sqrt{2}}$:

$$S_y(s_3) = \frac{t}{\sqrt{2}} \int_0^{s_3} \hat{s}_3 d\hat{s}_3 + S_y(s_2 = a)$$

$$= \frac{t}{\sqrt{2}} \left(\frac{s_3^2}{2} - a^2 \right),$$

mit den Randwerten

$$S_y(s_3 = 0) = -\frac{t a^2}{\sqrt{2}},$$

$$S_y(s_3 = a) = -\frac{t a^2}{2\sqrt{2}}.$$

Schließlich folgt in Bereich 4 mit $z = \frac{a}{\sqrt{2}} - \frac{s_4}{\sqrt{2}}$:

$$S_y(s_4) = \frac{t}{\sqrt{2}} \int_0^{s_3} \left(a - \hat{s}_4 \right) d\hat{s}_4 + S_y(s_3 = a)$$

$$= \frac{t}{\sqrt{2}} \left(a s_4 - \frac{1}{2} s_4^2 - \frac{a^2}{2} \right).$$

Die Randwerte lauten hier:

$$S_y(s_4 = 0) = -\frac{ta^2}{2\sqrt{2}},$$

$$S_y(s_4 = a) = 0.$$

Das so ermittelte statische Moment ist in Abb. 5.30, links, dargestellt.

Wir ermitteln nun den Verlauf des Schubflusses $T_s(s)$ in den einzelnen Bereichen:

$$T_s(s_1) = -\frac{Q_z}{I_{yy}} \cdot \left(-\frac{ts_1^2}{2\sqrt{2}}\right) = \frac{3Q_z s_1^2}{4\sqrt{2}a^3},$$

$$T_s(s_2) = -\frac{Q_z}{I_{yy}} \cdot \frac{t}{\sqrt{2}} \left(-as_2 + \frac{1}{2}s_2^2 - \frac{a^2}{2}\right) = \frac{3Q_z}{2\sqrt{2}a^3} \left(as_2 - \frac{1}{2}s_2^2 + \frac{a^2}{2}\right),$$

$$T_s(s_3) = -\frac{Q_z}{I_{yy}} \cdot \frac{t}{\sqrt{2}} \left(\frac{s_3^2}{2} - a^2\right) = \frac{3Q_z}{2\sqrt{2}a^3} \left(a^2 - \frac{s_3^2}{2}\right),$$

$$T_s(s_4) = -\frac{Q_z}{I_{yy}} \cdot \frac{t}{\sqrt{2}} \left(as_4 - \frac{1}{2}s_4^2 - \frac{a^2}{2}\right) = \frac{3Q_z}{2\sqrt{2}a^3} \left(-as_4 + \frac{1}{2}s_4^2 + \frac{a^2}{2}\right).$$

Der Schubfluss ist in Abb. 5.30, Mitte, dargestellt. Die daraus mittels $\tau_s(s) = \frac{T_s(s)}{t(s)}$ ermittelbare Schubspannung $\tau_s(s)$ zeigt Abb. 5.30, rechts.

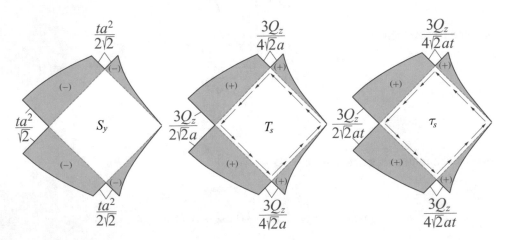

Abb. 5.30 Statisches Moment (links), Schubfluss (Mitte) und Schubspannung (rechts)

Abb. 5.31 Resultierende
Kräfte

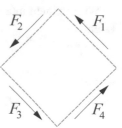

Wir ermitteln nun die aus dem Schubfluss $T_s(s)$ ermittelbaren resultierenden Kräfte F_1, F_2, F_3, F_4 (Abb. 5.31) wie folgt:

$$F_1 = \int_0^a T_s(s_1)\mathrm{d}s_1 = \frac{3Q_z}{4\sqrt{2}a^3}\int_0^a s_1^2\mathrm{d}s_1 = \frac{Q_z}{4\sqrt{2}},$$

$$F_2 = \int_0^a T_s(s_2)\mathrm{d}s_2 = \frac{3Q_z}{2\sqrt{2}a^3}\int_0^a \left(as_2 - \frac{1}{2}s_2^2 + \frac{a^2}{2}\right)\mathrm{d}s_2 = \frac{5Q_z}{4\sqrt{2}},$$

$$F_3 = \int_0^a T_s(s_3)\mathrm{d}s_3 = \frac{3Q_z}{2\sqrt{2}a^3}\int_0^a \left(a^2 - \frac{s_3^2}{2}\right)\mathrm{d}s_3 = \frac{5Q_z}{4\sqrt{2}},$$

$$F_4 = \int_0^a T_s(s_4)\mathrm{d}s_4 = \frac{3Q_z}{2\sqrt{2}a^3}\int_0^a \left(-as_4 + \frac{1}{2}s_4^2 + \frac{a^2}{2}\right)\mathrm{d}s_4 = \frac{Q_z}{4\sqrt{2}}.$$

Wir führen nun eine Rechenprobe durch, indem wir die horizontalen und vertikalen Kräftesummen ermitteln. Hierbei muss die horizontale Kräftesumme den Wert Null ergeben, da keinerlei Querkraft in $y-$Richtung wirkt. Außerdem muss die vertikale Kräftesumme auf den Wert Q_z führen und damit genau der wirkenden Querkraft Q_z entsprechen. Die Summe der horizontalen Kräfte ergibt:

$$\frac{F_1}{\sqrt{2}} + \frac{F_2}{\sqrt{2}} - \frac{F_3}{\sqrt{2}} - \frac{F_4}{\sqrt{2}} = 0.$$

Offenbar ist dieses Kriterium erfüllt. Die Summe der vertikalen Kräfte liefert:

$$-\frac{F_1}{\sqrt{2}} + \frac{F_2}{\sqrt{2}} + \frac{F_3}{\sqrt{2}} - \frac{F_4}{\sqrt{2}} = Q_z.$$

Demnach entspricht offenbar die vertikale Resultierende der Kräfte $F_1, \ldots, F_4$ genau der wirkenden Querkraft Q_z, was ein zwingendes Ergebnis ist.

Wir ermitteln nun die Lage des Schubmittelpunkts aus der folgenden Momentenäquivalenz:

$$Q_z y_M = M_x,$$

worin:

$$M_x = F_1 \cdot \frac{a}{2} + F_2 \cdot \frac{a}{2} + F_3 \cdot \frac{a}{2} + F_4 \cdot \frac{a}{2} = \frac{3 Q_z a}{2\sqrt{2}}.$$

Damit folgt:

$$y_M = \frac{3a}{2\sqrt{2}}. \tag{5.15}$$

Aufgabe 5.14

Gegeben sei der Querschnitt aus Aufgabe 3.21 (Abb. 5.32), der nun durch eine gegebene Querkraft Q_z beansprucht werde. Das Flächenträgheitsmoment I_{yy} des Querschnitts sei gegeben mit $I_{yy} = 6ta^3$, und es gelte $t \ll a$. Gesucht wird der Verlauf der Schubspannung $\tau_s(s)$. Wo befindet sich der Schubmittelpunkt des Querschnitts?

Abb. 5.32 Gegebener Querschnitt (oben), lokale Bezugsachsen (unten)

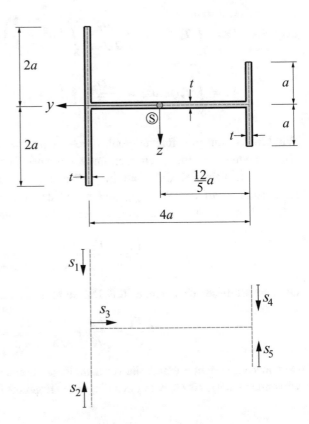

Lösung

Wir führen die lokalen Bezugsachsen $s_1, \ldots, s_5$ ein wie in Abb. 5.32, unten, gezeigt und ermitteln zunächst das statische Moment $S_y(s)$. Es folgt:

$$S_y(s_1) = t \int_0^{s_1} (-2a + \hat{s}_1) \, d\hat{s}_1 = -2ats_1 + \frac{1}{2}ts_1^2,$$

$$S_y(s_2) = t \int_0^{s_2} (2a - \hat{s}_2) \, d\hat{s}_2 = 2ats_2 - \frac{1}{2}ts_2^2,$$

$$S_y(s_3) = t \int_0^{s_3} 0 \, d\hat{s}_3 + S_y(s_1 = 2a) + S_y(s_2 = 2a) = 0,$$

$$S_y(s_4) = t \int_0^a (-a + \hat{s}_4) \, d\hat{s}_4 = -tas_4 + \frac{1}{2}ts_4^2,$$

$$S_y(s_5) = t \int_0^a (a - \hat{s}_5) \, d\hat{s}_5 = tas_5 - \frac{1}{2}ts_5^2.$$

Der Verlauf des statischen Moments über den Querschnitt ist in Abb. 5.33, oben, gezeigt.

Wir ermitteln nun den Schubfluss $T_s(s)$ gemäß

$$T_s(s) = -\frac{Q_z S_y(s)}{I_{yy}}. \tag{5.16}$$

Es folgt:

$$T_s(s_1) = \frac{Q_z}{3a^2}\left(s_1 - \frac{s_1^2}{4a}\right),$$

$$T_s(s_2) = \frac{Q_z}{3a^2}\left(-s_2 + \frac{s_2^2}{4a}\right),$$

$$T_s(s_3) = 0,$$

$$T_s(s_4) = \frac{Q_z}{12a^2}\left(2s_4 - \frac{s_4^2}{a}\right),$$

$$T_s(s_5) = \frac{Q_z}{12a^2}\left(-2s_5 + \frac{s_5^2}{a}\right).$$

Abb. 5.33 Statisches Moment
(oben), Schubfluss (Mitte) und
Schubspannung (unten)

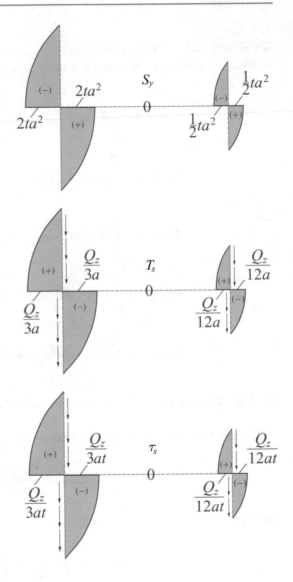

Der Schubflussverlauf ist in Abb. 5.33, Mitte, dargestellt. Die Abb. 5.33, unten, zeigt den sich einstellenden Schubspannungsverlauf.

Wir ermitteln nun die aus dem Schubfluss $T_s(s)$ ermittelbaren resultierenden Kräfte $F_1, \ldots, F_5$ in den einzelnen Querschnittssegmenten (Abb. 5.34). Es folgt:

$$F_1 = \frac{Q_z}{3a^2} \int_0^{2a} \left(s_1 - \frac{s_1^2}{4a} \right) ds_1 = \frac{4Q_z}{9},$$

Abb. 5.34 Resultierende Kräfte

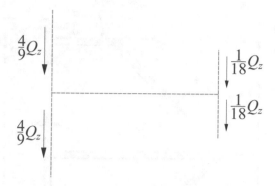

$$F_2 = \frac{Q_z}{3a^2} \int\limits_0^{2a} \left(-s_2 + \frac{s_2^2}{4a} \right) \mathrm{d}s_2 = -\frac{4Q_z}{9},$$

$$F_3 = 0,$$

$$F_4 = \frac{Q_z}{12a^2} \int\limits_0^{a} \left(2s_4 - \frac{s_4^2}{a} \right) \mathrm{d}s_4 = \frac{Q_z}{18},$$

$$F_5 = \frac{Q_z}{12a^2} \int\limits_0^{a} \left(-2s_5 + \frac{s_5^2}{a} \right) \mathrm{d}s_5 = -\frac{Q_z}{18}.$$

Man kann sich leicht davon überzeugen, dass die Resultierende dieser Kräfte genau der wirkenden Querkraft Q_z entspricht, was ein notwendiges Ergebnis ist.

Die Schubmittelpunktkoordinate y_M lässt sich aus der folgenden Momentenäquivalenz ermitteln:

$$Q_z y_M = M_x = 2 \cdot \frac{4}{9} Q_z \cdot \frac{8}{5} a - 2 \cdot \frac{Q_z}{18} \cdot \frac{12}{5} a, \tag{5.17}$$

was auf

$$y_M = \frac{52}{45} a \tag{5.18}$$

führt.

Aufgabe 5.15

Wir betrachten den Querschnitt aus Aufgabe 3.26 (Abb. 5.35, links), der nun durch eine gegebene Querkraft Q_z beansprucht werde. Das Flächenträgheitsmoment I_{yy} ist bekannt

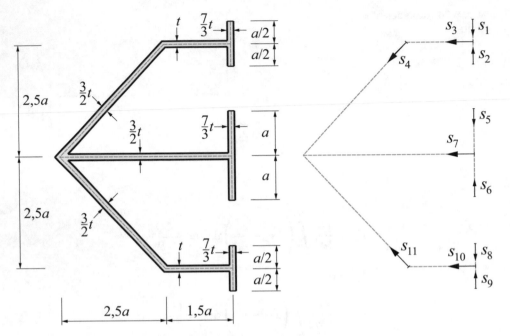

Abb. 5.35   Gegebener Querschnitt (links), lokale Bezugsachsen (rechts)

als $I_{yy} = 71,98 t a^3$. Es gelte $t \ll a$. Man bestimme den Verlauf des Schubflusses $T_S(s)$ sowie die Lage des Schubmittelpunkts M.

Lösung

Wir führen zur Berechnung die lokalen Bezugsachsen $s_1, \ldots, s_{11}$ ein wie in Abb. 5.35, rechts, gezeigt und ermitteln zunächst das statische Moment S_y:

$$S_y(s_1) = \frac{7}{3} t \int_0^{s_1} \left(-3a + \hat{s}_1 \right) \, d\hat{s}_1 = -7 t a s_1 + \frac{7}{6} t s_1^2,$$

$$S_y(s_2) = \frac{7}{3} t \int_0^{s_2} \left(-2a - \hat{s}_2 \right) \, d\hat{s}_2 = -\frac{14}{3} t a s_2 - \frac{7}{6} t s_2^2,$$

$$S_y(s_3) = -2{,}5 t a \int_0^{s_3} d\hat{s}_3 + S_y \left(s_1 = \frac{a}{2} \right) + S_y \left(s_2 = \frac{a}{2} \right) = -2{,}5 a t s_3 - \frac{35}{6} t a^2,$$

$$S_y(s_4) = 1{,}5t \int_0^{s_4} \left(-2{,}5a + \frac{\hat{s}_4}{\sqrt{2}}\right) d\hat{s}_4 + S_y(s_3 = 1{,}5a)$$

$$= -3{,}75tas_4 + 0{,}53s_4^2 - 9{,}58ta^2,$$

$$S_y(s_5) = \frac{7}{3}t \int_0^{s_5} \left(-a + \hat{s}_5\right) d\hat{s}_5 = -\frac{7}{3}tas_5 + \frac{7}{6}ts_5^2.$$

Die restlichen Verläufe folgen aus der Symmetrie des Querschnitts. Der Schubflussverlauf ist damit ermittelbar als:

$$T_s(s_1) = \frac{Q_z}{I_{yy}}\left(7tas_1 - \frac{7}{6}ts_1^2\right),$$

$$T_s(s_2) = \frac{Q_z}{I_{yy}}\left(\frac{14}{3}tas_2 + \frac{7}{6}ts_2^2\right),$$

$$T_s(s_3) = \frac{Q_z}{I_{yy}}\left(2{,}5tas_3 + \frac{35}{6}ta^2\right),$$

$$T_s(s_4) = \frac{Q_z}{I_{yy}}\left(3{,}75tas_4 - 0{,}53s_4^2 + 9{,}58ta^2\right),$$

$$T_s(s_5) = \frac{Q_z}{I_{yy}}\left(\frac{7}{3}tas_5 - \frac{7}{6}ts_5^2\right).$$

Die verbleibenden Verläufe des Schubflusses folgen aus der Symmetrie des Querschnitts. Der Schubflussverlauf ist in Abb. 5.36 dargestellt.

Die aus dem Schubfluss $T_s(s)$ resultierenden Kräfte (Abb. 5.37) sind ermittelbar als:

$$F_1 = 0{,}83\frac{Q_z ta^3}{I_{yy}},$$

$$F_2 = 0{,}63\frac{Q_z ta^3}{I_{yy}},$$

$$F_3 = 11{,}56\frac{Q_z ta^3}{I_{yy}},$$

$$F_4 = 49{,}44\frac{Q_z ta^3}{I_{yy}},$$

$$F_5 = \frac{7}{9}\frac{Q_z ta^3}{I_{yy}}.$$

Abb. 5.36 Schubfluss $\left[\frac{Q_z}{I_{yy}}ta^2\right]$

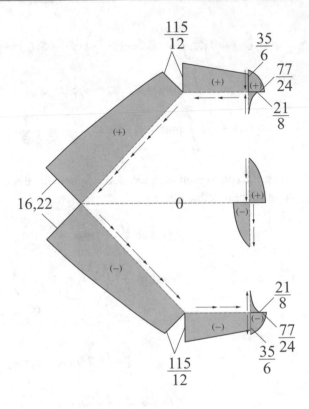

$\frac{115}{12}$

$\frac{35}{6}$

$\frac{77}{24}$

$\frac{21}{8}$

$(+)$

$(+)$

0

$(-)$

$16,22$

$(-)$

$\frac{21}{8}$

$\frac{77}{24}$

$\frac{35}{6}$

$\frac{115}{12}$

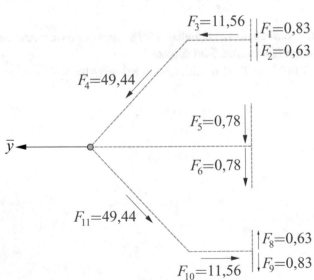

$F_3=11,56$ $F_1=0,83$

$F_2=0,63$

$F_4=49,44$

$F_5=0,78$

$\bar{y}$

$F_6=0,78$

$F_{11}=49,44$

$F_8=0,63$

$F_{10}=11,56$ $F_9=0,83$

Abb. 5.37 Resultierende Kräfte $\left[\frac{Q_z}{I_{yy}}ta^3\right]$

Die verbleibenden Kräfte ergeben sich aus der Symmetrie des Querschnitts. Als Rechen-probe kann man leicht überprüfen, dass die Summe aller vertikalen Kräfte hier den Wert Q_z ergibt, was ein zwingendes Ergebnis ist.

Die Schubmittelpunktkoordinate y_M ergibt sich aus der Momentenäquivalenz

$$Q_z y_M = M_x \tag{5.19}$$

als

$$\underline{\underline{y_M = 0{,}87a}}. \tag{5.20}$$

Torsion

6

Aufgabe 6.1

Gegeben sei der in Abb. 6.1 gezeigte einseitig eingespannte Stab. Der Stab weise die Länge l und die konstante Torsionssteifigkeit GI_T auf und sei an seinem freien Ende durch das Torsionsmoment $M_{T,0}$ belastet. Man bearbeite die folgenden Aufgabenteile:

1) Man ermittle die Verdrehung $\vartheta(x)$.
2) Wie groß ist die Verdrehung $\vartheta(x = l)$ für einen Kreisquerschnitt mit dem Radius R?
3) Wie groß muss der Radius R_m eines Kreisringquerschnitts mit der konstanten Wanddicke t sein, damit sich eine identische Verdrehung $\vartheta(x = l)$ einstellt?

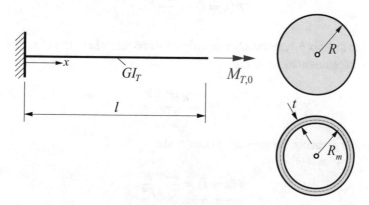

Abb. 6.1 Statisches System (links), gegebene Querschnitte (rechts)

Lösung

Zu 1): Wir lösen das Problem durch zweifache Integration der Differentialgleichung $GI_T\vartheta'' = -m_T$ (am Beispiel verschwindet das Torsionstreckenmoment m_T):

$$GI_T\vartheta'' = 0,$$

$$GI_T\vartheta' = M_x == C_1,$$

$$GI_T\vartheta = C_1 x + C_2.$$

Die hier anzusetzenden Randbedingungen lauten:

$$\vartheta(x = 0) = 0,$$

$$M_x(x = 0) = M_{T,0}.$$

Daraus lassen sich die beiden Integrationskonstanten C_1 und C_2 ermitteln als:

$$C_1 = M_{T,0}, \quad C_2 = 0.$$

Die gesuchte Verdrehung $\vartheta(x)$ lautet damit:

$$\vartheta(x) = \frac{M_{T,0}x}{GI_T}. \tag{6.1}$$

Die Verdrehung am Stabende $x = l$ folgt daraus als:

$$\vartheta(x = l) = \frac{M_{T,0}l}{GI_T}.$$

Zu 2): Für den in Abb. 6.1, rechts oben, gezeigten Kreisquerschnitt mit dem Radius R folgt das Torsionsträgheitsmoment I_T zu:

$$I_T = \frac{\pi R^4}{2}.$$

Damit folgt die gesuchte Verdrehung $\vartheta(x = l)$ als:

$$\vartheta(x = l) = \frac{2M_{T,0}l}{G\pi R^4}. \tag{6.2}$$

Zu 3): Für einen Kreisringquerschnitt wie in Abb. 6.1, rechts unten, dargestellt folgt das Torsionsträgheitsmoment I_T zu:

$$I_T = 2\pi R_m^3 t.$$

Damit kann die Verdrehung $\vartheta\,(x = l)$ bestimmt werden:

$$\vartheta\,(x = l) = \frac{M_{T,0}l}{2G\pi R_m^3 t}.$$

Gleichsetzen mit (6.2) führt auf die gesuchte Größe R_m:

$$R_m = \sqrt[3]{\frac{R^4}{4t}}. \tag{6.3}$$

Aufgabe 6.2

Gegeben sei der in Abb. 6.2 dargestellt Kragarm. Der Stab weise zwei Abschnitte mit den Längen l_1 und l_2 auf und sei im Bereich links durch das Torsionsstreckenmoment m_T belastet. Außerdem liege am freien Ende des Torsionsmoment $M_{T,0}$ vor. Die beiden Bereiche weisen die Torsionssteifigkeiten $GI_{T,1}$ und $GI_{T,2}$ auf. Die folgenden Aufgabenteile sind zu bearbeiten:

1) Man ermittle das Torsionsmoment M_x und die Verdrehung $\vartheta\,(x)$.
2) Wie groß ist die maximale Schubspannung für den geschlitzten Querschnitt der Abb. 6.2, Mitte links, im Bereich 1?
3) Wie ändert sich das Ergebnis für den geschlossenen Querschnitt der Abb. 6.2, Mitte rechts?

Lösung

Zu 1): Wir lösen das Problem durch zweifache Integration der Differentialgleichung $GI_T\vartheta'' = -m_T$ in jedem Bereich. In Bereich 1 folgt:

$$GI_{T,1}\vartheta_1'' = -m_T,$$

$$GI_{T,1}\vartheta_1' = M_{x,1} = -m_T x_1 + C_1,$$

$$GI_{T,1}\vartheta_1 = -\frac{1}{2}m_T x_1^2 + C_1 x_1 + C_2.$$

Für Bereich 2 erhalten wir:

$$GI_{T,2}\vartheta_2'' = 0,$$

$$GI_{T,2}\vartheta_2' = M_{x,2} = D_1,$$

$$GI_{T,2}\vartheta_2 = D_1 x_2 + D_2.$$

Die Konstanten C_1, C_2, D_1, D_2 werden aus den Rand- und Übergangsbedingungen des gegebenen Problems ermittelt. An der Einspannstelle muss die Verdrehung ϑ_1

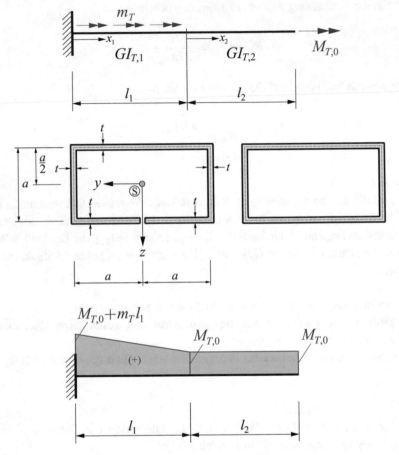

Abb. 6.2 Statisches System (oben), gegebene Querschnitte (Mitte), Verlauf des Torsionsmoments (unten)

verschwinden:

$$\vartheta_1(x_1 = 0) = 0.$$

Hieraus folgt sofort:

$$C_2 = 0.$$

Das Torsionsmoment $M_{x,2}$ entspricht am Kragarmende dem angreifenden äußeren Moment $M_{T,0}$:

$$M_{x,2}(x_2 = l_2) = M_{T,0}.$$

Daraus lässt sich die Konstante D_1 ermitteln als:

$$D_1 = M_{T,0}.$$

An der Übergangsstelle zwischen den beiden Teilbereichen stimmen die beiden Torsions-momente $M_{x,1}$ und $M_{x,2}$ überein:

$$M_{x,1}(x_1 = l_1) = M_{x,2}(x_2 = 0).$$

Die Konstante C_1 folgt daraus als:

$$C_1 = M_{T,0} + m_t l_1.$$

Schließlich ist noch die Forderung zu erheben, dass die beiden Verdrehungen ϑ_1 und ϑ_2 an der Übergangsstelle übereinstimmen:

$$\vartheta_1(x_1 = l_1) = \vartheta_2(x_2 = 0).$$

Die noch verbleibende Konstante D_2 folgt daraus als:

$$D_2 = \frac{GI_{T,2}}{GI_{T,1}}\left(M_{T,0}l_1 + \frac{1}{2}m_t l_1^2\right).$$

Der Verlauf des Torsionsmoments in den beiden Stabbereichen folgt damit zu:

$$\underline{\underline{M_{x,1} = M_{T,0} + m_T(l_1 - x_1),}}$$

$$\underline{\underline{M_{x,2} = M_{T,0}.}} \tag{6.4}$$

Die Momentenlinie ist in Abb. 6.2, unten, graphisch dargestellt. In Bereich 1 zeigt M_x einen linearen Verlauf, wohingegen sich in Bereich 2 ein konstantes Torsionsmoment ergibt.

Der bereichsweise Verlauf der Verdrehung ϑ kann wie folgt angegeben werden:

$$\underline{\underline{\vartheta_1 = \frac{1}{GI_{T,1}}\left(-\frac{1}{2}m_T x_1^2 + (M_{T,0} + m_T l_1)\,x_1\right),}}$$

$$\underline{\underline{\vartheta_2 = \frac{1}{GI_{T,2}}\left[M_{T,0}x_2 + \frac{GI_{T,2}}{GI_{T,1}}\left(M_{T,0}l_1 + \frac{1}{2}m_T l_1^2\right)\right].}} \tag{6.5}$$

Zu 2): Für den geschlitzten Querschnitt ergibt sich das Torsionswiderstandsmoment W_T als:

$$W_T = \frac{1}{3} \cdot 6at^2 = 2at^2.$$

Die maximale Schubspannung τ_{max} lautet:

$$\tau_{max} = \frac{max.M_{x,1}}{W_T}, \tag{6.6}$$

also:

$$\tau_{max} = \frac{M_{T,0} + m_T l_1}{2at^2}. \tag{6.7}$$

Zu 3): Für den geschlossenen Querschnitt lautet das Torsionswiderstandsmoment W_T:

$$W_T = 2A_m t_{min} = 2 \cdot a \cdot 2a \cdot t = 4a^2 t.$$

Die maximale Schubspannung ergibt sich auch für diesen Querschnitt gemäß (6.6) als:

$$\tau_{max} = \frac{M_{T,0} + m_T l_1}{4a^2 t}. \tag{6.8}$$

Aufgabe 6.3

Betrachtet werde der Stab der Abb. 6.3, oben. Der Stab mit der konstanten Torsionssteifig-keit GI_T teile sich in zwei Bereiche (Längen l und $2l$) auf, sei an seinem linken Ende fest eingespannt und werde an seinem freien Ende durch ein Torsionsmoment $M_{T,0}$ belastet. In Bereich 1 liege das Torsionsstreckenmoment m_T vor, in Bereich 2 ein gegenläufiges Streckentorsionsmoment gleichen Betrags. Man bearbeite die folgenden Aufgabenteile:

1) Man ermittle das Torsionsmoment M_x für beide Stabbereiche. Außerdem wird der bereichsweise Verlauf der Verdrehung ϑ gesucht.
2) Wie groß ist die Verdrehung ϑ an der Stelle $x_2 = 2l$?
3) Wie groß muss $M_{T,0}$ sein, damit $\vartheta_1(x_1 = l) = 0$ gilt?
4) Man gebe Ort und Größe der maximalen Schubspannung für den in Abb. 6.3, Mitte, dargestellten Querschnitt an.

Lösung

Zu 1): Das Problem wird durch zweifache Integration der Differentialgleichung $GI_T \vartheta'' = -m_T$ in jedem Bereich gelöst. Für Bereich 1 erhalten wir:

$$GI_T \vartheta_1'' = m_T,$$

$$GI_T \vartheta_1' = M_{x,1} = m_T x_1 + C_1,$$

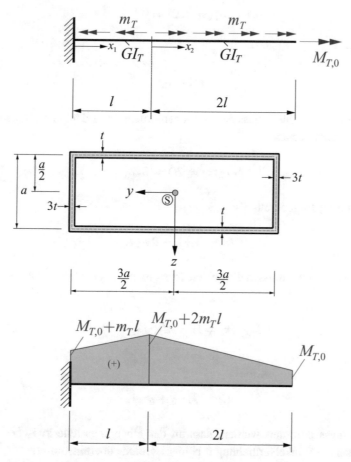

Abb. 6.3 Statisches System (oben), gegebener Querschnitt (Mitte), Verlauf des Torsionsmoments (unten)

$$GI_T \vartheta_1 = \frac{1}{2} m_T x_1^2 + C_1 x_1 + C_2.$$

Für Bereich 2 erhalten wir:

$$GI_T \vartheta_2'' = -m_T,$$

$$GI_T \vartheta_2' = M_{x,2} = -m_T x_2 + D_1,$$

$$GI_T \vartheta_2 = -\frac{1}{2} m_T x_2^2 + D_1 x_2 + D_2.$$

Die Konstanten C_1, C_2, D_1, D_2 lassen sich aus den gegebenen Rand- und Übergangsbedingungen der vorliegenden Stabsituation ermitteln. An der Einspannstelle verschwindet die Verdrehung ϑ_1:

$$\vartheta_1(x_1 = 0) = 0.$$

Daraus folgt:

$$C_2 = 0.$$

Am freien Ende des Stabes muss das Torsionsmoment $M_{x,2}$ dem angreifenden Torsions-moment $M_{T,0}$ entsprechen:

$$M_{x,2}(x_2 = 2l) = M_{T,0}.$$

Die Konstante D_1 folgt daraus als:

$$D_1 = M_{T,0} + 2m_T l.$$

An der Übergangsstelle müssen die beiden Torsionsmomente $M_{x,1}$ und $M_{x,2}$ übereinstim-men:

$$M_{x,1}(x_1 = l) = M_{x,2}(x_2 = 0).$$

Es ergibt sich:

$$C_1 = M_{T,0} + m_T l.$$

Schließlich muss gefordert werden, dass an der Übergangsstelle zwischen den beiden Stabbereichen die Winkelverdrehung ϑ beider Bereiche übereinstimmt:

$$\vartheta_1(x_1 = l) = \vartheta_2(x_2 = 0).$$

Diese Forderung führt auf die noch verbleibende Konstante D_2 als:

$$D_2 = M_{T,0} l + \frac{3}{2} m_T l^2.$$

Damit kann der bereichsweise Verlauf des Torsionsmoments M_x angegeben werden als:

$$\underline{\underline{M_{x,1} = m_T x_1 + M_{T,0} + m_T l,}}$$

$$\underline{\underline{M_{x,2} = -m_T x_2 + M_{T,0} + 2m_T l.}} \tag{6.9}$$

Der Verlauf von M_x ist in Abb. 6.3, unten, dargestellt. Die Verdrehung ϑ lässt sich für die beiden Stabbereiche angeben als:

$$\vartheta_1 = \frac{1}{GI_T}\left[\frac{1}{2}m_Tx_1^2 + \left(M_{T,0} + m_Tl\right)x_1\right],$$

$$\vartheta_2 = \frac{1}{GI_T}\left[-\frac{1}{2}m_Tx_2^2 + \left(M_{T,0} + 2m_Tl\right)x_2 + M_{T,0}l + \frac{3}{2}m_Tl^2\right]. \tag{6.10}$$

Zu 2): Die Verdrehung ϑ_2 an der Stelle $x_2 = 2l$ folgt zu:

$$\vartheta_2(x_2 = 2l) = \frac{1}{GI_T}\left(\frac{7}{2}m_Tl^2 + 3M_{T,0}l\right). \tag{6.11}$$

Zu 3): Die Forderung $\vartheta_1(x_1 = l) = 0$ führt auf das äußere Moment $M_{T,0}$ wie folgt:

$$M_{T,0} = -\frac{3}{2}m_Tl. \tag{6.12}$$

Zu 4): Die maximale Schubspannung tritt an der Stelle $x_1 = l$ mit dem Torsionsmoment $M_x = M_{T,0} + 2m_Tl$ auf und berechnet sich als:

$$\tau_{\max} = \frac{M_x}{W_T},$$

wobei sich für den gegebenen Querschnitt das Torsionswiderstandsmoment ergibt als:

$$W_T = 2A_mt_{\min} = 2 \cdot 3a \cdot a \cdot t = 6a^2t.$$

Die maximale Schubspannung folgt dann in den beiden Gurten des Querschnitts als:

$$\tau_{\max} = \frac{M_{T,0} + 2m_Tl}{6a^2t}. \tag{6.13}$$

Aufgabe 6.4

Betrachtet werde der Stab der Abb. 6.4, oben. Der Stab sei an beiden Enden gabelgelagert und weise die Gesamtlänge $4l$ auf. Durch die gegebene Belastung in Form der beiden Torsionsmomente $M_{T,0}$ und $2M_{T,0}$ teilt sich der Stab in drei Teilbereiche auf. Während in den beiden äußeren Bereichen der jeweiligen Länge l die Torsionssteifigkeit GI_T vorliegt, weist der innere Bereich der Länge $2l$ die Torsionssteifigkeit $2GI_T$ auf. Gesucht werden die Verläufe von Torsionsmoment M_x und Verdrehung ϑ.

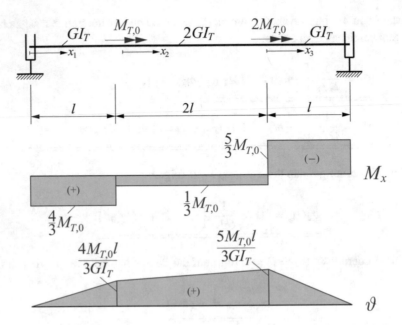

Abb. 6.4 Statisches System (oben), Verlauf des Torsionsmoments und der Winkelverdrehung (unten)

Lösung

Wir lösen das Problem, indem wir in den drei Teilbereichen von der Differentialgleichung $GI_T \vartheta'' = -m_T$ ausgehen. Für Bereich 1 gilt:

$$GI_T \vartheta_1'' = 0,$$
$$GI_T \vartheta_1' = M_{x,1} = C_1,$$
$$GI_T \vartheta_1 = C_1 x_1 + C_2.$$

In Bereich 2 erhalten wir:

$$2GI_T \vartheta_2'' = 0,$$
$$2GI_T \vartheta_2' = M_{x,2} = D_1,$$
$$2GI_T \vartheta_2 = D_1 x_2 + D_2.$$

Für Bereich 3 lässt sich schreiben:

$$GI_T \vartheta_3'' = 0,$$
$$GI_T \vartheta_3' = M_{x,3} = E_1,$$
$$GI_T \vartheta_3 = E_1 x_3 + E_2.$$

Die hier zu erhebenden Rand- und Übergangsbedingungen lauten:

$$\vartheta_1(x_1 = 0) = 0 \rightarrow C_2 = 0,$$

$$M_{x_1}(x_1 = l) = M_{x,2}(x_2 = 0) + M_{T,0} \rightarrow C_1 = D_1 + M_{T,0},$$

$$M_{x,2}(x_2 = 2l) = M_{x,3}(x_3 = 0) + 2M_{T,0} \rightarrow D_1 = E_1 + 2M_{T,0},$$

$$\vartheta_1(x_1 = l) = \vartheta_2(x_2 = 0) \rightarrow C_1 l = \frac{1}{2}D_2,$$

$$\vartheta_2(x_2 = 2l) = \vartheta_3(x_3 = 0) \rightarrow D_1 l + \frac{1}{2}D_2 = E_2,$$

$$\vartheta_3(x_3 = l) = 0 \rightarrow E_1 l + E_2 = 0.$$

Aus diesem Gleichungssystem sind die Integrationskonstanten ermittelbar als:

$$C_1 = \frac{4}{3}M_{T,0},$$

$$C_2 = 0,$$

$$D_1 = \frac{1}{3}M_{T,0},$$

$$D_2 = \frac{8}{3}M_{T,0}l,$$

$$E_1 = -\frac{5}{3}M_{T,0},$$

$$E_2 = \frac{5}{3}M_{T,0}l.$$

Das Torsionsmoment kann damit angegeben werden als:

$$\underline{\underline{M_{x,1} = \frac{4}{3}M_{T,0},}}$$

$$\underline{\underline{M_{x,2} = \frac{1}{3}M_{T,0},}}$$

$$\underline{\underline{M_{x,3} = -\frac{5}{3}M_{T,0}.}} \tag{6.14}$$

Der Verlauf ist in Abb. 6.4, Mitte, dargestellt. Offenbar ist das Torsionsmoment bereichsweise konstant. Der bereichsweise Verlauf der Verdrehung ϑ kann angegeben werden als:

$$\vartheta_1 = \frac{4M_{T,0}}{3GI_T} x_1,$$

$$\vartheta_2 = \frac{M_{T,0}}{6GI_T} (x_2 + 8l),$$

$$\vartheta_3 = \frac{5M_{T,0}}{3GI_T} (l - x_3). \tag{6.15}$$

Eine graphische Darstellung ist in Abb. 6.4, unten, gezeigt.

Aufgabe 6.5

Betrachtet werde der Kragarm (Länge $2l$) der Abb. 6.5, der in seiner Mitte und an seinem freien Ende zwei Querträger der Länge $20a$ aufweise. Die beiden Querträger werden durch zwei gegenläufige Kräftepaare F_0 belastet. In Bereich 1 weise der Kragarm den gezeigten rechteckigen geschlossenen Querschnitt auf. In Bereich 2 liege der gezeigte Kreisringquerschnitt (Radius $2R_m$) vor. Man bearbeite die folgenden Aufgabenteile:

1) Man ermittle das Torsionsträgheitsmoment für die beiden Querschnitte.
2) Man ermittle den Verlauf des Torsionsmoments M_x und der Verdrehung ϑ.
3) Wie groß muss R_m sein, damit ϑ_2 an der Stelle $x_2 = l$ einen zulässigen Wert ϑ_{zul} nicht überschreitet?

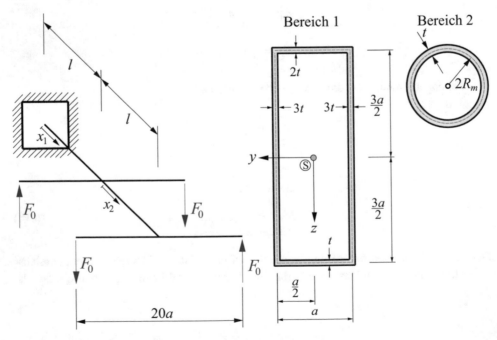

Abb. 6.5 Statisches System (links), gegebene Querschnitte (rechts)

Lösung

Zu 1): Für den rechteckigen Querschnitt in Bereich 1 lässt sich das Torsionsträgheitsmoment ermitteln als:

$$\underline{\underline{I_T}} = \frac{4A_m^2}{\sum_{i=1}^{4} \frac{l_i}{t_i}} = \frac{4\,(a \cdot 3a)^2}{\frac{a}{t} + \frac{3a}{3t} + \frac{a}{2t} + \frac{3a}{3t}} = \underline{\underline{\frac{72a^3 t}{7}}}. \tag{6.16}$$

Für den Kreisringquerschnitt in Bereich 2 folgt:

$$\underline{\underline{I_T}} = 2\pi \,(2R_m)^3\, t = \underline{\underline{16\pi\, R_m^3 t}}. \tag{6.17}$$

Zu 2): Zur Ermittlung des Torsionsmoments und der Verdrehung wird von dem in Abb. 6.6 gezeigten Ersatzsystem ausgegangen, in dem die Kräftepaare als statisch äquivalente Torsionsmomente auf den Stab aufgebracht werden. Wir betrachten in den beiden Teilbereichen die Differentialgleichung $GI_T \vartheta'' = -m_T$. In Bereich 1 ergibt sich:

$$GI_{T,1}\vartheta_1'' = 0,$$

$$GI_{T,1}\vartheta_1' = M_{x,1} = C_1,$$

$$GI_{T,1}\vartheta_1 = C_1 x_1 + C_2.$$

In Bereich 2 erhalten wir:

$$GI_{T,2}\vartheta_2'' = 0,$$

$$GI_{T,2}\vartheta_2' = M_{x,2} = D_1,$$

$$GI_{T,2}\vartheta_2 = D_1 x_2 + D_2.$$

Abb. 6.6 Ersatzsystem (oben), Verlauf des Torsionsmoments und der Winkelverdrehung (unten)

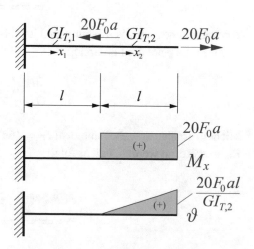

Aus den Rand- und Übergangsbedingungen

$$\vartheta_1(x_1 = 0) = 0,$$

$$M_{x,2}(x_2 = l) = 20 F_0 a,$$

$$M_{x,1}(x_1 = l) = M_{x,2}(x_2 = 0) - 20 F_0 a,$$

$$\vartheta_1(x_1 = l) = \vartheta_2(x_2 = 0)$$

ergeben sich die Integrationskonstanten zu:

$$C_1 = 0,$$

$$C_2 = 0,$$

$$D_1 = 20 F_0 a,$$

$$D_2 = 0. \tag{6.18}$$

Das Torsionsmoment kann damit angegeben werden als:

$$\underline{\underline{M_{x,1} = 0,}}$$

$$\underline{\underline{M_{x,2} = 20 F_0 a.}} \tag{6.19}$$

Für die Verdrehung ϑ folgt:

$$\underline{\underline{\vartheta_1 = 0,}}$$

$$\underline{\underline{\vartheta_2 = \frac{20 F_0 a x_2}{G I_{T,2}}.}} \tag{6.20}$$

Torsionsmoment und Verdrehung sind in Abb. 6.6, unten, dargestellt.

Zu 3): Es gelte die Forderung:

$$\frac{20 F_0 a l}{G I_{T,2}} \leq \vartheta_{zul}. \tag{6.21}$$

Mit dem Torsionsträgheitsmoment $I_T = 16\pi R_m^3 t$ kann dieser Ausdruck nach dem Radius R_m umgeformt werden, und es folgt:

$$\underline{\underline{R_m \geq \sqrt[3]{\frac{5 F_0 a l}{4 G \pi t \vartheta_{zul}}}.}} \tag{6.22}$$

Aufgabe 6.6

Gegeben sei der in Abb. 6.7 gezeigte Kragarm, der an seinem freien Ende durch eine zur x−Achse exzentrische Kraft F_0 (Ausmitte $\frac{a}{2}$) belastet werde. Der Kragarm habe die Länge $l = 40a$ und weise den in Abb. 6.7, rechts, dargestellten Querschnitt auf. Man bearbeite die folgenden Aufgabenteile:

1) Wie groß ist das Torsionsträgheitsmoment des gegebenen Querschnitts?
2) Wie groß ist die Verdrehung $\vartheta(x = l)$?
3) Wie groß ist die maximale Schubspannung infolge Torsion?
4) Wie groß ist die maximale Normalspannung infolge Biegung?

Lösung

Zu 1): Das Torsionsträgheitsmoment bestimmt sich wie folgt:

$$\underline{\underline{I_T = \frac{4A_m^2}{\sum_{i=1}^4 \frac{l_i}{t_i}} = \frac{4 \cdot (a \cdot 2a)^2}{\frac{a}{2t} + \frac{2a}{t} + \frac{a}{2t} + \frac{2a}{t}} = \frac{16}{5}a^3 t.}} \tag{6.23}$$

Zu 2): Zur Ermittlung der Verdrehung ϑ gehen wir von der Differentialgleichung $GI_T\vartheta'' = -m_T$ aus und betrachten das Ersatzsystem wie in Abb. 6.7, unten, gezeigt:

$$GI_T\vartheta'' = 0,$$

$$GI_T\vartheta' = M_x = C_1,$$

$$GI_T\vartheta = C_1x + C_2.$$

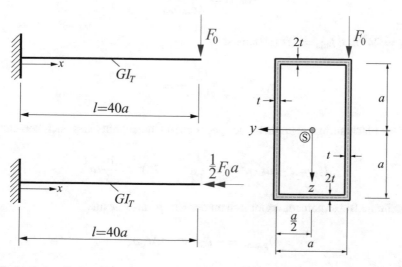

Abb. 6.7 Statisches System (oben), gegebener Querschnitt (rechts), Ersatzsystem (unten)

Aus den Randbedingungen

$$\vartheta(x = 0) = 0,$$

$$M_x(x = l) = -\frac{1}{2}F_0 a$$

lassen sich die Integrationskonstanten C_1 und C_2 ermitteln als:

$$C_1 = -\frac{1}{2}F_0 a,$$

$$C_2 = 0.$$

Damit kann die Verdrehung ϑ angegeben werden als

$$\vartheta = -\frac{F_0 a x}{2G I_T}, \tag{6.24}$$

und der gesuchte Wert $\vartheta(x = l)$ folgt zu:

$$\vartheta(x = l) = -\frac{F_0 a l}{2G I_T}. \tag{6.25}$$

Zu 3): Es handelt sich um einen geschlossenen Querschnitt, für den sich die maximale Schubspannung ermittelt als:

$$|\tau_{\max}| = \frac{|M_x|}{2A_m t_{\min}}. \tag{6.26}$$

Mit $A_m = 2a^2$ und $t_{\min} = t$ folgt daraus:

$$|\tau_{\max}| = \frac{\frac{1}{2}F_0 a}{2 \cdot 2a^2 \cdot t} = \frac{F_0}{8at}. \tag{6.27}$$

Zu 4): Das Flächenträgheitsmoment des gegebenen Querschnitts lässt sich berechnen als:

$$I_{yy} = 2 \cdot 2at \cdot a^2 + 2 \cdot \frac{1}{12} \cdot t \cdot (2a)^3 = \frac{16}{3}ta^3. \tag{6.28}$$

Das maximale Biegemoment ergibt sich an der Einspannstelle als:

$$M_{y,\max} = -F_0 l = -40F_0 a. \tag{6.29}$$

Damit folgt die maximale Normalspannung als:

$$\underline{\underline{|\sigma_{xx,\text{max}}|}} = \frac{40 F_0 a}{\frac{16}{3} t a^3} \cdot a = \underline{\underline{\frac{15 F_0}{2ta}}}. \tag{6.30}$$

Aufgabe 6.7

Gegeben ist der Kragarm der Abb. 6.8. Der Kragarm habe die Gesamtlänge $4l$ und werde durch seine Torsionssteifigkeit und die anliegende Belastung durch Streckentorsionsmomente in insgesamt vier Bereiche aufgeteilt. Außerdem liege am freien Kragarmende noch ein Torsionsmoment $M_{T,0}$ vor. Gesucht wird der Torsionsmomentenverlauf M_x sowie die Verdrehung ϑ am freien Kragarmende.

Lösung

Die Momentenverläufe in den Teilbereichen können aus elementaren Gleichgewichtsbetrachtungen angegeben werden als:

$$\underline{\underline{M_{x,1} = M_{T,0} + m_T \left(3l - 2x_1\right),}}$$

$$\underline{\underline{M_{x,2} = M_{T,0} + m_T l,}}$$

$$\underline{\underline{M_{x,3} = M_{T,0} + m_T \left(l - x_3\right),}}$$

$$\underline{\underline{M_{x,4} = M_{T,0}.}} \tag{6.31}$$

Der Momentenverlauf ist in Abb. 6.8, unten, dargestellt.

Zur Ermittlung der Winkelverdrehung ϑ können wir von dem allgemeinen Ausdruck für einen Stab der Länge l ausgehen:

$$\vartheta = \int_0^l \vartheta'\,\mathrm{d}x = \int_0^l \frac{M_x}{GI_T}\,\mathrm{d}x.$$

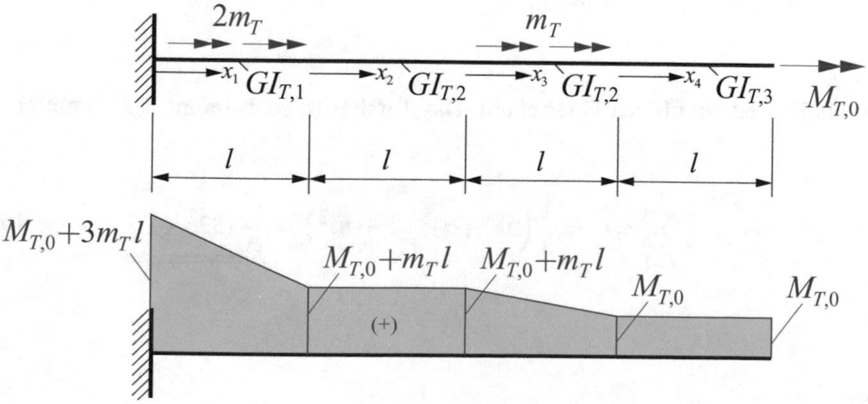

Abb. 6.8 Statisches System (oben), Verlauf des Torsionsmoments (unten)

Angewandt auf die gegebene Situation ergibt sich die gesuchte Verdrehung am freien Kragarmende als:

$$\vartheta = \int\limits_0^l \frac{M_{x,1}}{GI_{T,1}}dx_1 + \int\limits_0^l \frac{M_{x,2}}{GI_{T,2}}dx_2 + \int\limits_0^l \frac{M_{x,3}}{GI_{T,2}}dx_3 + \int\limits_0^l \frac{M_{x,4}}{GI_{T,3}}dx_4.$$

Die hierin auftretenden Integrale lassen sich auswerten wie folgt:

$$\int\limits_0^l \frac{M_{x,1}}{GI_{T,1}}dx_1 = \frac{1}{GI_{T,1}}\int\limits_0^l \left(M_{T,0} + m_T\left(3l - 2x_1\right)\right)dx_1 = \frac{M_{T,0}l + 2m_Tl^2}{GI_{T,1}},$$

$$\int\limits_0^l \frac{M_{x,2}}{GI_{T,2}}dx_2 = \frac{1}{GI_{T,2}}\int\limits_0^l \left(M_{T,0} + m_Tl\right)dx_1 = \frac{M_{T,0}l + m_Tl^2}{GI_{T,2}},$$

$$\int\limits_0^l \frac{M_{x,3}}{GI_{T,2}}dx_3 = \frac{1}{GI_{T,2}}\int\limits_0^l \left(M_{T,0} + m_T\left(l - x_3\right)\right)dx_3 = \frac{M_{T,0}l + \frac{1}{2}m_Tl^2}{GI_{T,2}},$$

$$\int\limits_0^l \frac{M_{x,4}}{GI_{T,3}}dx_4 = \frac{1}{GI_{T,3}}\int\limits_0^l M_{T,0}dx_4 = \frac{M_{T,0}l}{GI_{T,3}}. \tag{6.32}$$

Damit ergibt sich die gesuchte Verdrehung am Kragarmende als:

$$\vartheta = M_{T,0}l\left(\frac{1}{GI_{T,1}} + \frac{2}{GI_{T,2}} + \frac{1}{GI_{T,3}}\right) + m_Tl^2\left(\frac{2}{GI_{T,1}} + \frac{3}{2GI_{T,2}}\right). \tag{6.33}$$

Aufgabe 6.8

Für die in Abb. 6.9 gegebenen Querschnitte ermittle man das Torsionsträgheitsmoment I_T und das Torsionswiderstandsmoment W_T.

Lösung

Querschnitt 1 ist ein offener Querschnitt. Das Torsionsträgheitsmoment I_T ermittelt sich als:

$$I_T = \frac{1}{3}\sum_{i=1}^n h_i t_i^3 = \frac{1}{3}\left(2b \cdot (2t)^3 \cdot 2 + ht^3\right) = \frac{t^3}{3}\left(32b + h\right). \tag{6.34}$$

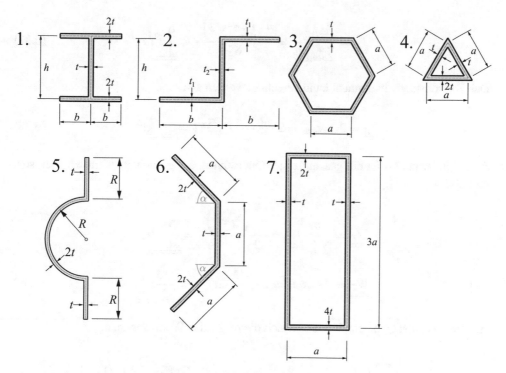

Abb. 6.9 Gegebene Querschnitte

Für das Torsionswiderstandsmoment W_T erhalten wir:

$$\underline{\underline{W_T}} = \frac{I_T}{t_{max}} = \frac{\frac{t^3}{3}(32b+h)}{2t} = \underline{\underline{\frac{t^2}{6}(32b+h)}}. \qquad (6.35)$$

Querschnitt 2 ist ebenfalls ein geschlossener Querschnitt, für den $t_1 > t_2$ gelte und für den sich die folgenden Werte berechnen lassen:

$$\underline{\underline{I_T}} = \frac{1}{3}\sum_{i=1}^{n} h_i t_i^3 = \underline{\underline{\frac{1}{3}\left(2bt_1^3 + ht_2^3\right)}},$$

$$\underline{\underline{W_T}} = \frac{I_T}{t_{max}} = \underline{\underline{\frac{1}{3t_1}\left(2bt_1^3 + ht_2^3\right)}}. \qquad (6.36)$$

Bei Querschnitt 3 handelt es sich um einen geschlossenen Querschnitt, für den sich das Torsionsträgheitsmoment angeben lässt als:

$$I_T = \frac{4A_m^2}{\sum_{i=1}^n \frac{l_i}{t_i}} = \frac{4 \cdot \left(\frac{3}{2}a^2\sqrt{3}\right)^2}{6\frac{a}{t}} = \underline{\underline{\frac{9}{2}a^3 t}}. \tag{6.37}$$

Das Torsionsträgheitsmoment kann berechnet werden als:

$$\underline{\underline{W_T}} = 2A_m t_{\min} = 2 \cdot \frac{3}{2} \cdot a^2 \cdot \sqrt{3} \cdot t = \underline{\underline{3\sqrt{3}a^2 t}}. \tag{6.38}$$

Auch Querschnitt 4 ist ein geschlossener Querschnitt, die gesuchten Werte ergeben sich hier als:

$$\underline{\underline{I_T}} = \frac{4A_m^2}{\sum_{i=1}^n \frac{l_i}{t_i}} = \frac{4 \cdot \left(\frac{\sqrt{3}}{4}a^2\right)^2}{2 \cdot \frac{a}{t} + \frac{a}{2t}} = \underline{\underline{\frac{3}{10}a^3 t}},$$

$$\underline{\underline{W_T}} = 2A_m t_{\min} = 2 \cdot \frac{\sqrt{3}}{4} \cdot a^2 \cdot t = \underline{\underline{\frac{\sqrt{3}}{2}a^2 t}}. \tag{6.39}$$

Am Beispiel von Querschnitt 5 lassen sich die folgenden Werte angeben:

$$\underline{\underline{I_T}} = \frac{1}{3}\sum_{i=1}^n h_i t_i^3 = 2 \cdot \frac{1}{3} \cdot R \cdot t^3 + \frac{1}{3} \cdot \pi \cdot R \cdot (2t)^3 = \underline{\underline{\frac{2}{3}Rt^3 (1 + 4\pi)}},$$

$$\underline{\underline{W_T}} = \frac{I_T}{t_{\max}} = \frac{\frac{2}{3}Rt^3 (1 + 4\pi)}{2t} = \underline{\underline{\frac{1}{3}Rt^2 (1 + 4\pi)}}. \tag{6.40}$$

Für Querschnitt 6 ergibt sich:

$$\underline{\underline{I_T}} = \frac{1}{3}\sum_{i=1}^n h_i t_i^3 = 2 \cdot \frac{1}{3} \cdot a (2t)^3 + \frac{1}{3} \cdot a \cdot 3 = \underline{\underline{\frac{17}{3}at^3}},$$

$$\underline{\underline{W_T}} = \frac{I_T}{t_{\max}} = \frac{17}{3}at^3 \cdot \frac{1}{2t} = \underline{\underline{\frac{17}{6}at^2}}. \tag{6.41}$$

Querschnitt 7 ergibt die folgenden Werte:

$$\underline{\underline{I_T}} = \frac{4A_m^2}{\sum_{i=1}^n \frac{l_i}{t_i}} = \frac{4 \cdot \left(3a^2\right)^2}{2 \cdot \frac{3a}{t} + \frac{a}{2t} + \frac{a}{4t}} = \underline{\underline{\frac{16}{3}a^3 t}},$$

$$\underline{\underline{W_T}} = 2A_m t_{\min} = 2 \cdot 3a^2 \cdot t = \underline{\underline{6a^2 t}}. \tag{6.42}$$

Abb. 6.10 Statisches System

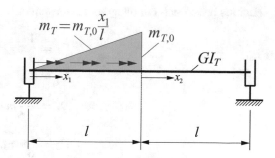

Aufgabe 6.9

Für den in Abb. 6.10 dargestellten beidseits gabelgelagerten Stab unter der linear verlaufenden Belastung $m_T = m_{T,0}\frac{x_1}{l}$ werden die Verläufe des Torsionsmoments M_x und der Verdrehung ϑ gesucht. Hierzu ist der Stab wie angedeutet in zwei Bereiche einzuteilen.

Lösung

Wir lösen das gegebene Problem, indem wir von der Differentialgleichung $GI_T\vartheta'' = -m_T$ ausgehen. Für den linken Bereich ergibt sich:

$$GI_T\vartheta_1'' = -m_T = -m_{T,0}\frac{x_1}{l},$$

$$GI_T\vartheta_1' = M_x = -m_{T,0}\frac{x_1^2}{2l} + C_1,$$

$$GI_T\vartheta_1 = -m_{T,0}\frac{x_1^3}{6l} + C_1 x_1 + C_2.$$

Für den rechten Bereich erhalten wir:

$$GI_T\vartheta_2'' = -m_T = 0,$$

$$GI_T\vartheta_2' = M_x = D_1,$$

$$GI_T\vartheta_2 = D_1 x_2 + D_2.$$

Die hier anzusetzenden Rand- und Übergangsbedingungen lauten:

$$\vartheta_1(x_1 = 0) = 0,$$

$$M_{x,1}(x_1 = l) = M_{x,2}(x_2 = 0),$$

$$\vartheta_1(x_1 = l) = \vartheta_2(x_2 = 0),$$

$$\vartheta_2(x_2 = l) = 0.$$

Hieraus lassen sich die Integrationskonstanten C_1, C_2, D_1, D_2 ermitteln als:

$$C_1 = \frac{1}{3} m_{T,0} l,$$

$$C_2 = 0,$$

$$D_1 = -\frac{1}{6} m_{T,0} l,$$

$$D_2 = \frac{1}{6} m_{T,0} l^2.$$

Damit können die gesuchten Verläufe von M_x und ϑ angegeben werden als:

$$M_{x,1} = m_{T,0} l \left[\frac{1}{3} - \frac{1}{2} \left(\frac{x_1}{l} \right)^2 \right],$$

$$M_{x,2} = -\frac{1}{6} m_{T,0} l,$$

$$\vartheta_1 = \frac{m_{T,0} l^2}{3 G I_T} \left[\frac{x_1}{l} - \frac{1}{2} \left(\frac{x_1}{l} \right)^3 \right],$$

$$\vartheta_2 = \frac{m_{T,0} l^2}{6 G I_T} \left(1 - \frac{x_2}{l} \right). \tag{6.43}$$

Aufgabe 6.10

Für den in Abb. 6.11 dargestellten Stab unter parabelförmiger Belastung $m_T = m_{T,0} \left(\frac{x}{l} \right)^2$ werden das Torsionsmoment M_x und die Verdrehung ϑ gesucht.

Lösung

Wir lösen das Problem durch Betrachtung der Differentialgleichung $G I_T \vartheta'' = -m_T$:

$$G I_T \vartheta'' = -m_T = -m_{T,0} \left(\frac{x}{l} \right)^2,$$

Abb. 6.11 Statisches System

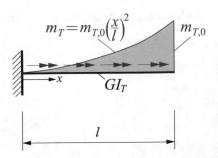

$$GI_T \vartheta' = M_x = -\frac{m_{T,0}l}{3}\left(\frac{x}{l}\right)^3 + C_1,$$

$$GI_T \vartheta = -\frac{m_{T,0}l^2}{12}\left(\frac{x}{l}\right)^4 + C_1 x + C_2.$$

Aus den Randbedingungen

$$\vartheta(x = 0) = 0,$$

$$M_x(x = l) = 0$$

ergeben sich die Integrationskonstanten C_1 und C_2 als:

$$C_1 = \frac{m_{T,0}l}{3},$$

$$C_2 = = 0.$$

Damit lassen sich das Torsionsmoment M_x und die Verdrehung ϑ angeben als:

$$M_x = \frac{m_{T,0}l}{3}\left[1 - \left(\frac{x}{l}\right)^3\right],$$

$$\vartheta = \frac{m_{T,0}l^2}{3GI_T}\left(\frac{x}{l}\right)\left[1 - \frac{1}{4}\left(\frac{x}{l}\right)^3\right]. \tag{6.44}$$

Aufgabe 6.11

Gegeben sei der in Abb. 6.12 gezeigt Kragarm unter der ausmittigen Kraft F_0. Man ermittle die maximale Durchbiegung sowie die maximale Schubspannung infolge Torsion.

Lösung

Die maximale Durchbiegung f am Kragarmende setzt sich aus den beiden Anteilen f_B und f_T infolge Biegung und Torsion zusammen:

$$f = f_B + f_T.$$

Die Durchbiegung f_B ergibt sich als:

$$f_B = \frac{F_0 l^3}{3EI_{yy}}.$$

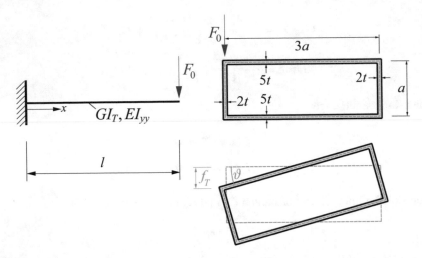

Abb. 6.12 Statisches System (links), gegebener Querschnitt und Querschnittsverdrehung (rechts)

Zur Ermittlung der Durchbiegung infolge Torsion (s. Abb. 6.12, rechts unten) wird das Torsionsträgheitsmoment I_T benötigt, das sich wie folgt ermitteln lässt:

$$I_T = \frac{4A_m^2}{\sum_{i=1}^{4} \frac{l_i}{t_i}} = \frac{4 \cdot (3a^2)^2}{2 \cdot \frac{3a}{5t} + 2 \cdot \frac{a}{2t}} = \frac{180}{11}a^3 t.$$

Die Verdrehung ϑ am Kragarmende ergibt sich als:

$$\vartheta(x = l) = \frac{M_x l}{GI_T} = \frac{F_0 \cdot \frac{3}{2}a \cdot l}{G \cdot \frac{180}{11} \cdot a^3 \cdot t} = \frac{11F_0 l}{120Ga^2 t}.$$

Damit folgt die Durchbiegung infolge Torsion zu:

$$f_T = \frac{3}{2}\vartheta(x = l)a = \frac{11F_0 l}{80Gat}.$$

Die gesuchte Durchbiegung f folgt dann zu:

$$\underline{\underline{f = f_B + f_T}} = \frac{F_0 l^3}{3EI_{yy}} + \frac{11F_0 l}{80Gat} = \underline{\underline{F_0 l \left(\frac{l^2}{3EI_{yy}} + \frac{11}{80Gat} \right)}}. \tag{6.45}$$

Die maximale Schubspannung infolge Torsion ergibt sich für den gegebenen Querschnitt wie folgt:

$$\tau_{\max} = \frac{M_x}{W_T},$$

wobei sich das Torsionswiderstandsmoment errechnen lässt als:

$$W_T = 2A_m t_{\min} = 2 \cdot 3a^2 \cdot 2t = 12a^2t.$$

Die maximale Schubspannung tritt in den Stegen des gegebenen Querschnitts auf und beläuft sich auf:

$$\underline{\underline{\tau_{\max}}} = \frac{F_0 \cdot \frac{3}{2}a}{12a^2t} = \underline{\underline{\frac{F_0}{8at}}}. \tag{6.46}$$

Aufgabe 6.12

Gegeben sei der Kragarm der Abb. 6.13. Der Kragarm werde an seinem freien Ende durch das Biegemoment M_0 sowie das Torsionsmoment $M_{T,0}$ belastet, wobei $M_0 = 2M_{T,0}$ gelte. Es sei $a = 10t$. Man bearbeite die folgenden Aufgabenteile:

1) Wie groß ist die maximale Schubspannung $\tau_{\max}$ infolge Torsion? Wo tritt sie auf?
2) Wie groß ist die maximale Biegespannung σ_{xx}? Wo tritt sie auf?
3) Unter welchem Winkel treten die Hauptspannungen auf? Wie groß sind diese?

Lösung

Zu 1): Die maximale Schubspannung infolge Torsion kann für den gegebenen Querschnitt (Abb. 6.13, rechts) angegeben werden als:

$$\tau_{\max} = \frac{M_x}{W_T},$$

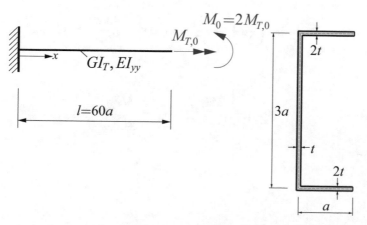

Abb. 6.13 Statisches System (links), gegebener Querschnitt (rechts)

wobei sich das Torsionswiderstandsmoment W_T angeben lässt als:

$$W_T = \frac{I_T}{t_{max}}.$$

Das hierfür erforderliche Torsionsträgheitsmoment I_T folgt zu:

$$I_T = \frac{1}{3}\sum_{i=1}^{3} l_i t_i^3 = \frac{1}{3}\left(2 \cdot a \cdot (2t)^3 + 3a \cdot t^3\right) = \frac{19}{3}at^3 = \frac{190}{3}t^4.$$

Damit folgt das Torsionswiderstandsmoment W_T als:

$$W_T = \frac{\frac{190}{3}t^4}{2t} = \frac{95}{3}t^3.$$

Die maximale Schubspannung tritt in den Flanschen des Querschnitts auf und beläuft sich auf:

$$\underline{\underline{\tau_{max}}} = \frac{M_{T,0}}{\frac{95}{3}t^3} = \frac{3M_{T,0}}{95t^3}. \tag{6.47}$$

Zu 2): Der Betrag der größten Biegespannung σ_{xx} in den Flanschen des Querschnitts folgt zu:

$$|\sigma_{xx}| = \frac{M_0}{I_{yy}} \cdot \frac{3}{2}a.$$

Das Flächenträgheitsmoment I_{yy} kann für den gegebenen Querschnitt angegeben werden als:

$$I_{yy} = 2 \cdot a \cdot 2t \cdot \left(\frac{3}{2}a\right)^2 + \frac{1}{12} \cdot t \cdot (3a)^3 = \frac{45ta^3}{4} = 11250t^4.$$

Es folgt:

$$\underline{\underline{|\sigma_{xx}|}} = \frac{2M_{T,0}}{11250t^4} \cdot 15t = \frac{M_{T,0}}{375t^3}. \tag{6.48}$$

Zu 3): Der Hauptachswinkel θ_h folgt zu:

$$\tan 2\theta_h = \frac{2\tau_{xy}}{\sigma_{xx} - \sigma_{yy}} = \frac{\frac{6M_{T,0}}{95t^3}}{\frac{M_{T,0}}{375t^3}} = 23,68.$$

Der Hauptachswinkel θ_h ergibt sich damit als:

$$\underline{\underline{\theta_h = 43,79°}}.$$

Die Hauptspannungen σ_1 und σ_2 lassen sich ermitteln als:

$$\sigma_{1,2} = \frac{\sigma_{xx} + \sigma_{yy}}{2} \pm \sqrt{\left(\frac{\sigma_{xx} - \sigma_{yy}}{2}\right)^2 + \tau_{xy}^2}.$$

Es folgt:

$$\underline{\underline{\sigma_1 = 0,033\frac{M_{T,0}}{t^3}}},$$

$$\underline{\underline{\sigma_2 = -0,030\frac{M_{T,0}}{t^3}}}. \tag{6.49}$$

Aufgabe 6.13

Betrachtet werde der in Abb. 6.14 dargestellte Kragarm, der den Querschnitt aus Aufgabe 3.2 aufweise. Der Kragarm werde durch die exzentrisch angreifende Einzelkraft F_0 belastet. Das Flächenträgheitsmoment I_{yy} sei gegeben mit $I_{yy} = \frac{1}{3}ta^3 = \frac{8000}{3}t^4$, es gelte $a = 20t, l = 20a = 400t$ und $E = 3G$. Man bearbeite die folgenden Aufgabenteile:

1) Man ermittle I_T und W_T.
2) Wie groß muss t sein, damit die maximale Verdrehung ϑ einen zulässigen Wert ϑ_{zul} nicht überschreitet?

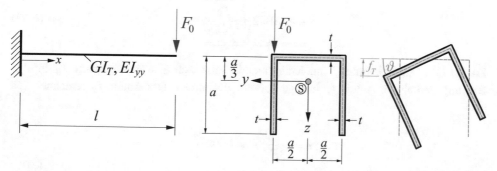

Abb. 6.14 Statisches System (links), gegebener Querschnitt (Mitte), Verdrehung des Querschnitts (rechts)

3) Wie groß ist die maximale Durchbiegung am Kragarmende?

4) Wie groß ist die maximale Schubspannung im Querschnitt?

Lösung

Zu 1): Es handelt sich um einen offenen Querschnitt. Das Torsionsträgheitsmoment I_T berechnet sich als:

$$\underline{\underline{I_T}} = \frac{1}{3} \sum_{i=1}^{3} l_i t_i^3 = \frac{1}{3} \cdot 3 \cdot a \cdot t^3 = \underline{\underline{20 t^4}}. \tag{6.50}$$

Das Torsionswiderstandsmoment W_T folgt zu:

$$\underline{\underline{W_T}} = \frac{I_T}{t_{\max}} = \underline{\underline{20 t^3}}. \tag{6.51}$$

Zu 2): Das konstante im Stab wirkende Torsionsmoment ergibt sich aus der angreifenden Kraft F_0, multipliziert mit der Ausmitte $\frac{a}{2}$:

$$M_x = F_0 \cdot \frac{a}{2} = 10 F_0 t.$$

Daraus lässt sich die Verdrehung ϑ am Kragarmende ermitteln als:

$$\vartheta = \frac{M_x l}{G I_T} = \frac{10 F_0 t \cdot 400 t}{G \cdot 20 t^4} = 200 \frac{F_0}{G t^2}.$$

Es gelte nun das folgende Kriterium:

$$\vartheta \leq \vartheta_{zul}.$$

Dieser Ausdruck lässt sich direkt nach der gesuchten Wanddicke t umformen:

$$\underline{\underline{t \geq 10\sqrt{2} \sqrt{\frac{F_0}{G \vartheta_{zul}}}}}. \tag{6.52}$$

Zu 3): Die Durchbiegung f am Kragarmende setzt sich aus einem Anteil f_B infolge Biegung und einem Anteil f_T infolge Torsion zusammen. Der Anteil f_B errechnet sich als:

$$f_B = \frac{F_0 l^3}{3 E I_{yy}} = 8000 \frac{F_0}{E t}.$$

Die Durchbiegung infolge Torsion ergibt sich aus der Verdrehung des Querschnitts wie in Abb. 6.14, rechts, gezeigt:

$$f_T = \vartheta\,(x = l) \cdot \frac{a}{2} = 200\frac{F_0}{Gt^2} \cdot 10t = 6000\frac{F_0}{Et}.$$

Damit kann die Gesamtdurchbiegung f ermittelt werden als:

$$f = f_B + f_T = 1,4 \cdot 10^4 \frac{F_0}{Et}. \tag{6.53}$$

Zu 4): Die maximale Schubspannung τ_{max} ergibt sich aus der Überlagerung der Schubspannungen infolge Querkraft Q_z und Torsionsmoment M_x. Aus Aufgabe 3.2 ist die maximale Schubspannung τ_{max} infolge Q_z bekannt als:

$$\tau_{max} = \frac{2F_0}{3ta} = \frac{F_0}{30t^2}.$$

Sie ist konstant über die Wanddicke verteilt. Die maximale Schubspannung infolge Torsion folgt als:

$$\tau_{max} = \frac{M_x}{W_T} = \frac{10F_0 t}{20t^3} = \frac{F_0}{2t^2}.$$

Sie ist linear über die Wanddicke verteilt und nimmt ihrem Maximalwert am Rand der Wandung an. Die gesuchte maximale Schubspannung ergibt sich dann aus der Addition der beiden ermittelten Anteile:

$$\tau_{max} = \frac{F_0}{30t^2} + \frac{F_0}{2t^2} = \frac{8F_0}{15t^2}. \tag{6.54}$$

Aufgabe 6.14

Betrachtet werden die beiden Querschnitte der Abb. 6.15. Gegeben sei die zulässige Schubspannung τ_{zul}. Wie groß ist bei gegebenem τ_{zul} das zulässige Torsionsmoment M_x? Wie groß ist die zulässige Verdrehung? Es gelte $a = 30t$, und es liege ein Stab mit der Länge l vor. Das Torsionsmoment M_x sei konstant über die Stablänge.

Lösung

Zur Ermittlung der maximalen Schubspannung gilt für beide Querschnitte:

$$\tau_{max} = \frac{M_x}{W_T}.$$

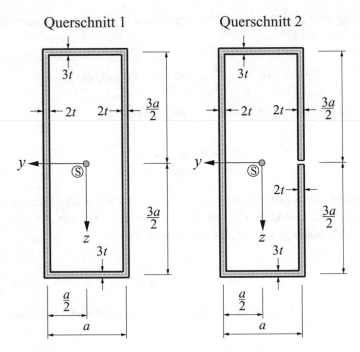

Abb. 6.15 Gegebene Querschnitte

Die beiden erforderlichen Torsionswiderstandsmomente ergeben sich als:

$$W_{T,1} = 2A_m t_{min} = 2 \cdot 3a \cdot a \cdot 2t = 12a^2 t,$$

$$W_{T,2} = \frac{I_T}{t_{max}} = \frac{1}{3t} \cdot \frac{1}{3} \cdot \left[3a \cdot (2t)^3 + 3a \cdot (2t)^3 + 2 \cdot a \cdot (3t)^3\right] = \frac{34}{3}at^2.$$

Zur Ermittlung des zulässigen Torsionsmoments ziehen wir das folgende Spannungskriterium heran:

$$\tau_{max} \leq \tau_{zul}.$$

Für Querschnitt 1 folgt:

$$\frac{M_{x,1}}{12a^2 t} \leq \tau_{zul},$$

was sich umformen lässt zu:

$$M_{x,1} \leq 12\tau_{zul}a^2 t. \tag{6.55}$$

Für Querschnitt 2 folgt:

$$\frac{M_{x,2}}{\frac{34}{3}at^2} \leq \tau_{zul},$$

also:

$$M_{x,2} \leq \frac{34}{3}\tau_{zul}at^2.$$

Mit $a = 30t$ ergibt sich:

$$\underline{\underline{M_{x,1} \leq 10800\tau_{zul}t^3}},$$

$$\underline{\underline{M_{x,2} \leq 340\tau_{zul}t^3}}. \tag{6.56}$$

Offenbar weist Querschnitt 1 eine deutlich höhere Tragfähigkeit als Querschnitt 2 auf. Die zulässige Verdrehung ϑ_{zul} folgt aus

$$\vartheta = \frac{M_x l}{G I_T}$$

als:

$$\vartheta_{zul} = \frac{\tau_{zul} W_T l}{G I_T}.$$

Die hier notwendigen Torsionsträgheitsmomente I_T ergeben sich für die beiden gegebenen Querschnitte als:

$$I_{T,1} = \frac{4A_m^2}{\sum_{i=1}^4 \frac{l_i}{t_i}} = \frac{4 \cdot (3 \cdot 30^2 t^2)^2}{2 \cdot \frac{3a}{2t} + 2 \cdot \frac{a}{3t}} = \frac{2916000}{11}t^4,$$

$$I_{T,2} = \frac{1}{3}\sum_{i=1}^5 l_i t_i^3 = \frac{1}{3}\left[2 \cdot 3a \cdot (2t)^3 + 2 \cdot a \cdot (3t)^3\right] = 34at^3 = 1020t^4.$$

Damit folgt für Querschnitt 1:

$$\underline{\underline{\vartheta_{zul} = \frac{\tau_{zul} \cdot 12a^2t \cdot l}{G \cdot \frac{2916000}{11}t^4} = \frac{11}{270}\frac{\tau_{zul}l}{Gt}}}. \tag{6.57}$$

Für Querschnitt 2 ergibt sich:

$$\underline{\underline{\vartheta_{zul} = \frac{\tau_{zul} \cdot \frac{34}{3}at^2 \cdot l}{G \cdot 1020t^4} = \frac{\tau_{zul}l}{3Gt}}}. \tag{6.58}$$

Energiemethoden

7

Aufgabe 7.1

Betrachtet werde des System aus Aufgabe 4.22, das in Abb. 7.1, oben, erneut dargestellt ist. Gesucht wird die angezeigte Verschiebung w mit Hilfe des Arbeitssatzes $\Pi_i = W_a$.

Lösung

Wir ermitteln zunächst die Momentenlinie M_y wie in Abb. 7.1, unten, dargestellt. Für die Momentenlinie lassen sich in den Bereichen 1, 2 und 3 die folgenden Funktionen ermitteln:

$$M_y(x_1) = -F_0 l \left(2 - \frac{x_1}{l} \right),$$

$$M_y(x_2) = -F_0 l,$$

$$M_y(x_3) = -F_0 l \left(1 - \frac{x_3}{l} \right).$$

Das innere Potential Π_i folgt am Beispiel zu:

$$\Pi_i = \frac{1}{2} \int\limits_0^l \frac{M_y^2(x_1)}{EI_{yy}} \mathrm{d}x_1 + \frac{1}{2} \int\limits_0^l \frac{M_y^2(x_2)}{EI_{yy}} \mathrm{d}x_2 + \frac{1}{2} \int\limits_0^l \frac{M_y^2(x_3)}{EI_{yy}} \mathrm{d}x_3 = \frac{11 F_0^2 l^3}{6 EI_{yy}}.$$

Die äußere geleistete Arbeit W_a folgt zu:

$$W_a = \frac{1}{2} F_0 w.$$

© Der/die Autor(en), exklusiv lizenziert an Springer-Verlag GmbH, DE,
ein Teil von Springer Nature 2023
C. Mittelstedt, *Aufgabensammlung Technische Mechanik 2*,
https://doi.org/10.1007/978-3-662-67968-5_7

Abb. 7.1 Statisches System
(oben), Momentenlinie (unten)

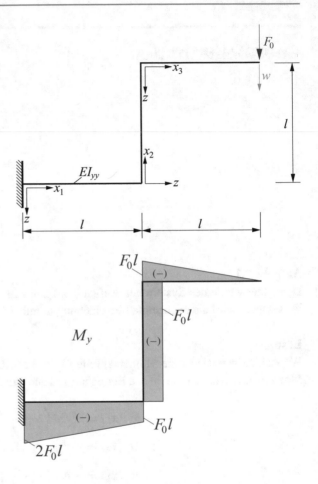

Anwendung des Arbeitssatzes $\Pi_i = W_a$ ergibt schließlich die gesuchte Verschiebung w als:

$$w = \frac{11 F_0 l^3}{3 E I_{yy}}. \tag{7.1}$$

Aufgabe 7.2

Betrachtet werde das statische System der Abb. 7.2, oben, unter der Einzelkraft F_0. Gesucht wird die Durchbiegung w am Kraftangriffspunkt.

Lösung

Wir verwenden zur Lösung den Arbeitssatz $\Pi_i = W_a$. Die Momentenlinie M_y ist in Abb. 7.2, unten, dargestellt. Die bereichsweisen Momentenfunktionen lauten:

$$M_y(x_1) = 0,$$

$$M_y(x_2) = F_0\,(l - x_2)\,,$$

$$M_y(x_3) = -F_0 l,$$

$$M_y(x_4) = F_0\,(x_4 - l)\,.$$

Das innere Potential Π_i lässt sich für dieses System ermitteln als:

$$\Pi_i = \frac{1}{2}\int_0^l \frac{M_y^2(x_2)}{EI_{yy}}\mathrm{d}x_2 + \frac{1}{2}\int_0^l \frac{M_y^2(x_3)}{EI_{yy}}\mathrm{d}x_3 + \frac{1}{2}\int_0^l \frac{M_y^2(x_4)}{EI_{yy}}\mathrm{d}x_4 = \frac{5F_0^2 l^3}{6EI_{yy}}.$$

Die äußere geleistete Arbeit W_a lautet:

$$W_a = \frac{1}{2}F_0 w.$$

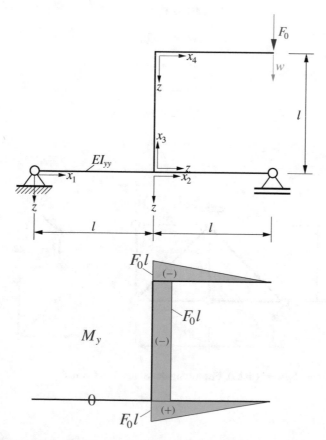

Abb. 7.2 Statisches System (oben), Momentenlinie (unten)

Aus dem Arbeitssatz $\Pi_i = W_a$ folgt dann die gesuchte Durchbiegung w als:

$$w = \frac{5F_0 l^3}{3EI_{yy}}. \tag{7.2}$$

Aufgabe 7.3
Gegeben sei das Fachwerk der Abb. 7.3. Gesucht wird die vertikale Durchbiegung w des Kraftangriffspunkts mit Hilfe des Arbeitssatzes. Alle Stäbe weisen die gleiche Dehnsteifigkeit EA auf.

Lösung
Wir ermitteln die Stabkräfte N_i ($i = 1, 2, \ldots, 7$) des gegebenen Systems, die sich nach kurzer Rechnung wie folgt ergeben:

$$N_1 = \sqrt{2}F_0,$$

$$N_2 = -F_0,$$

$$N_3 = 0,$$

$$N_4 = -F_0,$$

$$N_5 = \sqrt{2}F_0,$$

$$N_6 = 0,$$

$$N_7 = -F_0.$$

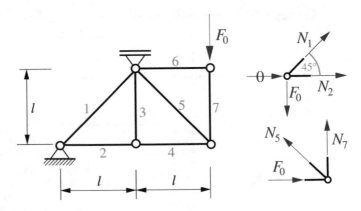

Abb. 7.3 Statisches System (links), Ermittlung der Stabkräfte (rechts)

Das innere Potential folgt dann als:

$$\Pi_i = \frac{1}{2}\int\limits_0^{l_i}\frac{N_i^2}{EA}\,\mathrm{d}x = \sum_{i=1}^{7}\frac{N_i^2 l_i}{2EA}$$

$$= \frac{\sqrt{2}F_0\cdot\sqrt{2}F_0\cdot\sqrt{2}l}{2EA} + \frac{(-F_0)(-F_0)l}{2EA} + \frac{(-F_0)(-F_0)l}{2EA}$$

$$+ \frac{\sqrt{2}F_0\cdot\sqrt{2}F_0\cdot\sqrt{2}l}{2EA} + \frac{(-F_0)(-F_0)l}{2EA}$$

$$= \frac{F_0^2 l}{2EA}\left(3 + 4\sqrt{2}\right).$$

Die äußere geleistete Arbeit W_a ergibt sich als:

$$W_a = \frac{1}{2}F_0 w.$$

Aus dem Arbeitssatz $\Pi_i = W_a$ folgt dann die gesuchte Verschiebung w als:

$$w = \frac{F_0 l}{EA}\left(3 + 4\sqrt{2}\right). \tag{7.3}$$

Aufgabe 7.4

Betrachtet werde das statische System der Abb. 7.4, das durch die Einzelkraft F_0 belastet werde. Gesucht wird die Absenkung w des Kraftangriffspunkts mit Hilfe des Arbeitssatzes $\Pi_i = W_a$. Der Pendelstab weise die Dehnsteifigkeit EA auf, das Balkensystem hingegen wird durch die Biegesteifigkeit EI_{yy} bei unendlich großer Dehnsteifigkeit $EA \to \infty$ beschrieben.

Lösung

Wir ermitteln zunächst die Momentenlinie M_y sowie die Stabkraft S im Pendelstab. Die Momentenlinie M_y ist in Abb. 7.4, unten, dargestellt. Die bereichsweisen Funktionen für M_y lauten:

$$M_y(x_1) = -2F_0 x_1,$$
$$M_y(x_2) = F_0(x_2 - 2l).$$

Die Stabkraft S folgt zu

$$S = 2F_0.$$

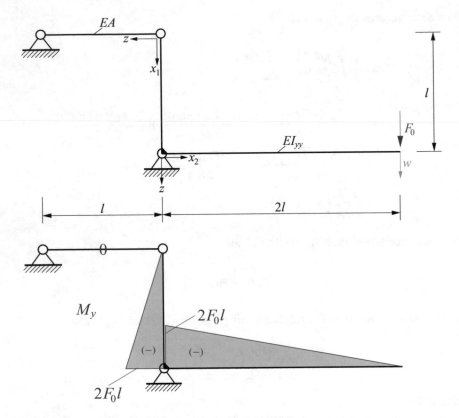

Abb. 7.4 Statisches System (oben), Momentenfläche (unten)

Das innere Potential lautet gegenwärtig:

$$\Pi_i = \frac{1}{2} \int_0^l \frac{M_y^2(x_1)}{EI_{yy}} \mathrm{d}x_1 + \frac{1}{2} \int_0^{2l} \frac{M_y^2(x_2)}{EI_{yy}} \mathrm{d}x_2 + \frac{S^2 l}{2EA}$$

$$= \frac{4F_0^2 l^3}{2EI_{yy}} + \frac{4F_0^2 l}{2EA}.$$

Die äußere Arbeit W_a lautet:

$$W_a = \frac{1}{2} F_0 w.$$

Aus dem Arbeitssatz $\Pi_i = W_a$ folgt dann die gesuchte Durchbiegung w als:

$$w = 4F_0 l \left(\frac{l^2}{EI_{yy}} + \frac{1}{EA} \right). \tag{7.4}$$

Abb. 7.5 Statisches System
(oben), Momentenfläche
(unten)

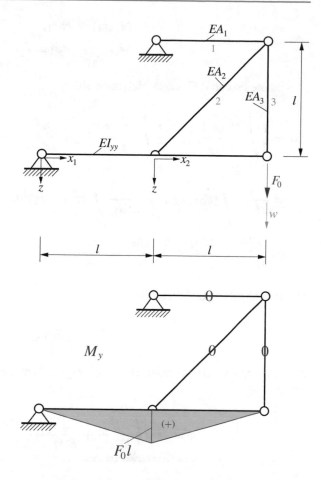

Aufgabe 7.5

Für das in Abb. 7.5 dargestellte System wird die Durchbiegung w des Kraftangriffspunkts gesucht. Man verwende zur Lösung den Arbeitssatz $\Pi_i = W_a$.

Lösung

Aufgrund der anliegenden Einzelkraft F_0 ergeben sich die folgenden Stabkräfte der Pendelstäbe 1–3:

$$N_1 = 2F_0,$$
$$N_2 = -2\sqrt{2}F_0,$$
$$N_3 = 2F_0.$$

Die sich im horizontal verlaufenden Balken einstellende Momentenlinie M_y ist in Abb. 7.5, unten, dargestellt. Für die beiden Abschnitte folgt:

$$M_y(x_1) = F_0 x_1,$$

$$M_y(x_2) = F_0(l - x_2).$$

Das innere Potential Π_i ergibt sich dann als:

$$\Pi_i = \frac{1}{2} \int_0^l \frac{M_y^2(x_1)}{EI_{yy}} dx_1 + \frac{1}{2} \int_0^l \frac{M_y^2(x_2)}{EI_{yy}} dx_2 + \frac{N_1^2 l}{2EA_1} + \frac{N_2^2 \sqrt{2} l}{2EA_2} + \frac{N_3^2 l}{2EA_3}$$

$$= \frac{1}{2EI_{yy}} \int_0^l (F_0 x_1)^2 dx_1 + \frac{1}{2EI_{yy}} \int_0^l F_0^2 (l - x_2)^2 dx_2 + \frac{4F_0^2 l}{2EA_1} + \frac{8\sqrt{2} F_0^2 l}{2EA_2} + \frac{4F_0^2 l}{2EA_3}$$

$$= \frac{F_0^2 l^3}{3EI_{yy}} + \frac{2F_0^2 l}{EA_1} + \frac{4\sqrt{2} F_0^2 l}{EA_2} + \frac{2F_0^2 l}{EA_3}.$$

Die äußere geleistete Arbeit lautet:

$$W_a = \frac{1}{2} F_0 w.$$

Anwendung des Arbeitssatzes $\Pi_i = W_a$ ergibt dann die gesuchte Durchbiegung w wie folgt:

$$w = 2F_0 l \left(\frac{l^2}{3EI_{yy}} + \frac{2}{EA_1} + \frac{4\sqrt{2}}{EA_2} + \frac{2}{EA_3} \right). \tag{7.5}$$

Aufgabe 7.6

Betrachtet werde erneut das statische System aus Aufgabe 7.1 (Abb. 7.6, links oben). Gesucht wird die Absenkung w_C des Kraftangriffspunkts. Darüber hinaus werde die Verdrehung w_C' des Kraftangriffspunkts ermittelt. Man verwende das Kraftgrößenverfahren.

Lösung

Zur Analyse des Systems bestimmen wir zunächst die Momentenlinie M_0 infolge der anliegenden Belastung (Abb. 7.6, rechts oben). Zur Bestimmung der Durchbiegung w_C wird eine virtuelle Einzelkraft 1 am Punkt C aufgebracht und die daraus resultierende Momentenlinie M_1 ermittelt (Abb. 7.6, links unten). Außerdem bringen wir zur Ermittlung der Verdrehung w_C' ein virtuelles Einzelmoment 1 an und bestimmen die zugehörige Momentenfläche M_2. Die gesuchten kinematischen Größen folgen dann durch Überlagerung der Momentenflächen zu:

$$
\underline{\underline{w_C}} = \int \frac{M_0 M_1}{E I_{yy}} \mathrm{d}x
$$

$$
= \frac{1}{E I_{yy}} \left[\frac{1}{3} \cdot l \cdot F_0 \cdot l \cdot l + 1 \cdot l \cdot F_0 \cdot l \cdot l + \frac{1}{3} \cdot l \cdot F_0 \cdot l \cdot l \right.
$$

$$
+ \frac{1}{6} \cdot F_0 \cdot l \cdot l \cdot 2 \cdot l + \frac{1}{6} \cdot l \cdot 2 \cdot F_0 \cdot l \cdot l + \frac{1}{3} \cdot l \cdot 2 \cdot F_0 \cdot l \cdot 2 \cdot l \left.\right]
$$

$$
= \underline{\underline{\frac{11 F_0 l^3}{3 E I_{yy}}}},
$$

$$
\underline{\underline{w'_C}} = \int \frac{M_0 M_2}{E I_{yy}} \mathrm{d}x
$$

$$
= \frac{1}{E I_{yy}} \left(\frac{1}{2} \cdot l \cdot F_0 \cdot l + 1 \cdot l \cdot F_0 \cdot l + \frac{1}{2} \cdot l \cdot F_0 \cdot l + \frac{1}{2} \cdot l \cdot 2 \cdot F_0 \cdot l \right)
$$

$$
= \underline{\underline{\frac{3 F_0 l^2}{E I_{yy}}}}. \tag{7.6}
$$

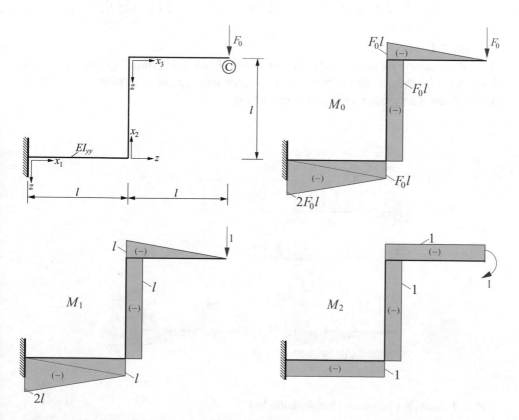

Abb. 7.6 Statisches System und Momentenflächen

Aufgabe 7.7

Betrachtet werde das statische System aus Aufgabe 4.23 (Abb. 7.7). Gesucht wird die angezeigte Durchbiegung w. Man verwende das Kraftgrößenverfahren.

Lösung

Wir ermitteln zunächst die Momentenfläche M_0 infolge der gegebenen Belastung. Sie ist in Abb. 7.7, unten links, dargestellt. Zur Ermittlung der gesuchten Durchbiegung w wird außerdem eine virtuelle Einzelkraft 1 auf das System aufgebracht und die zugehörige Momentenfläche M_1 ermittelt. Sie ist in Abb. 7.7, unten rechts, skizziert. Die gesuchte Durchbiegung w folgt dann aus der Überlagerung von M_0 und M_1:

$$
\underline{\underline{w}} = \int \frac{M_0 M_1}{E I_{yy}} \mathrm{d}x
$$

$$
= \frac{1}{E I_{yy}} \Big[\frac{1}{3} \cdot l \cdot \frac{1}{2} \cdot q_0 \cdot l^2 \cdot \frac{l}{2} + \frac{1}{3} \cdot l \cdot \frac{q_0 l^2}{8} \cdot \frac{l}{2}
$$

$$
+ 1 \cdot \frac{l}{2} \cdot \frac{1}{2} \cdot q_0 \cdot l^2 \cdot \frac{l}{2} + \frac{1}{3} \cdot \frac{l}{2} \cdot \frac{1}{2} \cdot q_0 \cdot l^2 \cdot \frac{l}{2} \Big] = \underline{\underline{\frac{13 q_0 l^4}{48 E I_{yy}}}}. \tag{7.7}
$$

Aufgabe 7.8

Wir betrachten erneut das statische System aus Aufgabe 4.25 (Abb. 7.8) und wollen die Stabkraft S im Pendelstab ermitteln. Hierzu werde eine statisch unbestimmte Rechnung mit Hilfe des Kraftgrößenverfahrens durchgeführt.

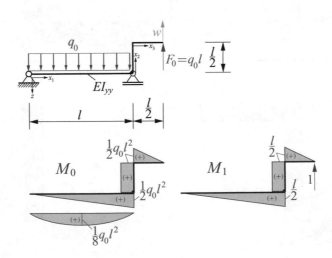

Abb. 7.7 Statisches System und Momentenflächen

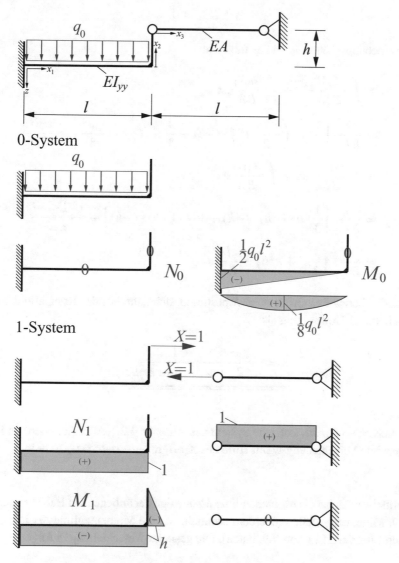

Abb. 7.8 Statisches System, Teilsysteme und Zustandslinien

Lösung

Wir machen dieses einfach statisch unbestimmte System statisch bestimmt, indem wir gedanklich die Pendelstütze entfernen (0-System, Abb. 7.8, Mitte). Die sich einstellende Normalkraftverteilung N_0 (in diesem Fall an jeder Stelle identisch Null) und Momentenverteilung M_0 sind ebenfalls eingezeichnet. Im nächsten Schritt bringen wir die statisch überzählige Stabkraft $X = S$ auf das System auf (Abb. 7.8, unten) und ermitteln die Normalkraft- und Momentenverteilung N_1 und M_1. Als Kompatibilitätsforderung wird erhoben:

$$\delta_0 + X\delta_1 = 0.$$

Die Verschiebungsgrößen δ_0 und δ_1 folgen als:

$$\delta_0 = \int \frac{M_0 M_1}{E I_{yy}} \mathrm{d}x + \int \frac{N_0 N_1}{E A} \mathrm{d}x$$

$$= \frac{1}{E I_{yy}} \left[\frac{1}{2} \cdot l \cdot \left(-\frac{1}{2} q_0 l^2 \right) \cdot (-h) + \frac{2}{3} \cdot l \cdot (-h) \cdot \frac{q_0 l^2}{8} \right] = \frac{q_0 l^3 h}{6 E I_{yy}},$$

$$\delta_1 = \int \frac{M_1 M_1}{E I_{yy}} \mathrm{d}x + \int \frac{N_1 N_1}{E A} \mathrm{d}x$$

$$= \frac{1}{E I_{yy}} \left[\frac{1}{3} \cdot h \cdot (-h) \cdot (-h) + 1 \cdot l \cdot (-h) \cdot (-h) \right] + \frac{1 \cdot 1 \cdot 1 \cdot l}{E A}$$

$$= \frac{1}{E I_{yy}} \left(\frac{1}{3} h^3 + h^2 l \right) + \frac{l}{E A}.$$

Die statisch überzählige Größe $X = S$ bestimmt sich dann aus der Kompatibilitätsforderung nach kurzer Umformung als:

$$X = -\frac{q_0 l^3}{2} \frac{1}{h(h + 3l) + \frac{3l E I_{yy}}{h E A}}. \tag{7.8}$$

Aufgabe 7.9
Wir betrachten erneut das statische System aus Aufgabe 4.26 (Abb. 7.9, oben) und wollen die angezeigte Verschiebung w mit Hilfe des Kraftgrößenverfahrens ermitteln.

Lösung
Wir ermitteln zunächst die Momentenlinie M_0 infolge der anliegenden Belastung. Sie ist in Abb. 7.9, Mitte, dargestellt. Außerdem ermitteln wir die Momentenlinie M_1 infolge einer virtuellen Einzelkraft 1 (Abb. 7.9, unten). Die gesuchte Verschiebung w folgt dann als:

$$\underline{\underline{w}} = \int \frac{M_0 M_1}{E I_{yy}} \mathrm{d}x$$

$$= \frac{1}{E I_{yy}} \left[\frac{1}{3} \cdot l \cdot \left(-q_0 l^2 \right) \cdot (-l) + \frac{1}{3} \cdot l \cdot \frac{q_0 l^2}{8} \cdot (-l) \right.$$

$$\left. + 1 \cdot l \cdot \left(-q_0 l^2 \right) \cdot (-l) + \frac{1}{3} \cdot l \cdot \left(-q_0 l^2 \right) \cdot (-l) \right]$$

$$= \frac{13 q_0 l^4}{8 E I_{yy}}. \tag{7.9}$$

Abb. 7.9 Statisches System
und Momentenflächen

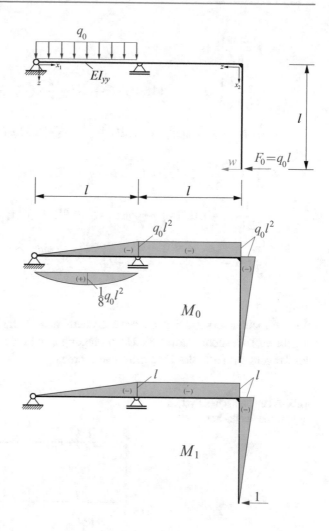

Aufgabe 7.10

Betrachtet werde des statische System aus Aufgabe 4.13 (Abb. 7.10). Gesucht wird die Durchbiegung am Kragarmende mit Hilfe des Kraftgrößenverfahrens.

Lösung

Wir ermitteln sowohl die Momentenlinie M_0 infolge der gegebenen Belastung als auch die Momentenlinie M_1 infolge einer virtuellen Einzelkraft am Kragarmende, wie in Abb. 7.10 gezeigt. Die gesuchte Verschiebung ergibt sich dann aus der Überlagerung von M_0 und M_1:

$$\underline{\underline{w}} = \int \frac{M_0 M_1}{E I_{yy}} \mathrm{d}x$$

$$= \frac{1}{E I_{yy}} \left[\frac{1}{3} \cdot l \cdot (-3,14q_0l^2) \cdot (-1,2l) + \frac{1}{6} \cdot l \cdot (-3,14q_0l^2) \cdot (-2,2l) \right.$$

$$+ \frac{1}{6} \cdot l \cdot (-7,04q_0l^2) \cdot (-1,2l) + \frac{1}{3} \cdot l \cdot (-7,04q_0l^2) \cdot (-2,2l)$$

$$+ \frac{1}{3} \cdot l \cdot \frac{q_0l^2}{8} \cdot (-1,2l) + \frac{1}{3} \cdot l \cdot \frac{q_0l^2}{8} \cdot (-2,2l) \right]$$

$$+ \frac{1}{2E I_{yy}} \left[\frac{1}{6} \cdot 1,2l \cdot \left(-\frac{1}{2}q_0l^2 \right) \cdot (-1,2l) + \frac{1}{3} \cdot 1,2l \cdot (-3,14q_0l^2) \cdot (-1,2l) \right.$$

$$\left. + \frac{1}{3} \cdot 1,2l \cdot 0,36q_0l^2 \cdot (-1,2l) \right] = \underline{\underline{9,56 \frac{q_0l^4}{E I_{yy}}}}. \tag{7.10}$$

Aufgabe 7.11

Wir betrachten erneut das statische System aus Aufgabe 4.15 (in Abb. 7.11 erneut abgebildet). Gesucht werden die Durchbiegung w und die Verdrehung w' am freien Ende des Trägers mit Hilfe des Kraftgrößenverfahrens.

Abb. 7.10 Statisches System und Momentenflächen

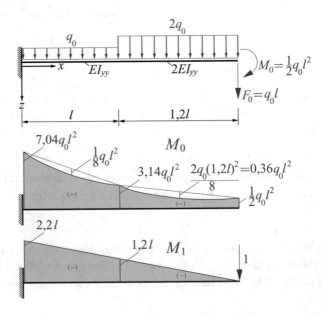

Abb. 7.11 Statisches System und Momentenflächen

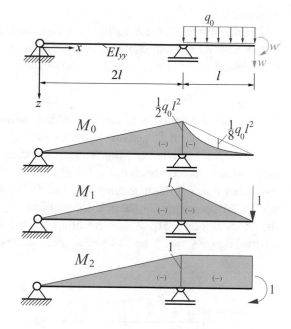

Lösung

Wir ermitteln zunächst die Momentenlinie M_0 infolge der gegebenen Belastung. In einem weiteren Schritt bringen wir eine virtuelle Einzelkraft 1 auf das System an der betreffenden Stelle auf und ermitteln die sich daraus ergebende Momentenlinie M_1. Schließlich wird noch ein virtuelles Moment 1 am freien Trägerende aufgebracht und die zugehörige Momentenlinie M_2 berechnet. Die gesuchten Größen w und w' ergeben sich aus der Überlagerung der Momentenlinien wie folgt:

$$
\underline{\underline{w}} = \int \frac{M_0 M_1}{E I_{yy}} \mathrm{d}x
$$

$$
= \frac{1}{E I_{yy}} \left[\frac{1}{3} \cdot 2l \cdot \left(-\frac{1}{2} q_0 l^2 \right) \cdot (-l) + \frac{1}{3} \cdot l \cdot \left(-\frac{1}{2} q_0 l^2 \right) \cdot (-l) \right.
$$

$$
\left. + \frac{1}{3} \cdot l \cdot \frac{q_0 l^2}{8} \cdot (-l) \right] = \underline{\underline{\frac{11}{24} \frac{q_0 l^4}{E I_{yy}}}},
$$

$$
\underline{\underline{w'}} = \int \frac{M_0 M_2}{E I_{yy}} \mathrm{d}x
$$

$$
= \frac{1}{E I_{yy}} \left[\frac{1}{3} \cdot 2l \cdot \left(-\frac{1}{2} q_0 l^2 \right) \cdot (-1) + \frac{1}{2} \cdot l \cdot \left(-\frac{1}{2} q_0 l^2 \right) \cdot (-1) \right.
$$

$$
\left. + \frac{2}{3} \cdot l \cdot \frac{q_0 l^2}{8} \cdot (-1) \right] = \underline{\underline{\frac{q_0 l^3}{2 E I_{yy}}}}. \tag{7.11}
$$

Aufgabe 7.12

Wir betrachten erneut das zweifach statisch unbestimmte System aus Aufgabe 4.16, das in Abb. 7.12 erneut dargestellt ist. Gesucht werden die Auflagerreaktionen und die Momentenlinie. Man verwende das Kraftgrößenverfahren.

Lösung

Wir machen das statische System gedanklich statisch bestimmt, indem wir die Festeinspannung am linken Trägerende in ein zweiwertiges Auflager überführen und außerdem das Auflager am rechten Trägerende gedanklich entfernen (0-System). An dem so entstandenen statisch bestimmten System können wir die Momentenlinie M_0 aufgrund der anliegenden Belastung ermitteln. Im nächsten Schritt bringen wir an der Stelle der Festeinspannung die statisch Überzählige $X_1 = 1$ an (1-System) und ermitteln die Momentenlinie M_1. Außerdem bringen wir am rechten Auflagerpunkt die statisch Überzählige $X_2 = 1$ an (2-System) und ermitteln die Momentenlinie M_2. Für das

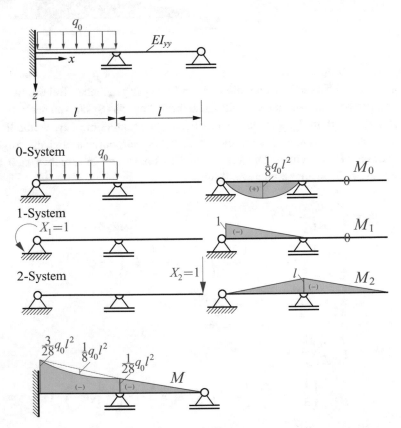

Abb. 7.12 Statisches System, Teilsysteme und Momentenflächen sowie endgültige Momentenfläche

gegebene zweifach statisch unbestimmte System ist die folgende Kompatibilitätsforderung zu erfüllen:

$$\delta_{10} + X_1\delta_{11} + X_2\delta_{12} = 0,$$

$$\delta_{20} + X_1\delta_{12} + X_2\delta_{22} = 0.$$

Die kinematischen Größen δ_{ij} ermitteln sich gegenwärtig wie folgt:

$$\delta_{10} = \int \frac{M_0 M_1}{EI_{yy}}\mathrm{d}x = \frac{1}{EI_{yy}}\left[\frac{1}{3}\cdot l \cdot \frac{q_0 l^2}{8}\cdot(-1)\right] = -\frac{q_0 l^3}{24EI_{yy}},$$

$$\delta_{11} = \int \frac{M_1 M_1}{EI_{yy}}\mathrm{d}x = \frac{1}{EI_{yy}}\cdot\frac{1}{3}\cdot l \cdot(-1)\cdot(-1) = \frac{l}{3EI_{yy}},$$

$$\delta_{12} = \int \frac{M_1 M_2}{EI_{yy}}\mathrm{d}x = \frac{1}{EI_{yy}}\cdot\frac{1}{6}\cdot l \cdot(-1)\cdot(-l) = \frac{l^2}{6EI_{yy}},$$

$$\delta_{20} = \int \frac{M_0 M_2}{EI_{yy}}\mathrm{d}x = \frac{1}{EI_{yy}}\cdot\frac{1}{3}\cdot l \cdot\frac{q_0 l^2}{8}\cdot(-l) = -\frac{q_0 l^4}{24EI_{yy}},$$

$$\delta_{22} = \int \frac{M_2 M_2}{EI_{yy}}\mathrm{d}x = \frac{1}{EI_{yy}}\cdot 2\cdot\frac{1}{3}\cdot l \cdot(-l)\cdot(-l) = \frac{2l^3}{3EI_{yy}}.$$

Damit ergibt sich aus den Kompatibilitätsbedingungen das folgende lineare Gleichungssystem zur Bestimmung der beiden statisch Überzähligen X_1 und X_2:

$$X_1 + \frac{l}{2}X_2 = \frac{q_0 l^2}{8},$$

$$\frac{1}{2}X_1 + 2lX_2 = \frac{q_0 l^2}{8}.$$

Auflösen ergibt:

$$X_1 = \frac{3}{28}q_0 l^2,$$

$$X_2 = \frac{1}{28}q_0 l.$$

Die Momentenlinie M für das statisch unbestimmte System ergibt sich dann aus der Überlagerung der Momemtenflächen M_0, M_1 und M_2:

$$M = M_0 + X_1 M_1 + X_2 M_2.$$

Sie ist in Abb. 7.12, unten, dargestellt.

Aufgabe 7.13
Betrachtet werde das statische System aus Aufgabe 4.12 (Abb. 7.13, oben). Gesucht wird
die Auflagerkraft am einwertigen Auflager an der Stelle $x = l_1$. Man verwende das
Kraftgrößenverfahren.

Lösung
Das gegebene statische System ist einfach statisch unbestimmt. Wir machen das System
gedanklich statisch bestimmt, indem wir das einwertige Auflager gedanklich entfernen
(0-System). Die Momentenlinie M_0 am 0-System ist in Abb. 7.13, Mitte, dargestellt. Im
nächsten Schritt bringen wir die statisch Überzählige X am Auflagerpunkt als Einheitskraft
$X = 1$ an und ermitteln die Momentenfläche M_1 (Abb. 7.13, unten). Die statisch
Überzählige kann dann aus der Kompatibilitätsbedingung

$$\delta_0 + X\delta_1 = 0$$

zu

$$X = -\frac{\delta_0}{\delta_1}$$

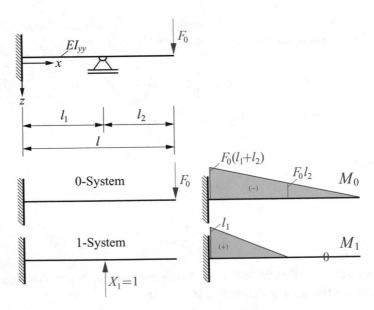

Abb. 7.13 Statisches System, Teilsysteme und Momentenflächen

bestimmt werden. Die kinematischen Größen δ_0 und δ_1 folgen als:

$$\delta_0 = \int \frac{M_0 M_1}{E I_{yy}}\,dx = -\frac{1}{E I_{yy}}\left[\frac{1}{3}l_1^2 F_0(l_1 + l_2) + \frac{1}{6}F_0 l_1^2 l_2\right],$$

$$\delta_1 = \int \frac{M_1 M_1}{E I_{yy}}\,dx = \frac{l_1^3}{3E I_{yy}}.$$

Damit lässt sich die statisch Überzählige X bestimmen als:

$$\underline{\underline{X = -\frac{\delta_0}{\delta_1} = F_0\left(1 + \frac{3}{2}\frac{l_2}{l_1}\right)}}. \tag{7.12}$$

Aufgabe 7.14

Wir betrachten das statische System aus Aufgabe 4.20 erneut (Abb. 7.14) und wollen die Momentenfläche dieses einfach statisch unbestimmten Systems ermitteln. Wir verwenden dazu das Kraftgrößenverfahren.

Lösung

Wir machen das statische System gedanklich statisch bestimmt, indem wir das rechte Auflager entfernen. An diesem statisch bestimmten 0-System bestimmen wir dann die

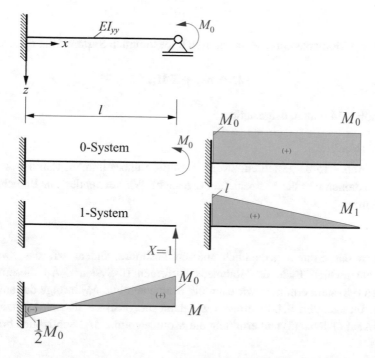

Abb. 7.14 Statisches System, Teilsysteme und Momentenflächen, endgültige Momentenfläche

Momentenlinie M_0 infolge der anliegenden Belastung. Im nächsten Schritt bringen wir die statisch Überzählige in Form einer Einheitskraft $X = 1$ am Auflagerpunkt auf das System auf (1-System) und ermitteln die zugehörige Momentenlinie M_1. Die hier zu erhebende Kompatibilitätsforderung lautet:

$$\delta_0 + X\delta_1 = 0,$$

was sich auflösen lässt nach der statisch Überzähligen X:

$$X = -\frac{\delta_0}{\delta_1}.$$

Die kinematischen Größen δ_0 und δ_1 folgen als:

$$\delta_0 = \int \frac{M_0 M_1}{E I_{yy}} \mathrm{d}x = \frac{1}{E I_{yy}} \cdot l \cdot \frac{1}{2} \cdot M_0 \cdot l = \frac{M_0 l^2}{2 E I_{yy}},$$

$$\delta_1 = \int \frac{M_1 M_1}{E I_{yy}} \mathrm{d}x = \frac{1}{E I_{yy}} \cdot \frac{1}{3} \cdot l \cdot l \cdot l = \frac{l^3}{3 E I_{yy}}.$$

Die statisch Überzählige X folgt dann zu:

$$X = -\frac{3 M_0}{2l}. \tag{7.13}$$

Die endgültige Momentenlinie M am statisch unbestimmten System folgt dann zu:

$$M = M_0 + X M_1, \tag{7.14}$$

sie ist in Abb. 7.14, unten, dargestellt.

Aufgabe 7.15

Für den in Abb. 7.15 dargestellten, zweifach statisch unbestimmten Rahmen werden die Auflagerreaktionen und die Momentenlinie gesucht. Wir verwenden zur Berechnung das Kraftgrößenverfahren.

Lösung

Wir machen das System gedanklich statisch bestimmt, indem wir das zweiwertige Auflager am rechten Ende des Rahmens entfernen (0-System). An diesem statisch bestimmten 0-System ermitteln wir dann die Momentenlinie M_0 infolge der anliegenden Belastung. Im nächsten Schritt bringen wir dann die vertikale statisch Überzählige auf das System auf (1-System) und ermitteln die Momentenlinie M_1. Schließlich bringen wir

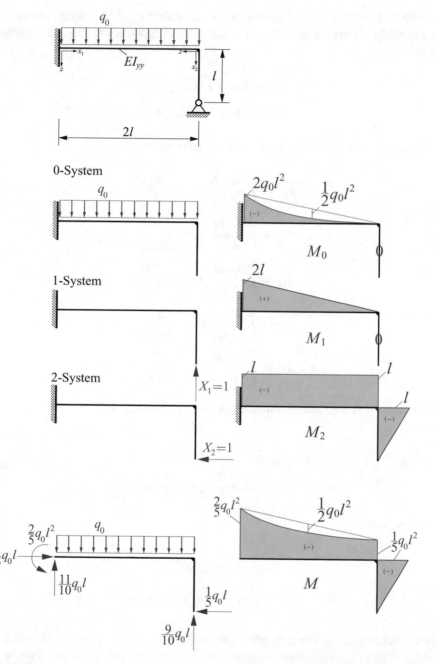

Abb. 7.15 Statisches System, Teilsysteme und Momentenflächen, Auflagerreaktionen und endgültige Momentenfläche

noch die horizontale statisch Überzählige auf den Rahmen auf (2-System) und berechnen die zugehörige Momentenlinie M_2. Die hier zu erhebenden Kompatibilitätsbedingungen lauten:

$$\delta_{10} + X_1\delta_{11} + X_2\delta_{12} = 0,$$

$$\delta_{20} + X_1\delta_{12} + X_2\delta_{22} = 0.$$

Die kinematischen Größen δ_{ij} lassen sich wie folgt ermitteln:

$$\delta_{10} = \int \frac{M_0 M_1}{EI_{yy}}\,\mathrm{d}x = -\frac{2q_0 l^4}{EI_{yy}},$$

$$\delta_{11} = \int \frac{M_1 M_1}{EI_{yy}}\,\mathrm{d}x = \frac{8l^3}{3EI_{yy}},$$

$$\delta_{12} = \int \frac{M_1 M_2}{EI_{yy}}\,\mathrm{d}x = -\frac{2l^3}{EI_{yy}},$$

$$\delta_{20} = \int \frac{M_0 M_2}{EI_{yy}}\,\mathrm{d}x = \frac{4q_0 l^4}{3EI_{yy}},$$

$$\delta_{22} = \int \frac{M_2 M_2}{EI_{yy}}\,\mathrm{d}x = \frac{7l^3}{3EI_{yy}}.$$

Damit lassen sich die Kompatibilitätsbedingungen schreiben als:

$$\frac{8}{3}X_1 - 2X_2 = 2q_0 l,$$

$$-2X_1 + \frac{7}{3}X_2 = -\frac{4}{3}q_0 l.$$

Auflösen ergibt:

$$X_1 = \frac{9}{10}q_0 l,$$

$$X_2 = \frac{1}{5}q_0 l.$$

Die restlichen hieraus ermittelbaren Auflagerreaktionen sind in Abb. 7.15, unten links, gezeigt. Die endgültige Momentenlinie M am statisch unbestimmten System ist in Abb. 7.15, unten rechts, dargestellt.

Aufgabe 7.16

Betrachtet werde das statische System aus Aufgabe 4.21 (Abb. 7.16). Gesucht wird die Momentenlinie für dieses einfach statisch unbestimmte System.

Lösung

Wir machen das System gedanklich statisch bestimmt, indem wir das rechte Auflager entfernen (0-System). Die sich einstellende Momentenfläche M_0 ist ebenfalls in Abb. 7.16 dargestellt. Im nächsten Schritt bringen wir an der Stelle des entfernten Auflagers eine Einzelkraft $X = 1$ auf das statisch bestimmte System auf (1-System) und ermitteln die daraus resultierende Momentenfläche M_1. Als Kompatibilitätsbedingung gilt hier:

$$\delta_0 + X\delta_1 = 0,$$

was sich sofort nach der statisch Überzähligen umformen lässt:

$$X = -\frac{\delta_0}{\delta_1}.$$

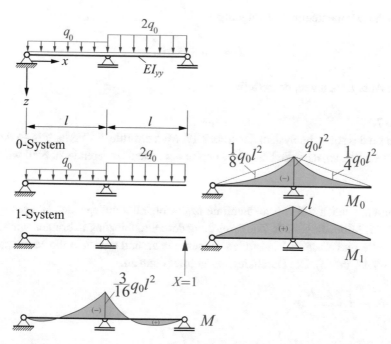

Abb. 7.16 Statisches System, Teilsysteme und Momentenflächen, und endgültige Momentenfläche

Die Verschiebungsgrößen δ_0 und δ_1 folgen als:

$$\delta_0 = \int \frac{M_0 M_1}{E I_{yy}} \mathrm{d}x$$

$$= \frac{1}{E I_{yy}} \left[\frac{1}{3} \cdot l \cdot \left(-q_0 l^2 \right) \cdot l + \frac{1}{3} \cdot l \cdot \frac{q_0 l^2}{8} \cdot l \right.$$

$$\left. + \frac{1}{3} \cdot l \cdot \left(-q_0 l^2 \right) \cdot l + \frac{1}{3} \cdot l \cdot \frac{q_0 l^2}{4} \cdot l \right] = -\frac{13 q_0 l^4}{24 E I_{yy}},$$

$$\delta_1 = \int \frac{M_1 M_1}{E I_{yy}} \mathrm{d}x$$

$$= \frac{1}{E I_{yy}} \cdot 2 \cdot \frac{1}{3} \cdot l \cdot l \cdot l = \frac{2 l^3}{3 E I_{yy}}.$$

Damit kann die statisch Überzählige X ermittelt werden als:

$$X = \frac{13}{16} q_0 l.$$

Die gesuchte Momentenlinie M folgt als:

$$M = M_0 + X M_1.$$

Sie ist in Abb. 7.16, unten, dargestellt.

Aufgabe 7.17

Gegeben sei das statische System der Abb. 7.17. Man ermittle das Verhältnis $\frac{F_1}{F_2}$ der beiden Kräfte F_1 und F_2 so, dass die Durchbiegung w am freien Trägerende zu Null wird.

Lösung

Wir ermitteln zunächst die Momentenlinie M_0 infolge der anliegenden Belastung. Sie ist in Abb. 7.17, Mitte, dargestellt. Zur Ermittlung der Durchbiegung w bringen wir außerdem eine virtuelle Einheitskraft 1 am freien Trägerende an und ermitteln die Momentenfläche M_1 (Abb. 7.17, unten). Die Durchbiegung w folgt dann zu:

$$w = \int \frac{M_0 M_1}{E I_{yy}} \mathrm{d}x$$

$$= \frac{1}{E I_{yy}} \cdot \frac{1}{3} \cdot l \cdot \frac{1}{2} \cdot (F_2 - F_1) \cdot l \cdot \left(-\frac{l}{2} \right)$$

$$+ \frac{1}{2 E I_{yy}} \left[\frac{1}{3} \cdot l \cdot \frac{1}{2} \cdot (F_2 - F_1) \cdot l \cdot \left(-\frac{l}{2} \right) + \frac{1}{6} \cdot l \cdot (-F_1 l) \cdot \left(-\frac{l}{2} \right) \right.$$

Abb. 7.17 Statisches System, Momentenflächen

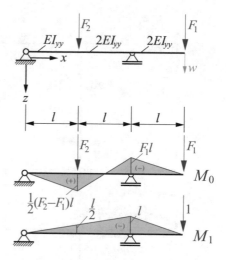

$$+ \frac{1}{6} \cdot l \cdot \frac{1}{2} \cdot (F_2 - F_1) \cdot l \cdot (-l) + \frac{1}{3} \cdot l \cdot (-F_1 l) \cdot (-l)$$

$$+ \frac{1}{3} \cdot l \cdot (-F_1 l) \cdot (-l) \bigg] = \frac{l^3}{6EI_{yy}} \left(\frac{13}{4} F_1 - F_2 \right).$$

Nullsetzen dieses Ausdrucks führt dann auf das gesuchte Verhältnis $\frac{F_1}{F_2}$ als:

$$\frac{F_1}{F_2} = \frac{4}{13}. \tag{7.15}$$

Aufgabe 7.18

Für das in Abb. 7.18 dargestellte statische System werden die Auflagerreaktionen und die Momentenfläche gesucht. Man verwende das Kraftgrößenverfahren.

Lösung

Das gegebene statische System ist einfach statisch unbestimmt. Wir machen das System gedanklich statisch bestimmt, indem wir das einwertige Auflager entfernen (0-System). An diesem 0-System ermitteln wir dann die Momentenfläche M_0 aufgrund der anliegenden äußeren Belastung. Außerdem bringen wir am Auflagerpunkt eine virtuelle Einheitskraft 1 an und ermitteln die Momentenlinie M_1. Beide Momentenlinien sind in Abb. 7.18 dargestellt. Als Kompatibilitätsforderung erheben wir:

$$\delta_0 + X \delta_1 = 0,$$

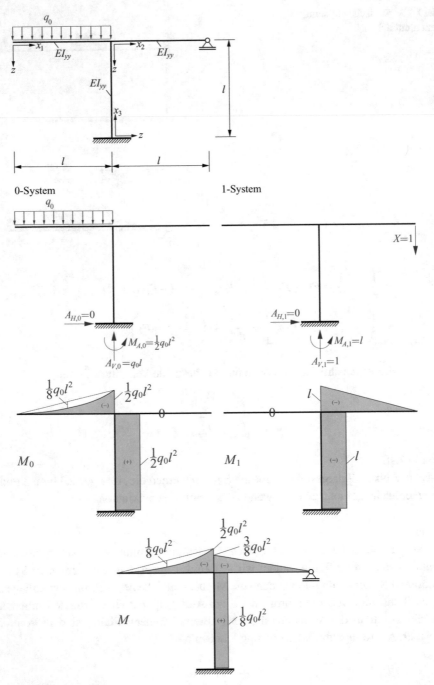

Abb. 7.18 Statisches System, Teilsysteme und Momentenflächen, und endgültige Momentenfläche

woraus sich die statisch Überzählige X ermitteln lässt als:

$$X = -\frac{\delta_0}{\delta_1}.$$

Die Verschiebungsgrößen δ_0 und δ_1 lauten:

$$\delta_0 = \int \frac{M_0 M_1}{E I_{yy}} \mathrm{d}x = -\frac{q_0 l^4}{2E I_{yy}},$$

$$\delta_1 = \int \frac{M_1 M_1}{E I_{yy}} \mathrm{d}x = \frac{4l^3}{3E I_{yy}}.$$

Damit folgt die statisch Überzählige als:

$$X = \frac{3}{8} q_0 l.$$

Hiermit lassen sich dann die gesuchten Auflagerreaktionen ermitteln als:

$$\underline{\underline{A_V}} = A_{V,0} + X A_{V,1} = \underline{\underline{\frac{11}{8} q_0 l}},$$

$$\underline{\underline{A_H}} = A_{H,0} + X A_{H,1} = \underline{\underline{0}},$$

$$\underline{\underline{M_A}} = M_{A,0} + X M_{A,1} = \underline{\underline{\frac{1}{8} q_0 l^2}}. \tag{7.16}$$

Die gesuchte Momentenlinie folgt zu:

$$M = M_0 + X M_1.$$

Sie ist in Abb. 7.18, unten, dargestellt.

Aufgabe 7.19

Für das in Abb. 7.19 gezeigte statische System wird die angedeutete Durchbiegung w gesucht. Man verwende das Kraftgrößenverfahren.

Lösung

Wir ermitteln zunächst die Momentenlinie M_0 infolge der anliegenden Belastung. Außerdem bringen wir an der betreffenden Stelle zur Durchbiegungsberechnung eine virtuelle

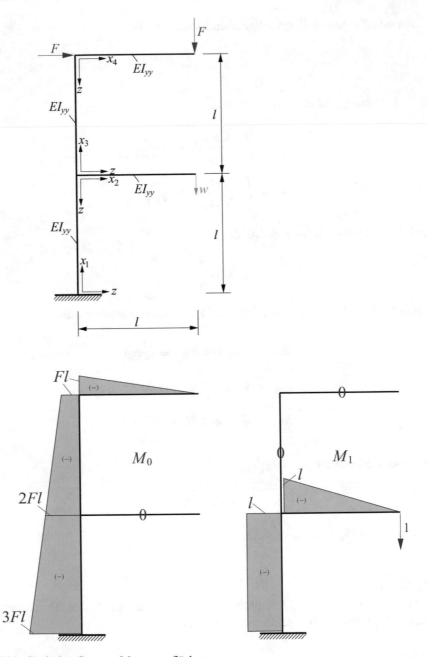

Abb. 7.19 Statisches System, Momentenflächen

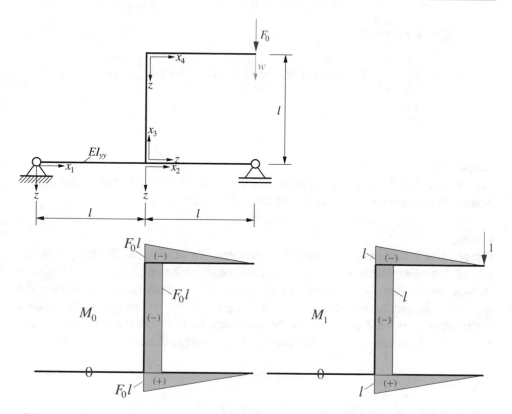

Abb. 7.20 Statisches System, Momentenflächen

Einzelkraft 1 an und ermitteln die Momentenlinie M_1. Die gesuchte Durchbiegung w folgt dann aus der Überlagerung der beiden Momentenflächen M_0 und M_1:

$$\underline{\underline{w}} = \int \frac{M_0 M_1}{E I_{yy}} \mathrm{d}x$$

$$= \frac{1}{E I_{yy}} \left[\frac{1}{2} \cdot l \cdot (-2Fl) \cdot (-l) + \frac{1}{2} \cdot l \cdot (-3Fl) \cdot (-l) \right] = \underline{\underline{\frac{5Fl^3}{2EI_{yy}}}}. \quad (7.17)$$

Aufgabe 7.20

Wir betrachten das statische System der Aufgabe 7.2 erneut (s. Abb. 7.20) und wollen die Durchbiegung w mit Hilfe des Kraftgrößenverfahrens ermitteln.

Lösung

Wir ermitteln zur Durchbiegungsberechnung sowohl die Momentenlinie M_0 infolge der anliegenden Belastung als auch die Momentenlinie M_1 infolge einer virtuellen Einheitskraft 1 am Punkt der gesuchten Durchbiegung. Die Durchbiegung w folgt dann aus der Überlagerung der beiden Momentenflächen M_0 und M_1:

$$\underline{\underline{w}} = \int \frac{M_0 M_1}{E I_{yy}} \mathrm{d}x$$

$$= \frac{1}{E I_{yy}} \left[\frac{1}{3} \cdot l \cdot (-F_0 l) \cdot (-l) + 1 \cdot l \cdot (-F_0 l) \cdot (-l) + \frac{1}{3} \cdot l \cdot F_0 \cdot l \cdot l \right]$$

$$= \frac{5 F l^3}{3 E I_{yy}}. \tag{7.18}$$

Aufgabe 7.21

Für den in Abb. 7.21 dargestellten abgewinkelten Träger werden die Auflagerreaktionen gesucht. Man verwende zur Lösung das Kraftgrößenverfahren.

Lösung

Der gegeben Träger ist einfach statisch unbestimmt. Wir machen das System gedanklich statisch bestimmt, indem wir das einwertige Auflager entfernen (0-System). An diesem statisch bestimmten System ermitteln wir dann die Momentenlinie M_0 infolge der gegebenen Belastung. Im nächsten Schritt bringen wir am Auflagerpunkt die statisch Überzählige $X = 1$ auf und ermitteln die Momentenfläche M_1. Beide Momentenflächen sind in Abb. 7.21 dargestellt. Als Kompatibilitätsbedingung gilt hier:

$$\delta_0 + X \delta_1 = 0, \tag{7.19}$$

woraus sich die statisch Überzählige ermitteln lässt als:

$$X = -\frac{\delta_0}{\delta_1}. \tag{7.20}$$

Die beiden Verschiebungsgrößen δ_0 und δ_1 folgen zu:

$$\delta_0 = \int \frac{M_0 M_1}{E I_{yy}} \mathrm{d}x$$

$$= \frac{1}{E I_{yy}} \left[\frac{1}{3} \cdot l \cdot (-F_0 l) \cdot l \left(1 + \frac{1}{\sqrt{2}} \right) + \frac{1}{6} \cdot l \cdot (-F_0 l) \cdot \frac{l}{\sqrt{2}} \right]$$

$$= -\frac{F_0 l^3}{E I_{yy}} \left(\frac{1}{3} + \frac{1}{2\sqrt{2}} \right),$$

$$\delta_1 = \int \frac{M_1 M_1}{E I_{yy}} \mathrm{d}x$$

$$= \frac{1}{E I_{yy}} \left[\frac{1}{3} \cdot l \cdot l \left(1 + \frac{1}{\sqrt{2}} \right) \cdot l \left(1 + \frac{1}{\sqrt{2}} \right) \right.$$

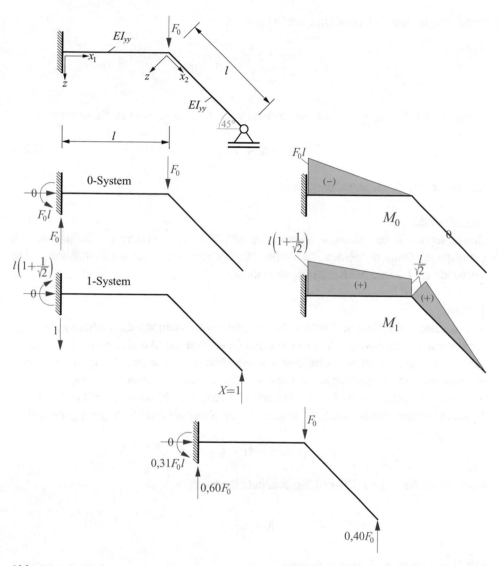

Abb. 7.21 Statisches System, Teilsysteme und Momentenflächen, und endgültige Auflagerkräfte

$$
+2 \cdot \frac{1}{6} \cdot l \cdot l \left(1 + \frac{1}{\sqrt{2}}\right) \cdot \frac{l}{\sqrt{2}} + \frac{1}{3} \cdot l \cdot \frac{l}{\sqrt{2}} \cdot \frac{l}{\sqrt{2}}
$$
$$
+ \frac{1}{3} \cdot l \cdot \frac{l}{\sqrt{2}} \cdot \frac{l}{\sqrt{2}} \Bigg]
$$
$$
= \frac{l^3}{EI_{yy}} \left(1 + \frac{1}{\sqrt{2}}\right).
$$

Damit ist die statisch Überzählige ermittelbar als:

$$X = F_0 \frac{\frac{1}{3} + \frac{1}{2\sqrt{2}}}{1 + \frac{1}{\sqrt{2}}} = 0,40 F_0.$$

Die einzelnen Auflagerreaktionen ergeben sich aus der allgemeinen Rechenregel

$$S = S_0 + X S_1. \tag{7.21}$$

Sie sind in Abb. 7.21, unten, dargestellt.

Aufgabe 7.22

Betrachtet werde das statische System der Abb. 7.22. Das System ist einfach statisch unbestimmt. Gesucht werden die Auflagerreaktionen sowie die Momentenlinie. Man verwende zur Lösung das Kraftgrößenverfahren.

Lösung

Wir machen das System gedanklich statisch bestimmt, indem wir das rechte zweiwertige Auflager in ein einwertiges Auflager überführen (0-System). An diesem so entstehenden statisch bestimmten System ermitteln wir die Momentenlinie M_0. Im nächsten Schritt bringen wir am Auflagerpunkt die statisch überzählige horizontale Auflagerkraft als eine virtuelle Einheitskraft 1 an (1-System) und ermitteln die Momentenlinie M_1. Beide Momentenlinien sind in Abb. 7.22 dargestellt. Als Kompatibilitätsbedingung gelte nun:

$$\delta_0 + X \delta_1 = 0,$$

woraus sich die statisch Überzählige ermitteln lässt als:

$$X = \frac{\delta_0}{\delta_1}.$$

Die Verschiebungen δ_0 und δ_1 folgen als:

$$\delta_0 = \int \frac{M_0 M_1}{E I_{yy}} \mathrm{d}x$$

$$= \frac{1}{E I_{yy}} \left[\frac{1}{2} \cdot l \cdot \frac{1}{2} \cdot F_0 \cdot l \cdot (-l) + \frac{1}{2} \cdot l \cdot \frac{1}{2} \cdot F_0 \cdot l \cdot (-l) \right]$$

$$= -\frac{F_0 l^3}{2 E I_{yy}},$$

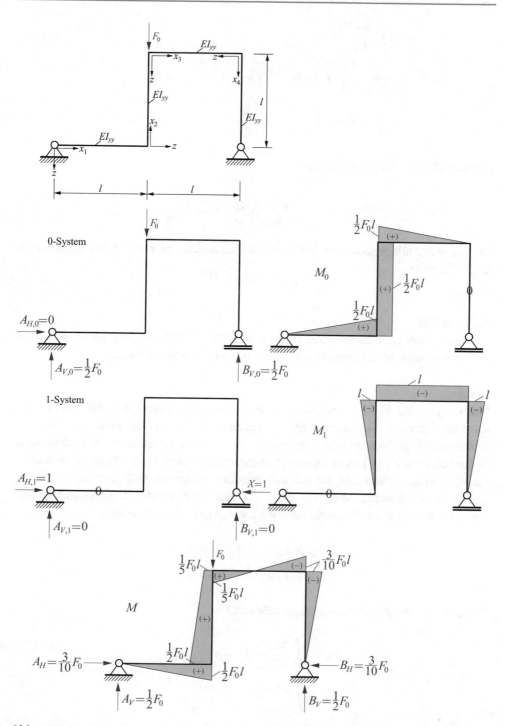

Abb. 7.22 Statisches System, Teilsysteme und Momentenflächen, und endgültige Momentenlinie

$$\delta_1 = \int \frac{M_1 M_1}{E I_{yy}} \mathrm{d}x$$

$$= \frac{1}{E I_{yy}} \left[\frac{1}{3} \cdot l \cdot (-l) \cdot (-l) + 1 \cdot l \cdot (-l) \cdot (-l) \right.$$

$$\left. + \frac{1}{3} \cdot l \cdot (-l) \cdot (-l) \right] = -\frac{5l^3}{3 E I_{yy}}.$$

Die statisch Überzählige X folgt dann zu:

$$X = \frac{3}{10} F_0. \tag{7.22}$$

Die weiteren Auflagerreaktionen sowie die Momentenlinie ergeben sich abschließend aus der Rechenregel

$$S = S_0 + X S_1.$$

Aufgabe 7.23
Für den in Abb. 7.23 dargestellten Rahmen werden die Auflagerkräfte im zweiwertigen Auflager gesucht. Man verwende zur Lösung das Kraftgrößenverfahren.

Lösung
Wir machen das System gedanklich statisch bestimmt, indem wir das zweiwertige Auflager entfernen. An diesem 0-System bestimmen wir dann die Momentenlinie M_0. Außerdem bringen wir am Auflagerpunkt die statisch überzählige vertikale Auflagerkraft als Einheitskraft $X_1 = 1$ an (1-System) und ermitteln die daraus entstehende Momentenlinie M_1. Analog verfahren wir am 2-System mit der horizontalen Auflagerreaktion $X_2 = 1$, aus der sich die Momentenlinie M_2 ergibt. Die hier zu erhebenden Kompatibilitätsbedingungen lauten für das vorliegende zweifach statisch unbestimmte System:

$$\delta_{10} + X_1 \delta_{11} + X_2 \delta_{12} = 0,$$

$$\delta_{20} + X_1 \delta_{12} + X_2 \delta_{22} = 0.$$

Die hierin auftretenden Verschiebungsgrößen lauten:

$$\delta_{10} = \int \frac{M_0 M_1}{E I_{yy}} \mathrm{d}x = -\frac{14 F_0 l^3}{3 E I_{yy}},$$

$$\delta_{11} = \int \frac{M_1 M_1}{E I_{yy}} \mathrm{d}x = \frac{11 l^3}{E I_{yy}},$$

$$\delta_{12} = \int \frac{M_1 M_2}{E I_{yy}} \mathrm{d}x = -\frac{10 l^3}{E I_{yy}},$$

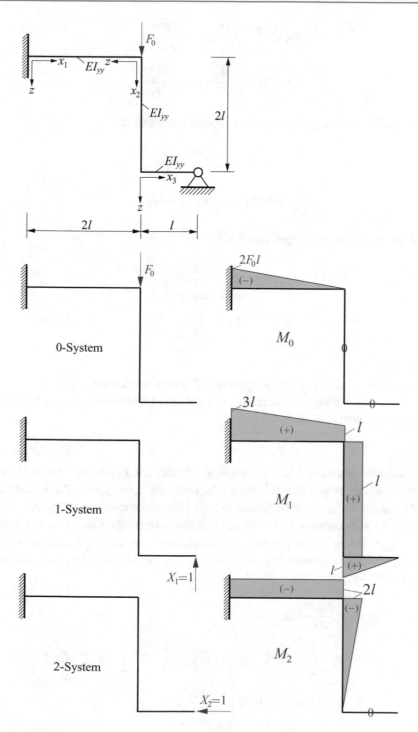

Abb. 7.23 Statisches System, Teilsysteme und Momentenflächen

$$\delta_{20} = \int \frac{M_0 M_2}{E I_{yy}} dx = \frac{4 F_0 l^3}{E I_{yy}},$$

$$\delta_{22} = \int \frac{M_2 M_2}{E I_{yy}} dx = \frac{32 l^3}{3 E I_{yy}}.$$

Die Kompatibilitätsbedingungen lassen sich damit angeben als:

$$11 X_1 - 10 X_2 = \frac{14}{3} F_0,$$

$$-10 X_1 + \frac{32}{3} X_2 = -4 F_0.$$

Die beiden Auflagerkräfte folgen daraus als:

$$\underline{\underline{X_1 = \frac{22}{39} F_0,}}$$

$$\underline{\underline{X_2 = \frac{2}{13} F_0.}} \tag{7.23}$$

Aufgabe 7.24

Für den in Abb. 7.24, links oben, dargestellten Rahmen werden die angedeutete Verschiebung w sowie die Auflagerverdrehung φ gesucht. Zur Berechnung soll das Kraftgrößenverfahren verwendet werden.

Lösung

Wir ermitteln für den statisch bestimmten Rahmen zunächst die Momentenlinie M_0 infolge der anliegenden Belastung. Sie ist in Abb. 7.24, rechts oben, dargestellt. Zur Ermittlung der Durchbiegung w bringen wir am betreffenden Punkt eine virtuelle Einheitskraft 1 an und berechnen die Momentenlinie M_1. Analog verfahren wir für die Ermittlung der Auflagerverdrehung φ, indem wir an der entsprechenden Stelle ein virtuelles Einheitsmoment 1 anbringen und die Momentenlinie M_2 ermitteln. Die beiden gesuchten Größen ergeben sich dann als:

$$\underline{\underline{w}} = \int \frac{M_0 M_1}{E I_{yy}} dx$$

$$= \frac{1}{E I_{yy}} \left[\frac{1}{3} \cdot 2l \cdot (-3 q_0 l^2) \cdot (-l) + \frac{1}{3} \cdot 2l \cdot \frac{1}{2} \cdot q_0 \cdot l^2 \cdot (-l) \right.$$

$$\left. + \frac{1}{3} \cdot l \cdot (-q_0 l^2) \cdot (-l) \right] = \frac{2 q_0 l^4}{E I_{yy}},$$

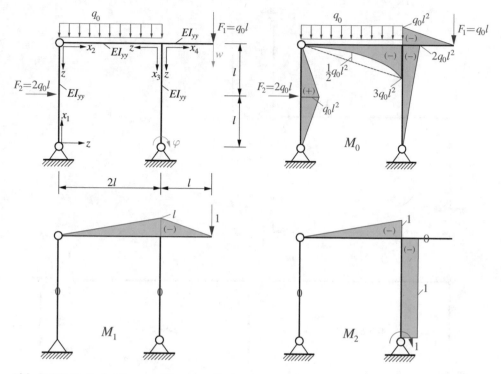

Abb. 7.24 Statisches System, Momentenflächen

$$\underline{\underline{\varphi}} = \int \frac{M_0 M_2}{E I_{yy}} \mathrm{d}x$$

$$= \frac{1}{E I_{yy}} \left[\frac{1}{3} \cdot 2l \cdot (-3q_0 l^2) \cdot (-1) + \frac{1}{3} \cdot 2l \cdot \frac{1}{2} q_0 l^2 \cdot (-1) \right.$$

$$\left. + \frac{1}{2} \cdot 2l \cdot (-2q_0 l^2) \cdot (-1) \right] = \underline{\underline{\frac{11 q_0 l^3}{3 E I_{yy}}}}. \tag{7.24}$$

Aufgabe 7.25

Für das in Abb. 7.25 dargestellte System wird die Kraft im Pendelstab gesucht. Zur Ermittlung der Stabkraft soll das Kraftgrößenverfahren verwendet werden.

Lösung

Das gegebene statische System ist einfach statisch unbestimmt. Wir machen das System gedanklich statisch bestimmt, indem wir den Pendelstab entfernen und am so entstehenden 0-System die Normalkraftverteilung N_0 und die Momentenfläche M_0 ermitteln. Im nächsten Schritt bringen wir die statisch überzählige Stabkraft als Einheitskraft $S = 1$

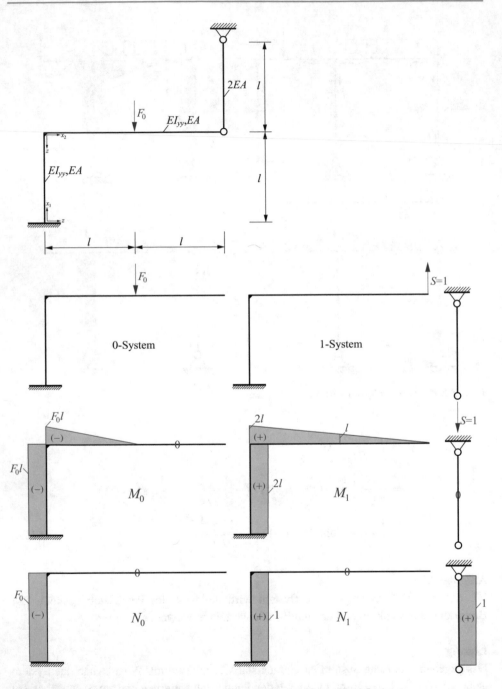

Abb. 7.25 Statisches System, Teilsysteme, Momenten- und Normalkraftflächen

am statischen System an und ermitteln die Zustandslinien N_1 und M_1. Als Kompatibilitätsforderung erheben wir:

$$\delta_0 + S\delta_1 = 0,$$

woraus wir die Stabkraft S ermitteln können als:

$$S = -\frac{\delta_0}{\delta_1}.$$

Die Verschiebungen δ_0 und δ_1 folgen als:

$$\delta_0 = \int \frac{M_0 M_1}{EI_{yy}}\,dx + \int \frac{N_0 N_1}{EA}\,dx = -\frac{17 F_0 l^3}{6 EI_{yy}} - \frac{F_0 l}{EA},$$

$$\delta_1 = \int \frac{M_1 M_1}{EI_{yy}}\,dx + \int \frac{N_1 N_1}{EA}\,dx = \frac{20 l^3}{3 EI_{yy}} + \frac{3l}{2EA}.$$

Damit lässt sich die Stabkraft S ermitteln als:

$$\underline{\underline{S}} = \frac{\frac{17 F_0 l^3}{6 EI_{yy}} + \frac{F_0 l}{EA}}{\frac{20 l^3}{3 EI_{yy}} + \frac{3l}{2EA}} = \frac{17}{40} F_0 \frac{1 + \frac{6 EI_{yy}}{17 EA l^2}}{1 + \frac{9 EI_{yy}}{40 EA l^2}}. \tag{7.25}$$

Aufgabe 7.26

Wir betrachten das System der Aufgabe 7.3 erneut (Abb. 7.26) und wollen die Verschiebungen v und w mit Hilfe des Kraftgrößenverfahrens bestimmen.

Lösung

Wir bestimmen zunächst die Stabkräfte $N_{i,0}$ infolge der gegebenen Belastung. Die Berechnung wird an dieser Stelle nicht gezeigt, es wird nur das Ergebnis mitgeteilt:

$$N_{1,0} = \sqrt{2} F_0,$$

$$N_{2,0} = -F_0,$$

$$N_{3,0} = 0,$$

$$N_{4,0} = -F_0,$$

$$N_{5,0} = \sqrt{2} F_0,$$

$$N_{6,0} = 0,$$

$$N_{7,0} = -F_0.$$

Abb. 7.26 Statisches System
und Teilsysteme

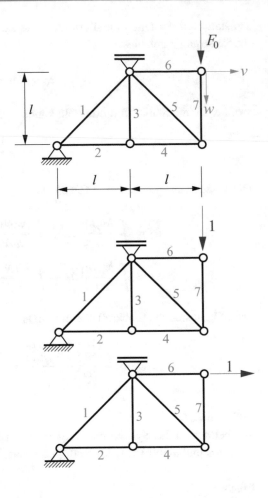

Zur Ermittlung der Verschiebung w bringen wir an entsprechender Stelle eine vertikale virtuelle Einheitskraft 1 an und ermitteln die Stabkräfte $N_{i,1}$:

$$N_{1,1} = \sqrt{2},$$
$$N_{2,1} = -1,$$
$$N_{3,1} = 0,$$
$$N_{4,1} = -1,$$
$$N_{5,1} = \sqrt{2},$$
$$N_{6,1} = 0,$$
$$N_{7,1} = -1.$$

Schließlich ermitteln wir zur Berechnung der Verschiebung v die Stabkräfte $N_{i,2}$ infolge einer horizontalen Einheitskraft 1:

$$N_{1,2} = \sqrt{2},$$

$$N_{2,2} = 0,$$

$$N_{3,2} = 0,$$

$$N_{4,2} = 0,$$

$$N_{5,2} = 0,$$

$$N_{6,2} = 1,$$

$$N_{7,2} = 0.$$

Die gesuchten Verschiebungen folgen dann als:

$$\underline{\underline{w}} = \sum_{i=1}^{7} \frac{N_{i,0} N_{i,1} l_i}{EA} = \underline{\underline{\frac{F_0 l}{EA} \left(4\sqrt{2} + 3\right)}},$$

$$\underline{\underline{v}} = \sum_{i=1}^{7} \frac{N_{i,0} N_{i,2} l_i}{EA} = \underline{\underline{\frac{2\sqrt{2} F_0 l}{EA}}}. \tag{7.26}$$

Aufgabe 7.27

Wir betrachten das System der Aufgabe 7.4 erneut (s. Abb. 7.27) und wollen die eingezeichnete Absenkung w bestimmen. Zur Berechnung soll das Kraftgrößenverfahren herangezogen werden. Wir nehmen dabei an, dass das statische System sich bis auf den Pendelstab als dehnstarr ($EA \rightarrow \infty$) verhält.

Lösung

Wir ermitteln am gegebenen System zunächst die Schnittgrößen aufgrund der anliegenden Kraft F_0. Die Momentenlinie M_0 ist in Abb. 7.27, Mitte, dargestellt. Die Kraft im Pendelstab beträgt $N_0 = 2F_0$. Im nächsten Schritt bringen wir an der betrachteten Stelle eine Einheitskraft 1 auf das System auf und ermitteln die Momentenlinie M_1. Sie ist in Abb. 7.27, unten, gezeigt. Die Stabkraft nimmt den Wert $N_1 = 2$ an. Die gesuchte Verschiebung w folgt dann zu:

$$\underline{\underline{w}} = \int \frac{M_0 M_1}{EI_{yy}} \mathrm{d}x + \int \frac{N_0 N_1}{EA} \mathrm{d}x$$

$$= \frac{1}{EI_{yy}} \left[\frac{1}{3} \cdot l \cdot (-2F_0 l) \cdot (-2l) + \frac{1}{3} \cdot 2l \cdot (-2F_0 l) \cdot (-2l) \right] + \frac{2 \cdot F_0 \cdot 2 \cdot l}{EA}$$

$$= \underline{\underline{4 F_0 l \left(\frac{l^2}{EI_{yy}} + \frac{1}{EA} \right)}}. \tag{7.27}$$

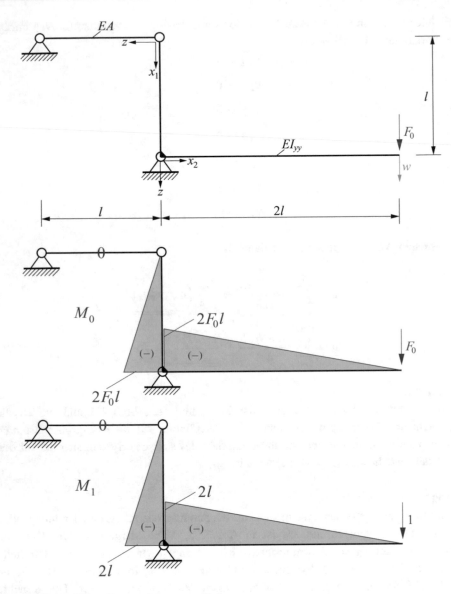

Abb. 7.27 Statisches System, Momentenflächen

Aufgabe 7.28
Der in Abb. 7.28 dargestellte Rahmen werde durch eine unter dem Winkel α zur Horizontalen wirkenden Einzelkraft F_0 belastet. Der Rahmen ist einfach statisch unbestimmt. Gesucht werden die Auflagerreaktionen sowie die Momentenlinie. Man verwende zur Berechnung das Kraftgrößenverfahren.

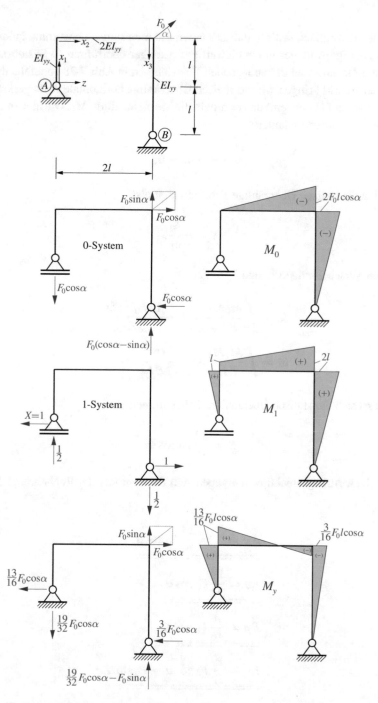

Abb. 7.28 Statisches System, Teilsysteme und Momentenflächen, endgültige Auflagerkräfte und Momentenlinie

Lösung

Wir machen den einfach statisch unbestimmten Rahmen statisch bestimmt, indem wir das linke zweiwertige Auflager in ein einwertiges Auflager überführen (0-System). Die Momentenlinie M_0 aufgrund der anliegenden Belastung ist in Abb. 7.28 ebenfalls dargestellt. Im nächsten Schritt bringen wir die statisch Überzählige horizontale Auflagerkraft $X = 1$ auf das System auf (1-System) und ermitteln die Momentenlinie M_1. Die hier zu erhebende Kompatibilitätsforderung lautet:

$$\delta_0 + X\delta_1 = 0,$$

woraus sich die statisch Überzählige ermitteln lässt als:

$$X = -\frac{\delta_0}{\delta_1}.$$

Die beiden Verschiebungen δ_0 und δ_1 folgen zu:

$$\delta_0 = \int \frac{M_0 M_1}{E I_{yy}}\mathrm{d}x = -\frac{13 F_0 l^3 \cos\alpha}{3 E I_{yy}},$$

$$\delta_1 = \int \frac{M_1 M_1}{E I_{yy}}\mathrm{d}x = \frac{16 l^3}{3 E I_{yy}}.$$

Daraus lässt sich die statisch Überzählige X bestimmen als:

$$X = \frac{13}{16} F_0 \cos\alpha.$$

Die gesuchten Auflagerreaktionen ergeben sich dann mittels der Rechenregel $S = S_0 + X S_1$ als:

$$A_H = X = \frac{13}{16} F_0 \cos\alpha,$$

$$A_V = \frac{19}{32} F_0 \cos\alpha,$$

$$B_H = \frac{3}{16} F_0 \cos\alpha,$$

$$B_V = \frac{19}{32} F_0 \cos\alpha - F_0 \sin\alpha. \tag{7.28}$$

Aufgabe 7.29

Gegeben sei der in Abb. 7.29 dargestellte einfach statisch unbestimmte Rahmen. Gesucht werden die Auflagerreaktionen und die Momentenlinie. Man verwende das Kraftgrößenverfahren.

Lösung

Wir machen den Rahmen gedanklich statisch bestimmt (0-System), indem wir das mittlere einwertige Auflager entfernen, und ermitteln an dem so entstehenden statisch bestimmten System die Momentenlinie M_0. Im nächsten Schritt bringen wir am mittleren Auflagerpunkt die statisch Überzählige als Einheitslast $X = 1$ an (1-System) und ermitteln die Momemtenlinie M_1. Die für dieses System anzusetzende Kompatibilitätsbedingung lautet:

$$\delta_0 + X\delta_1 = 0,$$

so dass sich die statisch Überzählige ermitteln lässt als:

$$X = -\frac{\delta_0}{\delta_1}.$$

Die beiden Verschiebungen δ_0 und δ_1 lassen sich wie folgt berechnen:

$$\delta_0 = \int \frac{M_0 M_1}{E I_{yy}} \mathrm{d}x = -\frac{F_0 l^3}{12 E I_{yy}},$$

$$\delta_1 = \int \frac{M_1 M_1}{E I_{yy}} \mathrm{d}x = \frac{l^3}{18 E I_{yy}}.$$

Damit folgt die statisch Überzählige als:

$$X = \frac{3}{2} F_0.$$

Die gesuchten Auflagerreaktionen lauten dann:

$$\underline{\underline{A_V}} = A_{V,0} + X A_{V,1} = \frac{5}{4} F_0,$$

$$\underline{\underline{A_H}} = A_{H,0} + X A_{H,1} = \underline{\underline{F_0}},$$

$$\underline{\underline{B_V}} = X = \frac{3}{2} F_0,$$

$$\underline{\underline{C_V}} = C_{V,0} + X C_{V,1} = -\frac{1}{4} F_0. \tag{7.29}$$

Die gesuchte Momentenlinie ist in Abb. 7.29, unten, dargestellt.

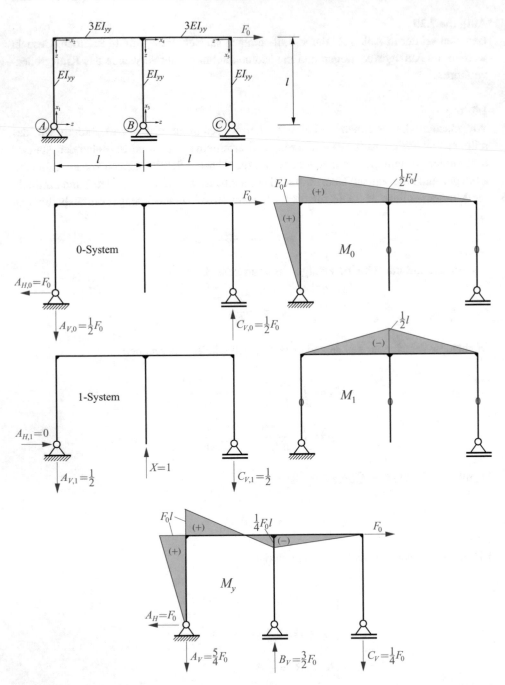

Abb. 7.29 Statisches System, Teilsysteme und Momentenflächen, endgültige Auflagerkräfte und Momentenlinie

Aufgabe 7.30

Betrachtet werde der in Abb. 7.30 dargestellte Balken, der durch drei Pendelstäbe ausgesteift wird. Gesucht wird an diesem System die Stabkraft im Pendelstab 2. Man verwende dazu das Kraftgrößenverfahren.

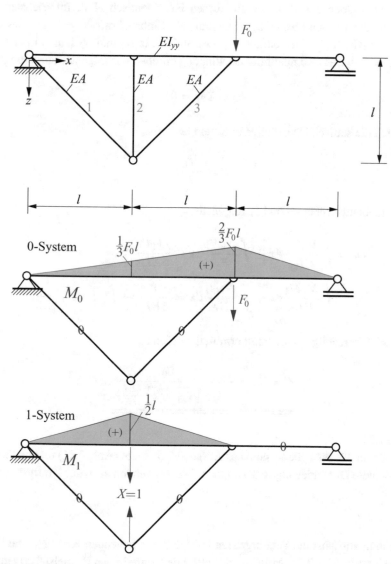

Abb. 7.30 Statisches System, Teilsysteme und Momentenflächen

Lösung

Das gegebene System ist innerlich einfach statisch unbestimmt, was bedeutet, dass sich zwar die Auflagerreaktionen des Balkens aus Gleichgewichtsbedingungen ermitteln lassen, die Kräfte in den Pendelstäben hingegen nicht. Wir machen das System nun gedanklich statisch bestimmt, indem wir den Pendelstab 2 entfernen (0-System). Die sich hieran ergebende Momentenlinie M_0 ist in Abb. 7.30, Mitte, dargestellt. Die Stabkräfte in den Pendelstäben 1 und 3 sind für diesen Fall identisch Null. Im nächsten Schritt bringen wir die statisch überzählige Stabkraft als Einheitskraft $X = 1$ auf das System auf und ermitteln die Momentenlinie M_1. Die Stabkräfte N_1 und N_3 lauten in diesem Fall $N_1 = N_3 = -\frac{1}{\sqrt{2}}$. Als Kompatibilitätsbedingung erheben wir folgende Forderung:

$$\delta_0 + X\delta_1 = 0,$$

woraus sich die statisch Überzählige ermitteln lässt als:

$$X = -\frac{\delta_0}{\delta_1}.$$

Die Verschiebungsgrößen δ_0 und δ_1 folgen als:

$$\delta_0 = \int \frac{M_0 M_1}{E I_{yy}} \mathrm{d}x + \int \frac{N_0 N_1}{E A} \mathrm{d}x = \frac{F_0 l^3}{6 E I_{yy}},$$

$$\delta_1 = \int \frac{M_1 M_1}{E I_{yy}} \mathrm{d}x + \int \frac{N_1 N_1}{E A} \mathrm{d}x = \frac{l^3}{6 E I_{yy}} + \left(1 + \sqrt{2}\right) \frac{l}{E A}.$$

Die statisch Überzählige kann damit ermittelt werden als:

$$X = N_2 = -\frac{F_0}{1 + \left(1 + \sqrt{2}\right) \frac{6 E I_{yy}}{l^2 E A}}. \tag{7.30}$$

Aufgabe 7.31

Wir betrachten das statische System aus Aufgabe 7.5 erneut (Abb. 7.31) und wollen hieran die angedeutete Durchbiegung w bestimmen. Wir verwenden dazu das Kraftgrößenverfahren.

Lösung

Wir ermitteln zunächst die Schnittgrößen infolge der anliegenden Kraft F_0. Die Momentenlinie M_0 ist in Abb. 7.31, Mitte, dargestellt. Die Kräfte in den Pendelstäben lauten:

$$N_{1,0} = 2F_0,$$

$$N_{2,0} = -2\sqrt{2}F_0,$$

$$N_{3,0} = 2F_0.$$

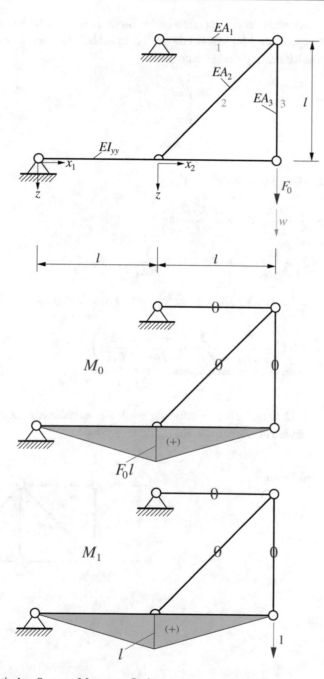

Abb. 7.31 Statisches System, Momentenflächen

Wir bringen nun außerdem an der entsprechenden Stelle eine virtuelle Einzelkraft 1 auf. Die sich hieraus ergebende Momentenlinie M_1 ist in Abb. 7.31, unten, dargestellt. Die Kräfte in den Pendelstäben ergeben sich als:

$$N_{1,1} = 2,$$

$$N_{2,1} = -2\sqrt{2},$$

$$N_{3,1} = 2.$$

Die gesuchte Durchbiegung w lautet dann:

$$
\begin{aligned}
\underline{\underline{w}} &= \int \frac{M_0 M_1}{E I_{yy}} \mathrm{d}x + \int \frac{N_0 N_1}{E A} \mathrm{d}x \\
&= 2 \cdot \frac{1}{E I_{yy}} \cdot \frac{1}{3} \cdot l \cdot F_0 \cdot l \cdot l + \frac{1}{E A_1} \cdot 2 \cdot F_0 \cdot 2 \cdot l \\
&\quad + \frac{1}{E A_2} \cdot (-2\sqrt{2} F_0) \cdot (-2\sqrt{2}) \cdot \sqrt{2} \cdot l + \frac{1}{E A_3} \cdot 2 \cdot F_0 \cdot 2 \cdot l \\
&= 2 F_0 l \left(\frac{l^2}{3 E I_{yy}} + \frac{2}{E A_1} + \frac{4\sqrt{2}}{E A_2} + \frac{2}{E A_3} \right).
\end{aligned}
\tag{7.31}
$$

Aufgabe 7.32

An dem in Abb. 7.32 dargestellten Fachwerk wird die angedeutete Durchbiegung w gesucht. Man verwende zur Lösung das Kraftgrößenverfahren.

Abb. 7.32 Statisches System

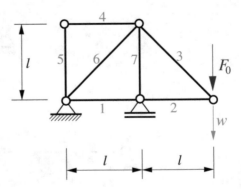

Lösung

Wir ermitteln zunächst die Stabkräfte infolge der anliegenden Einzelkraft F_0. Auf die Berechnung gehen wir hier nicht ein, sondern teilen nur das Ergebnis mit:

$$N_{1,0} = -F_0,$$

$$N_{2,0} = -F_0,$$

$$N_{3,0} = \sqrt{2}F_0,$$

$$N_{4,0} = 0,$$

$$N_{5,0} = 0,$$

$$N_{6,0} = \sqrt{2}F_0,$$

$$N_{7,0} = -2F_0.$$

Im nächsten Schritt bringen wir am System an der betreffenden Stelle eine virtuelle Einzelkraft 1 an und ermitteln die zugehörigen Stabkräfte:

$$N_{1,1} = -1,$$

$$N_{2,1} = -1,$$

$$N_{3,1} = \sqrt{2},$$

$$N_{4,1} = 0,$$

$$N_{5,1} = 0,$$

$$N_{6,1} = \sqrt{2},$$

$$N_{7,1} = -2.$$

Mit den so ermittelten Stabkräften kann dann die gesuchte Durchbiegung w ermittelt werden als:

$$\underline{\underline{w}} = \sum_{i=1}^{7} \frac{N_{i,0}N_{i,1}l_i}{EA} = \underline{\underline{\frac{2F_0l}{EA}\left(3 + 2\sqrt{2}\right)}}. \tag{7.32}$$

Aufgabe 7.33

Betrachtet werde das statische System aus Aufgabe 7.32, wobei aber nun ein zusätzliches Auflager am gemeinsamen Knoten der Stäbe 4 und 5 betrachtet wird (Abb. 7.33). Durch dieses zusätzliche Auflager wird das Fachwerk äußerlich statisch unbestimmt. Gesucht werden die Stabkräfte, man verwende das Kraftgrößenverfahren.

Abb. 7.33 Statisches System,
Teilsysteme, endgültige
Auflagerkräfte

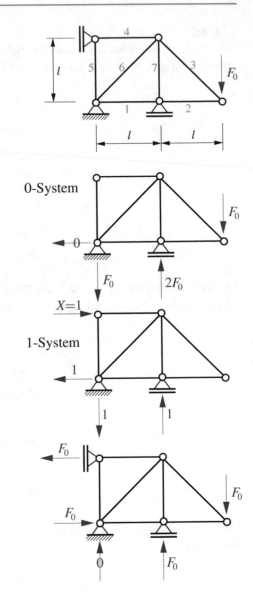

Lösung

Wir machen das Fachwerk gedanklich statisch bestimmt, indem wir das neu hinzugekommene Auflager entfernen (0-System). Die sich hieran ergebenden Stabkräfte können direkt aus Aufgabe 7.32 übernommen werden als:

$$N_{1,0} = -F_0,$$
$$N_{2,0} = -F_0,$$
$$N_{3,0} = \sqrt{2}F_0,$$

$$N_{4,0} = 0,$$
$$N_{5,0} = 0,$$
$$N_{6,0} = \sqrt{2}F_0,$$
$$N_{7,0} = -2F_0.$$

Außerdem bringen wir die statisch Überzählige $X = 1$ auf das System auf (1-System) und ermitteln hieran die Stabkräfte wie folgt:

$$N_{1,1} = 0,$$
$$N_{2,1} = 0,$$
$$N_{3,1} = 0,$$
$$N_{4,1} = -1,$$
$$N_{5,1} = 0,$$
$$N_{6,1} = \sqrt{2},$$
$$N_{7,1} = -1.$$

Die hier zu erhebende Kompatibilitätsbedingung lautet:

$$\delta_0 + X\delta_1 = 0.$$

Daraus lässt sich die statisch Überzählige ermitteln als:

$$X = -\frac{\delta_0}{\delta_1}.$$

Die Verschiebungen δ_0 und δ_1 lauten:

$$\delta_0 = \sum_{i=1}^{7} \frac{N_{i,0}N_{i,1}l_i}{EA} = \frac{2F_0 l}{EA}\left(1 + \sqrt{2}\right),$$

$$\delta_1 = \sum_{i=1}^{7} \frac{N_{i,1}N_{i,1}l_i}{EA} = \frac{2l}{EA}\left(1 + \sqrt{2}\right).$$

Die statisch Überzählige X folgt daraus als:

$$X = -F_0.$$

Die Stabkräfte folgen dann aus der Rechenregel $N_i = N_{i,0} + XN_{i,1}$ als:

$$\underline{\underline{N_1 = -F_0}},$$

$$\underline{\underline{N_2 = -F_0}},$$

$$\underline{\underline{N_3 = \sqrt{2}F_0}},$$

$$\underline{\underline{N_4 = F_0}},$$

$$\underline{\underline{N_5 = 0}},$$

$$\underline{\underline{N_6 = 0}},$$

$$\underline{\underline{N_7 = -F_0}}. \tag{7.33}$$

Stabknicken

8

Aufgabe 8.1

Gegeben sei der in Abb. 8.1, links, dargestellte starre Stab der Länge l. Der Stab sei an seinem unteren Ende gelenkig gelagert und werde an seinem freien Ende durch eine Druckkraft F belastet. Der Stab sei im Abstand a zum unteren Ende durch eine elastische Wegfeder seitlich abgestützt. Die Feder sei derart angebracht, dass sie in allen ausgelenkten Lagen stets horizontal wirkt und sich gleichzeitig vertikal verschieben kann.

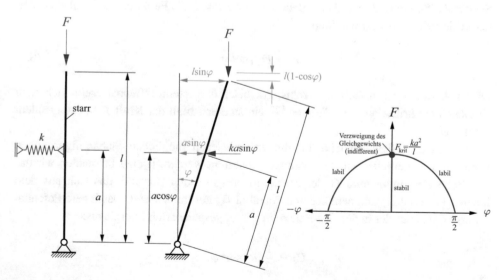

Abb. 8.1 Elastisch abgestützter Stab (links), ausgelenkter Stab (Mitte), Kraft-Verdrehungsdiagramm (rechts)

© Der/die Autor(en), exklusiv lizenziert an Springer-Verlag GmbH, DE, ein Teil von Springer Nature 2023
C. Mittelstedt, *Aufgabensammlung Technische Mechanik 2*, https://doi.org/10.1007/978-3-662-67968-5_8

Man ermittle die kritische Last F_{krit} des gegebenen starren Stabs. Welche Lagen des Stabs gehen mit welcher Art des Gleichgewichts einher?

Lösung

Wir betrachten zur Ermittlung der kritischen Last F_{krit} den Stab in seiner um den Winkel φ ausgelenkten Lage (Abb. 8.1, Mitte). Neben der Kraft F in ihrer ausgelenkten Lage wirkt auch die Federkraft $ka \sin \varphi$. Das Momentengleichgewicht bezüglich des Fußpunktes des Stabs ergibt:

$$ka \sin \varphi a \cos \varphi - Fl \sin \varphi = 0. \tag{8.1}$$

Dies führt auf den folgenden Ausdruck:

$$F = \frac{ka^2}{l} \cos \varphi. \tag{8.2}$$

Beschränkt man die Betrachtungen auf kleine Winkel φ, dann ergibt sich mit $\cos \varphi \approx 1$ aus (8.2) die kritische Last F_{krit} als:

$$\underline{\underline{F_{\text{krit}} = \frac{ka^2}{l}}}. \tag{8.3}$$

Setzt man (8.3) in (8.2) ein, dann erhält man die Kraft F als Funktion des Winkels φ und der kritischen Kraft F_{krit} wie folgt:

$$F = F_{\text{krit}} \cos \varphi. \tag{8.4}$$

Dieser Ausdruck ist in Abb. 8.1, rechts, graphisch dargestellt. Offenbar ergibt sich nach Erreichen der kritischen Last $F_{\text{krit}} = \frac{ka^2}{l}$ ein starker Abfall der Kraft F bei steigendem Winkel φ.

Die Art des Gleichgewichts für die verschiedenen möglichen Stabkonfigurationen kann nur aus energetischen Betrachtungen bestimmt werden. Hierzu betrachten wir das elastische Gesamtpotential Π des Stabes im ausgelenkten Zustand, das sich aus dem inneren Potential Π_i und dem äußeren Potential Π_a zusammensetzt. Das innere Potential Π_i ergibt sich aus der in der elastischen Wegfeder gespeicherten Energie als:

$$\Pi_i = \frac{1}{2} ka^2 \sin^2 \varphi.$$

Das äußere Potential Π_a ist hier der Potentialverlust der Kraft F im ausgelenkten Zustand, d. h.:

$$\Pi_a = -Fl \left(1 - \cos \varphi\right).$$

Das Gesamtpotential lautet dann:

$$\Pi = \Pi_i + \Pi_a = \frac{1}{2}ka^2 \sin^2 \varphi - Fl\,(1 - \cos \varphi)\,.$$

Gleichgewicht erfordert, dass die erste Ableitung von Π nach dem Winkel φ zu null wird. Es folgt:

$$\frac{\partial \Pi}{\partial \varphi} = ka^2 \sin \varphi \cos \varphi - Fl \sin \varphi = 0\,.$$

Offenbar stimmt dieser Ausdruck mit der aus dem Momentengleichgewicht gewonnenen Gleichgewichtsbedingung (8.1) überein.

Die Art des Gleichgewichts folgt aus der zweiten Ableitung von Π:

$$\frac{\partial^2 \Pi}{\partial \varphi^2} = ka^2 \cos^2 \varphi - ka^2 \sin \varphi - Fl \cos \varphi\,.$$

Setzt man hier den Ausdruck (8.2) ein, dann verbleibt:

$$\frac{\partial^2 \Pi}{\partial \varphi^2} = -ka^2 \sin^2 \varphi\,. \tag{8.5}$$

Wir betrachten nun zunächst die unausgelenkte Lage des Stabs, d. h. $\varphi = 0$, die nach Abb. 8.1, rechts, offenbar nur für $F \leq F_{\text{krit}}$ möglich ist. Setzt man $\varphi = 0$ in (8.5) ein, dann ergibt sich $\frac{\partial^2 \Pi}{\partial \varphi^2} = 0$. Bei Erreichen der kritischen Last F_{krit} liegt demnach also indifferentes Gleichgewicht vor. Die zweite Ableitung des elastischen Gesamtpotentials nimmt außerdem für alle Winkel $\varphi \neq 0$ negative Werte an. Demnach kann es keine Gleichgewichtslage mit $\varphi \neq 0$ geben, die stabil wäre. Damit ist jede Gleichgewichtslage nach Erreichen der kritischen Last F_{krit} labil, so wie in Abb. 8.1, rechts, angedeutet.

Aufgabe 8.2

Betrachtet werden zwei gerade und ideal-starre, durch ein Gelenk verbundene Stäbe der Länge l unter der Druckkraft F wie in Abb. 8.2, oben, gezeigt. Das Gelenk zwischen den beiden Stäben sei durch eine linear-elastische Wegfeder der Steifigkeit k vertikal gestützt. Die Feder sei so angebracht, dass sie horizontal verschieblich ist und in jeder Lage vertikal wirkt. Der linke Stab sei an seinem linken Ende zweiwertig gelagert, wohingegen der rechte Stab an seinem rechten Ende ein einwertiges Auflager aufweise. Gesucht wird die kritische Last F_{krit} des Systems und die Art des sich einstellenden Gleichgewichts.

Abb. 8.2 Statisches System
(oben), ausgelenkte Lage
(unten)

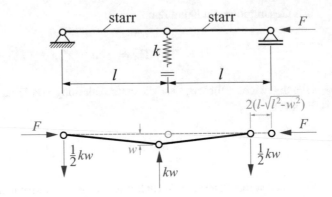

Lösung

Wir betrachten das Stabsystem in seiner ausgelenkten Lage und nehmen an, dass sich der Gelenkpunkt um das Maß w absenkt (Abb. 8.2, unten). Hierbei wollen wir annehmen, dass es sich um eine kleine Auslenkung handelt. In der Wegfeder wird durch die Ausbiegung w die Federkraft kw hervorgerufen, und in den beiden Auflagern ergeben sich die nach unten wirkenden Auflagerreaktionen in Höhe von $\frac{1}{2}kw$. Das rechte Auflager verschiebt sich dabei um das Maß $2\left(l - \sqrt{l^2 - w^2}\right)$ nach links. Wir schneiden das System im Gelenk frei, betrachten z. B. die rechte Systemhälfte (es ergibt sich an beiden Systemhälften das gleiche Ergebnis) und bilden die Summe der Momente um den Gelenkpunkt:

$$\frac{1}{2}kwl - Fw = 0,$$

was auf folgenden Ausdruck führt:

$$\left(\frac{1}{2}kl - F\right)w = 0. \tag{8.6}$$

Nullsetzen des Klammerausdrucks (die Lösung $w = 0$ ist trivial und wird nicht weiter betrachtet) ergibt die kritische Last als:

$$\underline{\underline{F_{\mathrm{krit}} = \frac{1}{2}kl.}} \tag{8.7}$$

Die Art des Gleichgewichts wird aus der Betrachtung des Gesamtpotentials Π des Systems ermittelt, das sich aus innerem Potential Π_i und äußerem Potential Π_a zusammensetzt:

$$\Pi_i = \frac{1}{2}kw^2, \quad \Pi_a = -2F\left(l - \sqrt{l^2 - w^2}\right).$$

Zur Erfüllung des Gleichgewichts muss die erste Ableitung von Π bezüglich der Auslenkung w zu null werden:

$$\frac{\partial \Pi}{\partial w} = kw - \frac{2Fw}{\sqrt{l^2 - w^2}} = 0. \tag{8.8}$$

Da wir hier ausschließlich kleine Auslenkungen betrachten, also $w \ll l$ annehmen, können wir von

$$\sqrt{l^2 - w^2} \approx l$$

ausgehen, so dass die Bedingung (8.8) in den folgenden Ausdruck übergeht:

$$\left(k - 2\frac{F}{l}\right) w = 0,$$

was offenbar der Bedingung (8.6) entspricht. Die Art des Gleichgewichts folgt aus der zweiten Ableitung von Π bezüglich der Auslenkung w:

$$\frac{\partial^2 \Pi}{\partial w^2} = k - \frac{2F}{l}.$$

Es zeigt sich, dass dieser Ausdruck bei Erreichen der Last $F = \frac{1}{2}kl$ zu Null wird und damit indifferentes Gleichgewicht anzeigt, womit die bereits oben mit (8.7) ermittelte kritische Last F_{krit} bestätigt ist. Außerdem ist $\frac{\partial^2 \Pi}{\partial w^2}$ negativ für $F > F_{\text{krit}}$, so dass sich labiles Gleichgewicht ergibt. Für $F < F_{\text{krit}}$ hingegen ist $\frac{\partial^2 \Pi}{\partial w^2}$ positiv, sofern $F < F_{\text{krit}}$, was gleichbedeutend mit stabilem Gleichgewicht ist.

Aufgabe 8.3
Gegeben ist das in Abb. 8.3 dargestellte statische System, bestehend aus zwei starren Stäben der Länge l, die durch ein Gelenk miteinander verbunden sind und unter der Druckkraft F stehen. Der linke Stab sei an seinem linken Ende zweiwertig gelagert,

Abb. 8.3 Statisches System (oben), ausgelenkte Lage (unten)

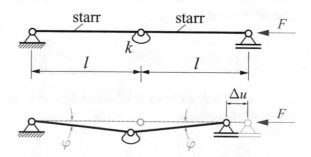

der rechte Stab hingegen weist an seinem rechten Ende ein einwertiges Auflager auf. Zusätzlich sind die beiden Stäbe am Gelenkpunkt durch eine linear-elastische Drehfeder mit der Steifigkeit k verbunden. Gesucht wird die kritische Last F_{krit} des Systems und die Art des sich einstellenden Gleichgewichts.

Lösung

Wir ermitteln die kritische Last durch Betrachtung des elastischen Gesamtpotentials Π des Systems. Dieses teilt sich auf in das innere Potential Π_i und das äußere Potential Π_a wie folgt:

$$\Pi_i = \frac{1}{2} k (2\varphi)^2 = 2k\varphi^2, \quad \Pi_a = -F\Delta u.$$

Mit $\Delta u = 2l \, (1 - \cos\varphi)$ ergibt sich das elastische Gesamtpotential Π als:

$$\Pi = 2k\varphi^2 - 2Fl \, (1 - \cos\varphi).$$

Nullsetzen der ersten Ableitung von Π nach φ ergibt dann die Gleichgewichtsbedingung, die das gegebene System beschreibt:

$$\frac{\partial \Pi}{\partial \varphi} = 4k\varphi - 2Fl \sin\varphi = 0. \tag{8.9}$$

Gehen wir hier wieder von kleinen Winkeln φ aus, dann gilt $\sin\varphi \approx \varphi$, so dass sich der folgende Ausdruck ergibt:

$$4k\varphi - 2Fl\varphi = 0,$$

bzw.

$$2 \, (2k - Fl) \, \varphi = 0.$$

Die Lösung $\varphi = 0$ ist eine triviale Lösung, so dass wir zur Erfüllung der Gleichgewichtsbedingung den Klammerterm zu Null setzen. Daraus folgt dann umgehend die kritische Last des Systems als:

$$\underline{\underline{F_{\text{krit}} = \frac{2k}{l}.}} \tag{8.10}$$

Mit der so gefundenen kritischen Last des System kann die Gleichgewichtsbedingung (8.9) dargestellt werden als:

$$\frac{\varphi}{\sin \varphi} = \frac{F}{F_{\mathrm{krit}}}. \tag{8.11}$$

Hierfür sind grundsätzlich zwei Lösungen denkbar. Die erste Lösung führt auf $\varphi = 0$, was der geraden unausgelenkten Lage des Systems entspricht. Die zweite Lösungsmöglichkeit erfordert eine Diskussion des Ausdrucks (8.11). Die Art des sich einstellenden Gleichgewichts ergibt sich aus der zweiten Ableitung des elastischen Gesamtpotentials Π, d. h.:

$$\frac{\partial^2 \Pi}{\partial \varphi^2} = 4k - 2Fl \cos \varphi.$$

Setzt man hierin die kritische Last (8.10) ein, dann ergibt sich:

$$\frac{\partial^2 \Pi}{\partial \varphi^2} = 2F_{\mathrm{krit}}l - 2Fl \cos \varphi. \tag{8.12}$$

Wir betrachten zunächst die unausgelenkte Lage $\varphi = 0$. Es folgt aus (8.12):

$$2l \left(F_{\mathrm{krit}} - F \right). \tag{8.13}$$

Offenbar wird dieser Ausdruck zu Null, wenn $F = F_{\mathrm{krit}}$. Damit liegt bei Erreichen der kritischen Last F_{krit} indifferentes Gleichgewicht vor. Außerdem zeigt es sich, dass der Ausdruck (8.13) für $F < F_{\mathrm{krit}}$ größer als Null ist. Das bedeutet, dass die gerade unausgelenkte Lage für Lasten unterhalb der kritischen Last F_{krit} stabil ist. Daraus folgt auch, dass die unausgelenkte Lage labil ist, wenn die Kraft F die kritische Last F_{krit} überschreitet.

Wir betrachten außerdem die ausgelenkte Lage mit $\varphi \neq 0$. Mit (8.10) und (8.11) lässt sich der Ausdruck (8.12) auch schreiben als:

$$\frac{\partial^2 \Pi}{\partial \varphi^2} = 2F_{\mathrm{krit}}l \left(1 - \frac{\varphi}{\tan \varphi} \right). \tag{8.14}$$

Da $\varphi < \tan \varphi$ für $\varphi \neq 0$ gilt, ist die zweite Ableitung (8.14) größer als Null. Damit ist die ausgelenkte Lage $\varphi \neq 0$ stabil.

Eine graphische Darstellung der sich einstellenden Kraft-Verdrehungs-Kurve ist in Abb. 8.4 enthalten.

Aufgabe 8.4

Gegeben seien drei ideal-starre gerade Stäbe der Länge l, die durch Gelenke miteinander verbunden sind (Abb. 8.5, oben). Die beiden Gelenkpunkte werden durch linear-elastische Wegfedern mit den Steifigkeiten k unterstützt. Der linke Stab sei an seinem linken Ende zweiwertig gelagert, der rechte Stab werde an seinem rechten Ende durch ein einwertiges

Abb. 8.4 Kraft-Verdrehungs-
Diagramm

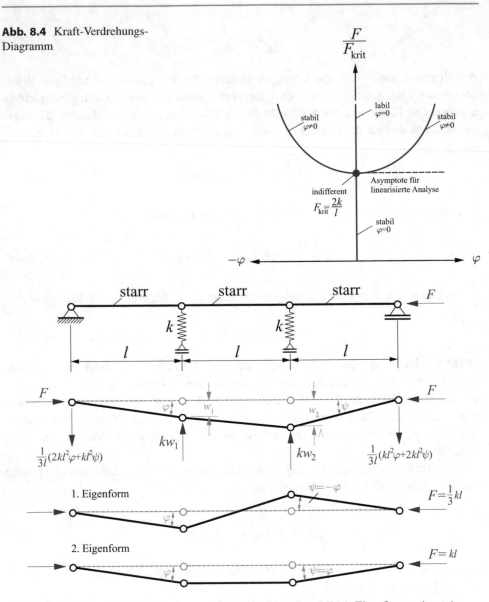

Abb. 8.5 Statisches System (oben), ausgelenkte Konfiguration (Mitte), Eigenformen (unten)

Lager nuterstützt, an dem die Druckkraft F angreift. Gesucht wird die kritische Last des
Systems.

Lösung
Wir verwenden die Gleichgewichtsmethode zur Bestimmung der kritischen Last und
unterstellen kleine Verformungen des Systems. Zur Ermittlung von F_{krit} betrachten wir

die in Abb. 8.5, Mitte, dargestellte ausgelenkte Konfiguration, wobei sich der linke Stab um den Winkel φ verdreht habe. Der rechte Stab erleidet die Verdrehung ψ. An den beiden Federpunkten liegen dann die Verschiebungen w_1 und w_2 vor, und es werden die Federkräfte $kw_1 = kl\varphi$ und $kw_2 = kl\psi$ hervorgerufen. Die in Abb. 8.5, Mitte, dargestellten Auflagerreaktionen ergeben sich aus den Momentengleichgewichten um die beiden Lagerpunkte.

Wir bilden nun die Momentengleichgewichte um die beiden Gelenkpunkte und erhalten die folgenden Gleichgewichtsbedingungen:

$$\frac{2}{3}kl^2\varphi + \frac{1}{3}kl^2\psi - Fl\varphi = 0,$$

$$\frac{1}{3}kl^2\varphi + \frac{2}{3}kl^2\psi - Fl\psi = 0. \tag{8.15}$$

Die beiden Gleichgewichtsbedingungen (8.15) lassen sich zweckmäßig in einer Vektor-Matrix-Schreibweise darstellen als:

$$\begin{bmatrix} \frac{2}{3}kl^2 - Fl & \frac{1}{3}kl^2 \\ \frac{1}{3}kl^2 & \frac{2}{3}kl^2 - Fl \end{bmatrix} \begin{pmatrix} \varphi \\ \psi \end{pmatrix} = \begin{pmatrix} 0 \\ 0 \end{pmatrix}. \tag{8.16}$$

Zur Vermeidung der trivialen Lösung $\varphi = \psi = 0$ wird die Koeffizientendeterminante zu Null gesetzt:

$$\begin{vmatrix} \frac{2}{3}kl^2 - Fl & \frac{1}{3}kl^2 \\ \frac{1}{3}kl^2 & \frac{2}{3}kl^2 - Fl \end{vmatrix} = 0.$$

Dies führt nach kurzer Umformung auf die folgende quadratische Gleichung zur Bestimmung der Kraft F:

$$F^2 - \frac{4}{3}Fkl + \frac{1}{3}k^2l^2 = 0.$$

Diese Gleichung hat zwei Lösungen:

$$F_1 = \frac{1}{3}kl, \quad F_2 = kl. \tag{8.17}$$

Die kleinere der beiden sich ergebenden Lasten stellt die kritische Last F_{krit} dar:

$$F_{\text{krit}} = \frac{1}{3}kl. \tag{8.18}$$

Die sich einstellenden Eigenformen ergeben sich, indem man die beiden Kräfte F_1 und F_2 nach (8.17) in das Gleichungssystem (8.16) einsetzt. Daraus ergibt sich dann für $F = F_1 = F_{\text{krit}}$ der Zusammenhang $\varphi = -\psi$, und für $F = F_2$ folgt $\varphi = \psi$. Die hiermit verbundenen Eigenformen sind in Abb. 8.5, unten, dargestellt.

Aufgabe 8.5

Gegeben sei der in Abb. 8.6, oben, gezeigte gerade ideal starre Stab der Länge $2l$, der durch zwei linear elastische Wegfedern der Steifigkeit k gestützt wird. Der Stab werde durch eine Druckkraft F belastet wie gezeigt. Gesucht wird die kritische Last F_{krit} des Systems. Wie ändert sich das Ergebnis, wenn das in Stabmitte befindliche Angelenk durch ein Vollgelenk ersetzt wird (Abb. 8.6, unten)?

Lösung

Wir betrachten zunächst den Fall der Abb. 8.6, oben, und untersuchen das System in seiner ausgelenkten Konfiguration (Abb. 8.7). Da wir hier nur Interesse an der Ermittlung der kritischen Last F_{krit} haben, beschränken wir uns auf kleine Auslenkungen. Der einzige hier zu betrachtende Freiheitsgrad ist die Winkelverdrehung φ um das linke Auflager. Die Momentensumme um das Auflager ergibt:

$$F \cdot 2l\varphi - 2kl\varphi \cdot 2l - kl\varphi \cdot l = 0,$$

was sich umformen lässt zu:

$$(2F - 5kl)\, l\varphi = 0.$$

Abb. 8.6 Statische Systeme

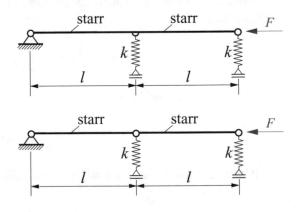

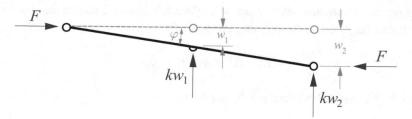

Abb. 8.7 Ausgelenktes System für den Fall eines Angelenks in Stabmitte

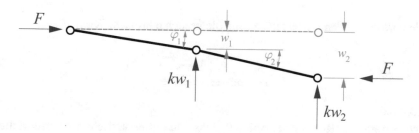

Abb. 8.8 Ausgelenktes System für den Fall eines Vollgelenks in Stabmitte

Zur Vermeidung der trivialen Lösung $\varphi = 0$ wird der Klammerterm zu null gesetzt, aus dem sich die kritische Last folgern lässt als:

$$F_{\text{krit}} = \frac{5}{2}kl. \tag{8.19}$$

Außerdem betrachten wir das statische System der Abb. 8.6, unten, in seiner ausgelenkten Konfiguration (Abb. 8.8). Hierbei sind als Freiheitsgrade die beiden Winkelverdrehungen φ_1 und φ_2 zu betrachten. Wir bilden zunächst die Summe der Momente um das linke Auflager und erhalten:

$$\left(Fl - 3kl^2\right)\varphi_1 + \left(Fl - 2kl^2\right)\varphi_2 = 0.$$

Aus der Momentenbilanz um den Gelenkpunkt erhalten wir:

$$-kl^2\varphi_1 + (F - kl)\,l\varphi_2 = 0.$$

Die beiden Momentensummen lassen sich zweckmäßig in einer Vektor-Matrix-Schreibweise angeben als:

$$l\begin{bmatrix} F - 3kl & F - 2kl \\ -kl & F - kl \end{bmatrix}\begin{pmatrix} \varphi_1 \\ \varphi_2 \end{pmatrix} = \begin{pmatrix} 0 \\ 0 \end{pmatrix}.$$

Nullsetzen der Koeffizientendeterminante ergibt nach kurzer Umformung das folgende quadratische Polynom zur Bestimmung der Kraft F:

$$F^2 - 3Fkl + k^2l^2 = 0.$$

Hieraus folgen die beiden Lösungen F_1 und F_2 zu:

$$F_{1,2} = \frac{1}{2}kl\left(3 \pm \sqrt{5}\right).$$

Die kleinere der beiden Lösungen ist dann die gesuchte kritische Kraft F_{krit}:

$$F_{\text{krit}} = \frac{1}{2}kl\left(3 - \sqrt{5}\right). \tag{8.20}$$

Aufgabe 8.6
Betrachtet werde der Rahmen der Abb. 8.9, links. Für dieses statische System ermittle man die kritische Last q_{krit}, bei der es zum Knicken des Rahmens kommt. Wie ändert sich das Ergebnis, wenn am linken oberen Gelenkpunkt ein weiteres Auflager angefügt wird?

Lösung
Wir betrachten zunächst den Rahmen der Abb. 8.9, links. Die linke Stütze entspricht dabei Euler-Fall I, so dass wir die kritische Last dieser Stütze mit der Knicklänge $6l$ ermitteln können als:

$$F_{\text{krit}} = \frac{\pi^2 \cdot 2EI}{(6l)^2} = \frac{\pi^2 EI}{18l^2}.$$

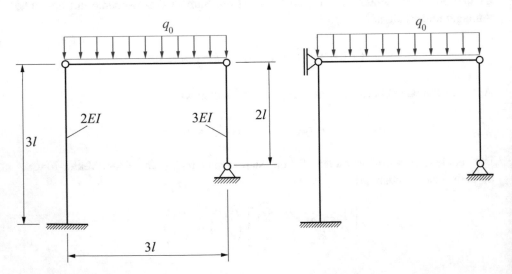

Abb. 8.9 Statische Systeme

Für die Stütze rechts gilt Euler-Fall II, und wir erhalten für die kritische Last mit der Knicklänge $2l$:

$$F_{\text{krit}} = \frac{\pi^2 \cdot 3EI}{(2l)^2} = \frac{3\pi^2 EI}{4l^2}.$$

Offenbar ist damit die linke Stütze maßgebend. Das Kriterium zur Ermittlung der kritischen Last q_{krit} lautet somit:

$$\frac{q_0 \cdot 3l}{2} = \frac{\pi^2 EI}{18l^2},$$

so dass:

$$q_{\text{krit}} = \frac{\pi^2 EI}{27l^3}. \qquad (8.21)$$

Für den Fall des Rahmens der Abb. 8.9, rechts, entspricht die linke Stütze Euler-Fall III, so dass sich die kritische Last ergibt als:

$$F_{\text{krit}} = \frac{\pi^2 \cdot 2EI}{(0,7 \cdot 3l)^2} = 0,45 \frac{\pi^2 EI}{l^2}.$$

Erneut ist damit diese Stütze maßgebend, und es folgt für die kritische Last:

$$q_{\text{krit}} = 0,3 \frac{\pi^2 EI}{l^3}. \qquad (8.22)$$

Dies entspricht gegenüber dem Fall der Abb. 8.9, links, einer Laststeigerung um das 8,1-fache.

Aufgabe 8.7

Gegeben sei die in Abb. 8.10 dargestellte Stütze (Länge $2l$) mit rechteckigem Querschnitt (Breite b, Höhe h), die bezüglich der $z-$Richtung an ihrem unteren Ende gelenkig gelagert und außerdem durch zwei einwertige Lager seitlich gestützt wird. Bezüglich der $y-$Richtung sei die Stütze an ihrem Fußpunkt gelenkig gelagert, eine weitere Lagerung bestehe nicht. Man ermittle das Verhältnis $\frac{b}{h}$ so, dass die beiden Knicklasten F_y und F_z identisch sind.

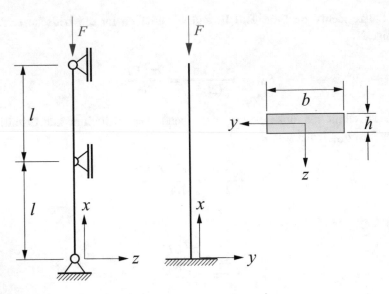

Abb. 8.10 Statisches System

Lösung

Die sich einstellenden Knickformen bezüglich der $y-$ und der $z-$Richtung sind in Abb. 8.11 dargestellt. Betrachtet man das Knicken in $z-$Richtung, dann ergibt sich die zugehörige Knicklast mit $s_{k,z} = l$ als:

$$F_z = \frac{\pi^2 E I_{yy}}{s_{k,z}^2} = \frac{\pi^2 E I_{yy}}{l^2}.$$

Hinsichtlich Knicken in die $y-$Richtung folgt die Knicklast F_y mit $s_{k,y} = 2 \cdot 2l = 4l$ zu:

$$F_y = \frac{\pi^2 E I_{zz}}{s_{k,y}^2} = \frac{\pi^2 E I_{zz}}{16l^2}.$$

Das Kriterium zur Ermittlung des Verhältnisses $\frac{b}{h}$ besteht in der Gleichheit der beiden kritischen Lasten F_y und F_z:

$$F_y = F_z.$$

Mit den beiden Flächenträgheitsmomenten $I_{yy} = \frac{bh^3}{12}$ und $I_{zz} = \frac{hb^3}{12}$ folgt daraus nach kurzer Rechnung:

$$\underline{\underline{\frac{b}{h} = 4.}} \tag{8.23}$$

Abb. 8.11 Knickformen

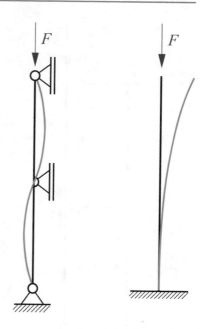

Aufgabe 8.8

Gegeben sei der in Abb. 8.12, links, dargestellte segmentierte Stab der Länge $2l$. Der Stab sei an seinem unteren Ende fest eingespannt und werde auf halber Höhe so seitlich gestützt, dass dort keine Verschiebungen und Verdrehungen möglich sind. In Bereich 1 liege ein kreisrunder Vollquerschnitt (Radius R) vor, in Bereich 2 weise der Stab einen Kreisringquerschnitt (Radius R_m, Wanddicke t) auf. Man bestimme das Verhältnis zwischen R_m und R so, dass die Knicklasten der beiden Segmente des Stabes identisch sind.

In einem weiteren Schritt seien die beiden Flächenträgheitsmomente I_1 und I_2 identisch, und die Position der mittleren Lagerung sei variabel mit der Ausmitte a (Abb. 8.12, rechts). Man ermittle für diesen Fall die Ausmitte a so, dass die beiden Knicklasten der beiden Segmente des Stabes identisch sind.

Lösung

Wir betrachten zunächst den Fall mit mittiger Stützung und ermitteln die Knicklasten der beiden Stabsegmente. Bereich 1 kann aufgrund seiner Lagerungsbedingungen aufgefasst werden als Euler-Fall IV, so dass sich seine Knicklast ergibt als:

$$F_{\text{krit},1} = \frac{4\pi^2 E I_1}{l^2}.$$

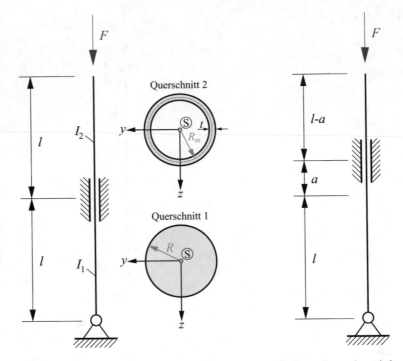

Abb. 8.12 Statisches System (links), statisches System mit veränderter Lage der mittleren Lagerung (rechts)

Segment 2 hingegen entspricht Euler-Fall I, so dass:

$$F_{\text{krit},2} = \frac{\pi^2 E I_1}{4l^2}.$$

Gleichsetzen dieser beiden Ausdrücke führt nach kurzer Rechnung auf:

$$4I_1 = \frac{I_2}{4}.$$

Mit

$$I_1 = \frac{\pi R^4}{4}, \quad I_2 = \pi t R_m^3$$

kann R_m in Abhängigkeit von R und t dargestellt werden als:

$$R_m = \sqrt[3]{4\frac{R^4}{t}}. \tag{8.24}$$

Für den Fall der ausmittigen Stützung seien die beiden Flächenträgheitsmomente I_1 und I_2 identisch mit $I_1 = I_2 = I$. Daraus ergeben sich die beiden kritischen Last der beiden Stabsegmente als:

$$F_{\text{krit},1} = \frac{4\pi^2 EI}{(l+a)^2}, \quad F_{\text{krit},2} = \frac{\pi^2 EI}{4(l-a)^2}.$$

Gleichsetzen ergibt nach kurzer Rechnung das folgende quadratische Polynom zur Ermittlung der Ausmitte a:

$$a^2 - \frac{34}{15}al + l^2 = 0.$$

Die sich hieraus ergebende relevante Lösung lautet:

$$\underline{\underline{a = 0,6l.}} \tag{8.25}$$

Aufgabe 8.9

Gegeben sei der in Abb. 8.13, oben, dargestellte gelenkig gelagerte Stab der Länge l unter einer konstanten Temperaturänderung ΔT. Der Stab weise die Dehnsteifigkeit EA und die Biegesteifigkeit EI auf. Er bestehe aus einem linear elastischen Material mit dem Wärmeausdehnungskoeffizienten α_T. Wie groß ist diejenige kritische Temperaturänderung ΔT_{krit}, bei der der Stab ausknickt? Wie ändert sich das Ergebnis, wenn der Stab an seinen beiden Enden fest eingespannt ist (Abb. 8.13, unten)?

Abb. 8.13 Beidseits zweiwertig gelagerter Stab unter thermischer Last (oben), Formänderung bei unbehinderter thermischer Dehnung (Mitte), beidseitig eingespannter Stab (unten)

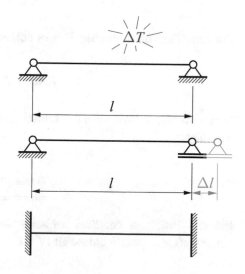

Lösung
Betrachtet man zunächst den Fall, dass sich der Stab ungehindert unter der Temperaturänderung ΔT ausdehnen kann, dann ergibt sich eine Längenänderung Δl wie folgt (Abb. 8.13, Mitte):

$$\Delta l = l\varepsilon_T = l\alpha_T \Delta T.$$

In Wirklichkeit jedoch ist diese Ausdehnung nicht möglich, sondern es tritt aufgrund der Lagerungsbedingungen eine Auflagerkraft auf, die die folgende Längenänderung bewirkt:

$$\Delta l = \frac{Fl}{EA}. \tag{8.26}$$

Kompatibilität erfordert die Gleichheit dieser beiden Verschiebungen:

$$l\alpha_T \Delta T = \frac{Fl}{EA}.$$

Dies kann nach der Kraft F aufgelöst werden:

$$F = EA\alpha_T \Delta T.$$

Diese Kraft entspricht bei Knickbeginn der kritischen Knicklast F_{krit}, die sich gegenwärtig für Euler-Fall II ergibt als:

$$F_{\text{krit}} = \frac{\pi^2 EI}{l^2}.$$

Zur Ermittlung der kritischen Temperaturänderung ΔT_{krit} wird daher gefordert:

$$EA\alpha_T \Delta T = \frac{\pi^2 EI}{l^2}.$$

Dieser Ausdruck kann nach der kritischen Temperaturänderung ΔT_{krit} aufgelöst werden wie folgt:

$$\underline{\underline{\Delta T_{\text{krit}} = \frac{\pi^2 I}{Al^2\alpha_T}}}. \tag{8.27}$$

Für den Fall, dass der Stab beidseitig fest eingespannt ist, ergibt sich die kritische Knickkraft F_{krit} gemäß Euler-Fall IV als:

$$F_{\text{krit}} = \frac{4\pi^2 EI}{l^2}.$$

Das Kriterium zur Ermittlung der kritischen Temperaturänderung ΔT_{krit} lautet dann:

$$E A \alpha_T \Delta T = \frac{4\pi^2 E I}{l^2}.$$

Daraus folgt die kritische Temperaturänderung ΔT_{krit} als:

$$\Delta T_{\text{krit}} = \frac{4\pi^2 I}{A l^2 \alpha_T}. \tag{8.28}$$

Aufgabe 8.10

Betrachtet werde ein Stab, der aufgrund seiner Lagerungsbedingungen Euler-Fall III entspricht (Abb. 8.14). Gesucht werde die Knickbedingung für dieses Stabknickproblem. Man gehe dabei von der allgemeinen Form der Knickdifferentialgleichung

$$w'''' + \lambda^2 w'' = 0$$

mit der allgemeinen Lösung

$$w = C_1 \sin \lambda x + C_2 \cos \lambda x + C_3 x + C_4 \tag{8.29}$$

aus.

Abb. 8.14 Euler-Fall III

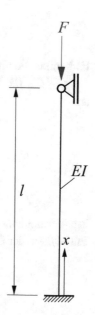

Lösung

Wir formulieren zunächst die Randbedingungen des Systems. An der Einspannstelle $x = 0$ verschwinden sowohl die Ausbiegung w als auch die Winkelverdrehung w'. Am Kopfpunkt hingegen wird die Ausbiegung w zu null. Ebenso verschwindet dort das Biegemoment M_y. Die Randbedingungen können damit formuliert werden als:

$$w(x = 0) = 0,$$

$$w'(x = 0) = 0,$$

$$w(x = l) = 0,$$

$$M(x = l) = -EI w''(x = l) = 0. \tag{8.30}$$

Mit den Ableitungen von (8.29)

$$w' = C_1 \lambda \cos \lambda x - C_2 \lambda \sin \lambda x + C_3,$$

$$w'' = -C_1 \lambda^2 \sin \lambda x - C_2 \lambda^2 \cos \lambda x \tag{8.31}$$

lassen sich die Randbedingungen (8.30) formulieren als:

$$C_2 + C_4 = 0,$$

$$C_1 \lambda + C_3 = 0,$$

$$C_1 \sin \lambda l + C_2 \cos \lambda l + C_3 l + C_4 = 0,$$

$$C_1 EI \lambda^2 \sin \lambda l + C_2 EI \lambda^2 \cos \lambda l = 0.$$

Es handelt sich hierbei um ein lineares homogenes Gleichungssystem in den Konstanten C_1, C_2, C_3, C_4. Es lässt sich zweckmäßig in einer Vektor-Matrix-Schreibweise angeben als:

$$\begin{bmatrix} 0 & 1 & 0 & 1 \\ \lambda & 0 & 1 & 0 \\ \sin \lambda l & \cos \lambda l & l & 1 \\ EI \lambda^2 \sin \lambda l & EI \lambda^2 \cos \lambda l & 0 & 0 \end{bmatrix} \begin{pmatrix} C_1 \\ C_2 \\ C_3 \\ C_4 \end{pmatrix} = \begin{pmatrix} 0 \\ 0 \\ 0 \\ 0 \end{pmatrix}.$$

Zur Vermeidung der trivialen Lösung wird die Koeffizientendeterminante zu Null gesetzt. Entwickeln der Determinante ergibt:

$$\begin{vmatrix} 0 & 1 & 0 & 1 \\ \lambda & 0 & 1 & 0 \\ \sin\lambda l & \cos\lambda l & l & 1 \\ EI\lambda^2\sin\lambda l & EI\lambda^2\cos\lambda l & 0 & 0 \end{vmatrix}$$

$$= -\begin{vmatrix} \lambda & 1 & 0 \\ \sin\lambda l & l & 1 \\ EI\lambda^2\sin\lambda l & 0 & 0 \end{vmatrix} - \begin{vmatrix} \lambda & 0 & 1 \\ \sin\lambda l & \cos\lambda l & l \\ EI\lambda^2\sin\lambda l & EI\lambda^2\cos\lambda l & 0 \end{vmatrix}$$

$$= -EI\lambda^2\sin\lambda l + EI\lambda^3 l\cos\lambda l = 0. \tag{8.32}$$

Dieser Ausdruck lässt sich umformen zu:

$$\underline{\underline{\tan\lambda l - \lambda l = 0}}. \tag{8.33}$$

Dies ist die gesuchte Knickbedingung für Euler-Fall III.

Aufgabe 8.11

Gegeben sei ein Stab, der aufgrund seiner Lagerungsbedingungen Euler-Fall IV entspricht (Abb. 8.15). Man ermittle die Knickbedingung und die kritische Last für das gegebene Stabknickproblem. Man gehe dabei von der allgemeinen Form der Knickdifferentialgleichung

$$w'''' + \lambda^2 w'' = 0$$

Abb. 8.15 Euler-Fall IV

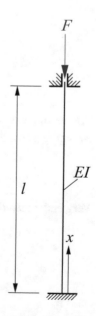

mit der allgemeinen Lösung

$$w = C_1 \sin \lambda x + C_2 \cos \lambda x + C_3 x + C_4 \tag{8.34}$$

aus.

Lösung

Die Randbedingungen für dieses Stabknickproblem lauten wie folgt:

$$w(x = 0) = 0,$$

$$w'(x = 0) = 0,$$

$$w(x = l) = 0,$$

$$w'(x = l) = 0,$$

bzw. ausgewertet mit (8.34):

$$C_2 + C_4 = 0,$$

$$C_1 \lambda + C_3 = 0,$$

$$C_1 \sin \lambda l + C_2 \cos \lambda l + C_3 l + C_4 = 0,$$

$$C_1 \lambda \cos \lambda l - C_2 \lambda \sin \lambda l + C_3 = 0.$$

In Vektor-Matrix-Schreibweise lautet dieses Gleichungssystem:

$$\begin{bmatrix} 0 & 1 & 0 & 1 \\ \lambda & 0 & 1 & 0 \\ \sin \lambda l & \cos \lambda l & l & 1 \\ \lambda \cos \lambda l & -\lambda \sin \lambda l & 1 & 0 \end{bmatrix} \begin{pmatrix} C_1 \\ C_2 \\ C_3 \\ C_4 \end{pmatrix} = \begin{pmatrix} 0 \\ 0 \\ 0 \\ 0 \end{pmatrix}.$$

Zur Vermeidung der trivialen Lösung wird die Koeffizientendeterminante entwickelt und zu Null gesetzt. Es ergibt sich nach kurzer Rechnung:

$$\lambda l \sin \lambda l + 2 \cos \lambda l - 2 = 0. \tag{8.35}$$

Verwendet man die Ausdrücke

$$\sin \lambda l = 2 \sin \frac{\lambda l}{2} \cos \frac{\lambda l}{2},$$

$$\cos \lambda l = 1 - 2 \sin^2 \frac{\lambda l}{2},$$

dann geht (8.35) über in die folgende Form:

$$\sin \frac{\lambda l}{2} \left[\frac{\lambda l}{2} \cos \frac{\lambda l}{2} - \sin \frac{\lambda l}{2} \right] = 0. \qquad (8.36)$$

Diese Gleichung hat zwei Lösungen. Die erste Lösung besteht darin, den $\sin$ −Term außerhalb der Klammer zu Null zu setzen:

$$\sin \frac{\lambda l}{2} = 0.$$

Diese Gleichung ist erfüllt, wenn das Argument $\frac{\lambda l}{2}$ der $\sin$ −Funktion ein Vielfaches der Kreiszahl π ist:

$$\frac{\lambda l}{2} = n\pi.$$

Hierin ist n eine beliebige positive ganze Zahl. Mit

$$\lambda^2 = \frac{F}{EI}$$

ergibt sich daraus:

$$F = \frac{4n^2\pi^2 EI}{l^2}.$$

Technisch relevant ist die kleinste Last F, die sich mit $n = 1$ ergibt. Dies ist dann die gesuchte kritische Last:

$$F_{\mathrm{krit}} = \frac{4\pi^2 EI}{l^2}. \qquad (8.37)$$

Die zweite Lösungsmöglichkeit für (8.36) besteht darin, den Klammerterm zu Null zu setzen. Es ergibt sich:

$$\frac{\lambda l}{2} \cos \frac{\lambda l}{2} - \sin \frac{\lambda l}{2} = 0,$$

bzw.

$$\frac{\lambda l}{2} - \tan \frac{\lambda l}{2} = 0.$$

Dieser Ausdruck ist ähnlich der Knickbedingung für Euler-Fall III (s. (8.33)). Die zugehörige Knicklast ergibt sich als:

$$F_{\text{krit}} = \frac{8,18\pi^2 EI}{l^2}. \tag{8.38}$$

Der Vergleich zwischen (8.37) und (8.38) zeigt, dass die erste Lösung (8.37) maßgeblich ist. Die Knicklast für die gegebene Stabknicksituation lautet also:

$$F_{\text{krit}} = \frac{4\pi^2 EI}{l^2}. \tag{8.39}$$

Aufgabe 8.12

Betrachtet werde der Druckstab der Abb. 8.16, der an seinem unteren Ende zweiwertig gelagert sei. Am oberen Ende liege eine horizontale Parallelführung vor. Gesucht werde die Knickbedingung, die dieses Stabknickproblem beschreibt. Wie hoch ist die kritische Knicklast? Man gehe von der allgemeinen Form der Knickdifferentialgleichung

$$w'''' + \lambda^2 w'' = 0$$

mit der allgemeinen Lösung

Abb. 8.16 Stab mit
zweiwertiger Lagerung am
unteren Ende und
Parallelführung am oberen
Ende (links), Knickeigenform
(rechts)

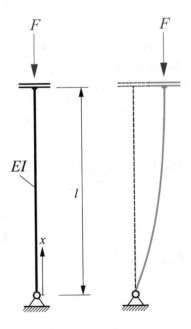

$$w = C_1 \sin \lambda x + C_2 \cos \lambda x + C_3 x + C_4 \qquad (8.40)$$

aus.

Lösung

Die Randbedingungen dieses Stabknickproblems lauten:

$$w(x = 0) = 0,$$

$$M(x = 0) = -EI w''(x = 0) = 0,$$

$$w'(x = l) = 0,$$

$$Q(x = l) = -EI w'''(x = l) = 0.$$

Auswerten mit (8.40) ergibt:

$$C_2 + C_4 = 0,$$

$$C_2 = 0,$$

$$C_1 \lambda \cos \lambda l - C_2 \lambda \sin \lambda l + C_3 = 0,$$

$$C_1 \cos \lambda l - C_2 \sin \lambda l = 0.$$

In Vektor-Matrix-Schreibweise lässt sich dieses Gleichungssystem darstellen als:

$$\begin{bmatrix} 0 & 1 & 0 & 1 \\ 0 & 1 & 0 & 0 \\ \lambda \cos \lambda l & -\lambda \sin \lambda l & 1 & 0 \\ \cos \lambda l & -\sin \lambda l & 0 & 0 \end{bmatrix} \begin{pmatrix} C_1 \\ C_2 \\ C_3 \\ C_4 \end{pmatrix} = \begin{pmatrix} 0 \\ 0 \\ 0 \\ 0 \end{pmatrix}.$$

Entwickeln der Koeffizientendeterminante und Nullsetzen führt nach kurzer Rechnung auf die folgende Knickbedingung:

$$\underline{\cos \lambda l = 0.} \qquad (8.41)$$

Diese Bedingung ist erfüllt, wenn das Argument λl der $\cos$ −Funktion ein ganzzahliges positives Vielfaches der Kreiszahl π ergibt:

$$\lambda l = \frac{2n - 1}{2} \pi.$$

Mit $\lambda^2 = \frac{F}{EI}$ folgt:

$$F = \frac{(2n-1)^2\pi^2 EI}{4l^2}.$$

Technisch relevant ist hier der Fall $n = 1$, so dass sich die kritische Knicklast ergibt als:

$$F_{\text{krit}} = \frac{\pi^2 EI}{4l^2}.$$

Aufgabe 8.13

Betrachtet werde der elastisch gelagerte Stab (Abb. 8.17, links, linear elastische Wegfeder, Steifigkeit k), der durch die Druckkraft F belastet werde. Gesucht wird die Knicklast dieses Stabs.

Lösung

Wir gehen für die Lösung dieses Problems von der allgemeinen Form der Knickdifferentialgleichung

$$w'''' + \lambda^2 w'' = 0$$

mit ihrer allgemeinen Lösung

$$w = C_1 \sin \lambda x + C_2 \cos \lambda x + C_3 x + C_4 \tag{8.42}$$

aus und formulieren zunächst die Randbedingungen des Systems. Am linken Ende des Stabs verschwindet sowohl die Durchbiegung w als auch das Biegemoment M:

$$w(x = 0) = 0,$$

$$M(x = 0) = -EI w''(x = 0) = 0. \tag{8.43}$$

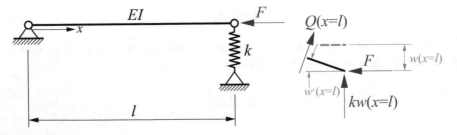

Abb. 8.17 Stab mit elastischer Lagerung (links), Freikörperbild des rechten Lagerpunkts im ausgelenkten Zustand (rechts)

Am elastisch gelagerten Ende muss das Biegemoment M zu Null werden:

$$M(x = l) = -EIw''(x = l) = 0. \tag{8.44}$$

Durch Betrachtung der verformten Konfiguration des Stabs (Abb. 8.17, rechts) zeigt sich, dass im geknickten Zustand die Kraft F sowie die Lagerreaktion $kw(x = l)$ Komponenten in Richtung der Querkraft Q aufweisen. Es ergibt sich bei Beachtung kleiner Winkel:

$$Q(x = l) - Fw'(x = l) + kw(x = l) = 0,$$

bzw.

$$-EIw'''(x = l) - Fw'(x = l) + kw(x = l) = 0. \tag{8.45}$$

Auswerten der Randbedingungen (8.43), (8.44) und (8.45) mit (8.42) führt auf das folgende homogene lineare Gleichungssystem:

$$C_2 + C_4 = 0,$$

$$C_2 = 0,$$

$$C_1 \sin \lambda l + C_2 \cos \lambda l = 0,$$

$$C_1 \left(EI\lambda^3 \cos \lambda l - F\lambda \cos \lambda l + k \sin \lambda l \right)$$

$$+C_2 \left(-EI\lambda^3 \sin \lambda l + F\lambda \sin \lambda l + k \cos \lambda l \right)$$

$$+C_3 \left(kl - F \right) + kC_4 = 0.$$

Zur Vermeidung der trivialen Lösung wird die Koeffizientendeterminante entwickelt und zu Null gesetzt. Es folgt nach kurzer Rechnung:

$$\underline{(kl - F) \sin \lambda l = 0}. \tag{8.46}$$

Dies ist die gesuchte Knickbedingung für das gegebene Stabknickproblem. Sie hat zwei Lösungen. Die erste Lösungsmöglichkeit besteht darin, den Klammerterm zu null zu setzen. Dies lässt sich umgehend nach der Kraft F umformen zu:

$$\underline{F_{\text{krit}} = kl}. \tag{8.47}$$

Offenbar hängt dieser Ausdruck nur von der Länge l des Stabs und der Steifigkeit k der Wegfeder ab. Die zugehörige Knickform ist in Abb. 8.18, unten, dargestellt. Der Stab bleibt bei dieser Knickeigenform also unverformt, nur die Wegfeder erwährt eine Verformung.

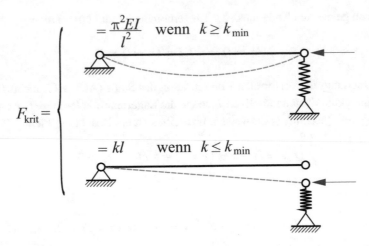

Abb. 8.18 Knickeigenformen

Die zweite Möglichkeit der Lösung für (8.46) besteht darin, die sin −Funktion zu Null zu setzen:

$$\sin \lambda l = 0.$$

Dies entspricht der Knickbedignung für Euler-Fall II, und die zugehörige kritische Knicklast lautet:

$$F_{\text{krit}} = \frac{\pi^2 E I}{l^2}. \tag{8.48}$$

Die zugehörige Knickeigenform ist in Abb. 8.18, oben, gezeigt. Man beachte, dass die Knicklast (8.48) nicht von der Federsteifigkeit k abhängt.

Diejenige Federsteifigkeit k, bei der die Knickeigenform von einer reinen Federverformung in den Knickmodus gemäß Euler-Fall II übergeht, erhält man, indem man die beiden Knicklasten (8.47) und (8.48) gleichsetzt und nach k auflöst. Das Resultat ist die sog. Mindeststeifigkeit $k_{\min}$, die benötigt wird, um ein Knicken nach Euler-Fall II zu erzwingen. Es folgt:

$$k_{\min} = \frac{\pi^2 E I}{l^3}. \tag{8.49}$$

Aufgabe 8.14

Man ermittle die Knickbedingung für den in Abb. 8.19, links, dargestellten Stab. Der Stab sei an seinem linken Ende fest eingespannt und an seinem rechten Ende durch eine linear elastische Wegfeder (Federsteifigkeit k) unterstützt.

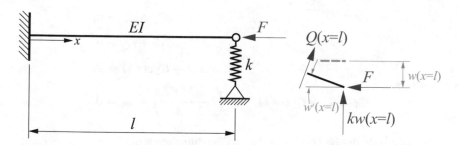

Abb. 8.19 Stab mit elastischer Lagerung (links), Freikörperbild des rechten Lagerpunkts im ausgelenkten Zustand (rechts)

Lösung

Wir lösen dieses Problems ausgehend von der allgemeinen Form der Knickdifferentialgleichung

$$w'''' + \lambda^2 w'' = 0$$

und ihrer allgemeinen Lösung

$$w = C_1 \sin \lambda x + C_2 \cos \lambda x + C_3 x + C_4. \tag{8.50}$$

Am linken Ende des Stabs müssen sowohl die Durchbiegung w als auch die Neigung w' verschwinden:

$$w(x = 0) = 0,$$
$$w'(x = 0) = 0. \tag{8.51}$$

Am rechten Ende muss das Biegemoment M zu Null werden:

$$M(x = l) = 0. \tag{8.52}$$

Außerdem weisen sowohl die Druckkraft F als auch die Federkraft $kw(x = l)$ im verformten Zustand Komponenten in Richtung der Querkraft $Q(x = l)$ auf. Bei Berücksichtigung kleiner Winkel folgt aus Abb. 8.19, rechts:

$$-EIw'''(x = l) + kw(x = l) - Fw'(x = l) = 0. \tag{8.53}$$

Auswerten der Randbedingungen (8.51), (8.52) und (8.53) mit (8.50) führt auf das folgende homogene lineare Gleichungssystem in den Konstanten C_1, C_2, C_3, C_4:

$$C_2 + C_4 = 0,$$

$$C_1 \lambda + C_3 = 0,$$

$$C_1 \sin \lambda l + C_2 \cos \lambda l = 0,$$

$$C_1 \sin \lambda l + C_2 \cos \lambda l + C_3 \left(l - \frac{\lambda^2 EI}{k} \right) + C_4 = 0.$$

In Vektor-Matrix-Schreibweise lautet dieses Gleichungssystem:

$$
\begin{bmatrix}
0 & 1 & 0 & 1 \\
\lambda & 0 & 1 & 0 \\
\sin \lambda l & \cos \lambda l & 0 & 0 \\
\sin \lambda l & \cos \lambda l & l - \frac{\lambda^2 EI}{k} & 1
\end{bmatrix}
\begin{pmatrix}
C_1 \\
C_2 \\
C_3 \\
C_4
\end{pmatrix}
=
\begin{pmatrix}
0 \\
0 \\
0 \\
0
\end{pmatrix}.
$$

Entwickeln und Nullsetzen der Koeffizientendeterminante ergibt nach kurzer Rechnung die gesuchte Knickbedingung:

$$\tan \lambda l - \lambda l + \frac{\lambda^3 EI}{k} = 0. \tag{8.54}$$

In dieser Lösung sind zwei Sonderfälle enthalten. Der erste Sonderfall ergibt sich, wenn man von einer unendlich steifen Wegfeder mit $k \to \infty$ ausgeht, was Euler-Fall III entspricht. Dann verschwindet der letzte Term in (8.54), und es verbleibt:

$$\tan \lambda l - \lambda l = 0.$$

Dies entspricht offenbar der Knickbedingung für Euler-Fall III.

Der zweite Sonderfall ergibt sich, wenn man von einer unendlich nachgiebigen Wegfeder mit $k = 0$ ausgeht, was auf Euler-Fall I führt. Dann geht (8.54) über in:

$$\cos \lambda l = 0.$$

Dies entspricht der Knickbedingung für Euler-Fall I.

Aufgabe 8.15
Betrachtet werde der Druckstab der Abb. 8.20. Der Stab sei an beiden Ende gelenkig gelagert und werde zusätzlich durch linear elastische Drehfedern mit der Steifigkeit k unterstützt. Gesucht wird die Knickbedingung für dieses Stabknickproblem.

Abb. 8.20 Stab mit
elastischer Einspannung

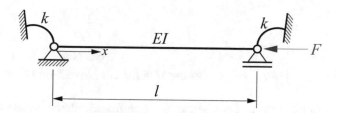

Lösung

Zur Lösung dieses Problems gehen wir von der allgemeinen Form der Knickdifferentialgleichung

$$w'''' + \lambda^2 w'' = 0$$

und ihrer allgemeinen Lösung

$$w = C_1 \sin \lambda x + C_2 \cos \lambda x + C_3 x + C_4 \tag{8.55}$$

aus. Die Randbedingungen lassen sich für die gegebene Stabknicksituation angeben als:

$$w(x = 0) = 0,$$

$$M(x = 0) = -EIw''(x = 0) = -kw'(x = 0),$$

$$w(x = l) = 0,$$

$$M(x = l) = -EIw''(x = l) = kw'(x = l).$$

Auswerten mit Hilfe von (8.55) ergibt das folgende homogene lineare Gleichungssystem:

$$C_2 + C_4 = 0,$$

$$k\lambda C_1 + EI\lambda^2 C_2 + kC_3 = 0,$$

$$C_1 \sin \lambda l + C_2 \cos \lambda l + C_3 l + C_4 = 0,$$

$$\left(EI\lambda^2 \sin \lambda l - k\lambda \cos \lambda l \right) C_1$$

$$+ \left(EI\lambda^2 \cos \lambda l + k\lambda \sin \lambda l \right) C_2$$

$$-kC_3 = 0.$$

In Vektor-Matrix-Schreibweise lautet dieses Gleichungssystem:

$$
\begin{bmatrix}
0 & 1 & 0 & 1 \\
k\lambda & EI\lambda^2 & k & 0 \\
\sin\lambda l & \cos\lambda l & l & 1 \\
EI\lambda^2 \sin\lambda l - k\lambda\cos\lambda l & EI\lambda^2 \cos\lambda l + k\lambda\sin\lambda l & -k & 0
\end{bmatrix}
\begin{pmatrix}
C_1 \\ C_2 \\ C_3 \\ C_4
\end{pmatrix}
=
\begin{pmatrix}
0 \\ 0 \\ 0 \\ 0
\end{pmatrix}.
$$

Entwickeln und Nullsetzen der Koeffizientendeterminante ergibt die gesuchte Knickbedingung:

$$
2 - 2\left(1 + \frac{EI}{k}l\lambda^2\right)\cos\lambda l - \lambda l\left(1 - \left(\frac{EI\lambda}{k}\right)^2 - 2\frac{EI}{kl}\right)\sin\lambda l = 0. \qquad (8.56)
$$

In dem vorliegenden Knickproblem sind zwei Sonderfälle enthalten. Der erste Sonderfall besteht darin, von einer unendlich hohen Federsteifigkeit auszugehen. Dies entspricht Euler-Fall IV. Mit $k \to \infty$ geht (8.56) über in:

$$
2 - 2\cos\lambda l - \lambda l\sin\lambda l = 0. \qquad (8.57)
$$

Der zweite Sonderfall ergibt sich aus $k \to 0$. Dies entspricht Euler-Fall II. Die Knickbedingung (8.56) ergibt dann:

$$
\sin\lambda l = 0. \qquad (8.58)
$$

Printed in the United States
by Baker & Taylor Publisher Services